普通高等教育物联网工程专业系列教材

无线传感器网络原理与应用

彭 力 编著

西安电子科技大学出版社

内 容 简 介

　　本书结合作者长期以来在该领域的教学、研究工作,比较全面、系统地阐述了在当前无线传感器网络研究领域中的关键技术问题、研究成果和应用技术。全书共分为9章,内容涉及无线传感器网络概述、拓扑控制、无线传感器网络关键技术、定位技术、目标跟踪技术、时间同步技术、安全技术、硬件平台设计以及无线传感器网络工程实验指导等。

　　本书既可作为物联网工程、传感器网络技术、通信工程等专业本科生和研究生的教材,也可供无线传感器网络研究领域的相关科研工作者及工程技术人员参考。

图书在版编目(CIP)数据

无线传感器网络原理与应用/彭力编著. —西安:西安
电子科技大学出版社,2014.1(2023.4 重印)
ISBN 978–7–5606–3243–8

Ⅰ. ① 无…　Ⅱ. ① 彭…　Ⅲ. ① 无线电通信—传感器—高等学校—教材
Ⅳ. ① TP212

中国版本图书馆 CIP 数据核字(2014)第 009831 号

策　　划　刘玉芳
责任编辑　阎　彬
出版发行　西安电子科技大学出版社(西安市太白南路 2 号)
电　　话　(029)88202421　88201467　　邮　　编　710071
网　　址　www.xduph.com　　　　电子邮箱　xdupfxb001@163.com
经　　销　新华书店
印刷单位　咸阳华盛印务有限责任公司
版　　次　2014 年 1 月第 1 版　　2023 年 4 月第 6 次印刷
开　　本　787 毫米×1092 毫米　1/16　印　张　17.5
字　　数　411 千字
印　　数　10 601~13 600 册
定　　价　42.00 元
ISBN 978–7–5606–3243–8/TP

XDUP 3535001–6

如有印装问题可调换

普通高等教育物联网工程专业系列教材
编审专家委员会名单

武奇生　长安大学电子与控制工程学院自动化卓越工程师主任　教授
房　胜　山东科技大学信息科学与工程学院物联网专业系主任　教授
赵庶旭　兰州交通大学电信工程学院计算机科学与技术系副主任　教授
施云波　哈尔滨理工大学测控技术与通信学院传感网技术系主任　教授
桂小林　西安交通大学网络与可信计算技术研究中心主任　教授
秦成德　西安邮电大学教学督导　教授
黄传河　武汉大学计算机学院副院长　教授
黄　炜　电子科技大学通信与信息工程学院　教授
黄贤英　重庆理工大学计算机科学与技术系主任　教授
彭　力　江南大学物联网系副主任　教授
谢红薇　太原理工大学计算机科学与技术学院软件工程系主任　教授
薛建彬　兰州理工大学计算机与通信学院物联网工程系主任　副教授

项目策划：毛红兵

策　　划：邵汉平　刘玉芳　　王　飞

前　言

　　无线传感器网络是随着无线通信、嵌入式计算技术、传感器技术、微机电技术以及分布式信息处理技术的进步而发展起来的一种新兴的信息获取技术，是当前在国际上备受关注、涉及多学科、高度交叉、知识高度集成的前沿热点研究领域。无线传感器网络采用自组织方式配置大量的传感器节点，通过节点的协同工作来采集和处理网络覆盖区域中的目标信息，是一个集数据采集、数据处理、数据传输于一体的复杂系统，它能够通过各类集成化的微型传感器协作地实时监测、感知和采集各种环境或监测对象的信息，这些信息通过无线方式发送，并以自组多跳的无线传播方式传送到用户终端，从而实现物理世界、计算世界以及人类社会三元世界的连通。

　　无线传感器网络具有监测精度高、容错性能好、覆盖区域大、可远程监控等优点，已成为国内外研究的热点。随着传感器技术和通信技术的进一步发展，因其应用的广泛性和多样性越来越受到人们的高度重视，在军事和民用方面均有非常广阔的应用前景，可应用于军事侦察、环境监测、医疗监护、地震监测、气候预测及空间探索等诸多领域。

　　无线传感器网络潜在的实用价值，已引起许多国家学术界和工业界的高度重视，被认为是对 21 世纪产生巨大影响力的技术之一。早在 2003 年，美国商业周刊在其"未来技术专版"中指出，效用计算、传感器网络、塑料电子学和仿生人体器官是全球未来的四大高技术产业，它们将掀起新的产业浪潮。与此同时，MIT 技术评论 Technology Review 在预测未来技术发展的报告中指出，无线传感器网络将是未来改变世界的十大新兴技术之首。

　　本书作者有多年对无线传感器网络进行理论研究和教授研究生课程的经验，全书总结了当今无线传感器网络研究领域中的研究成果和应用技术，结合作者多年来在该领域取得的若干成果，详细阐述了无线传感器网络研究中的最新理论和最新方法。内容包括无线传感器网络的概念、组网通信技术、核心支撑技术、自组织管理技术以及应用开发实例等方面。全书结构合理、内容丰富，既可带领初学者迅速入门，也可为有基础的研究人员提供较为系统的参考文案。

如果本书能对该领域的研究工作和国内无线传感器网络技术的发展有一些帮助，这将是对我们所有为本书的出版付出辛勤劳动的编写者最好的鼓励。

作为本书的编著者，我要诚挚地感谢参加本书资料收集和整理的老师和同学，感谢谢林柏、吴治海、闻继伟、杨乐、王华、李稳、冯伟等老师以及赵龙、张炜、马晓贤、戴菲菲、董国勇、吴凡、曹亚陆等研究生付出的辛勤劳动，同时感谢国家自然科学基金(60973095)、江南大学教学改革项目的资助，以及物联网技术应用教育部工程研究中心、轻工过程先进控制教育部重点实验室同事的帮助。

由于水平有限，加之时间仓促，对于书中的缺点和错误，我们真诚地期待读者给予批评和指正。

江南大学　彭力

2013 年 6 月于无锡

目　　录

第 1 章　无线传感器网络概述

近年来，信息技术和网络技术的发展给人类社会和国民经济的各个领域带来了巨大而深刻的变化。以因特网为代表的信息网络对人们生活方式的影响越来越大，并且将在未来的各个领域继续持续发展并不断提高影响力。无线传感器网络(Wireless Sensor Networks，WSN)是一种集成了传感器技术、微机电系统技术、无线通信技术和分布式信息处理技术的新型网络技术。它通过节点间的协作，对监控区域的环境或检测对象的信息进行实时感知、采集和处理，并将处理后的信息传送到对此感兴趣的网络终端用户。WSN 成为因特网从虚拟世界到物理世界的延伸，成为逻辑上的信息世界与真实物理世界的连接桥梁，将信息世界与物理世界融为一体。美国商业周刊和 MIT 技术评论在预测未来技术发展的报告中，分别将无线传感器网络列为 21 世纪最有影响力的 21 项技术和改变世界的十大技术之一。传感器网络、塑料电子学和仿生人体器官又被称为全球未来的三大高科技产业。

1.1　无线传感器网络的体系结构

无线传感器网络是由部署在监测区域内的大量的廉价微型传感器节点组成，通过无线通信的方式形成一个多跳的自组织的网络系统，其目的是协作地感知、采集和处理网络覆盖的地理区域中感知对象的信息，并发布给观察者。

无线传感器网络由无线传感器、感知对象和观察者三个基本要素构成。无线是指传感器与观察者之间、传感器之间的通信方式，能够在传感器与观察者之间建立通信路径。无线传感器的基本组成包括如下几个单元：电源、传感部件、处理部件、通信部件和软件等。此外，还可以选择其他的功能单元，如定位系统、移动系统以及电源自供电系统等。图 1-1 所示为传感节点的物理结构。传感节点一般由传感单元、数据处理单元、定位装置(GPS)、移动装置、能源(电池)及网络通信单元(收发装置)等六大部件组成，其中传感单元负责被监测对象原始数据的采集，采集到的原始数据经过数据处理单元的处理之后，通过无线网络传输到一个数据汇聚中心节点(Sink)，由 Sink 再通过因特网或卫星传输到用户数据处理中心。

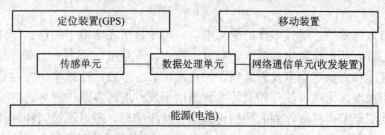

图 1-1　传感节点的物理结构

传感器节点的处理器一般选用嵌入式 CPU，在存储计算时，由于传感器节点的体积小，必然导致其携带的处理器能力比较弱、存储器容量比较小。随着低功耗电路和系统设计技术以及电路加工工艺的提高，目前已经开发出很多超低功耗微处理器，如 Motorola 公司的 68HCl6，ARM 公司的 ARM7 和 Intel 公司的 8086 等，其计算能力得到了大幅度的提高。同时对存储技术的研究也使得 Flash 存储器等小体积、大容量、低电压操作、多次写、无限次读的非易失存储介质用于传感器节点制造。传感器节点的能量供应一般采用电池，目前使用的大部分电池都是自身存储有限能源的化学电池，并且节点能量在实施部署后很难进行有效的补充。随着光电转换理论的提出，传统的电池被加入了许多新的元素，太阳能电池、微光电池、生物能电池、地热能电池等一系列可以从自然界中汲取能量转换为电能的电池的出现，使得能量的自补充成为可能。从理论上来讲，新型电池能持久供应能量，但由于工程实践中生产这种微型化的电池还有相当的难度以及受到节点部署区域特定地理环境等限制，其效果并不理想，如何进一步缩小其体积是目前研究的重点。为了尽可能地延长整个传感器网络的生命周期，在设计传感器节点时，保证能量供应的持续性是一个重要的设计原则。传感器节点能量消耗的模块主要包括传感器模块、信息处理模块和无线通信模块，而绝大部分的能量消耗集中在无线通信模块上，约占整个传感器节点能量消耗的80%。一旦节点的能量衰竭，该节点即失效。因此，在电池技术没有获得飞跃性的发展之前，人们主要是从研究传感器的网络特性着手，提出了各种用于传感器网络的分簇算法、路由协议等，通过减少节点能量消耗的方式来延长网络生命周期。

传感器网络往往通过飞行器撒播、人工埋置和火箭弹射等方式部署，当部署完成后，如图 1-2 所示，各节点任意分布在被监测区域内，节点以自组织的形式构成网络。

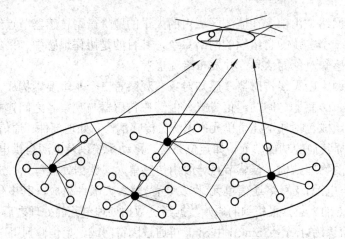

图 1-2　节点部署图

借助于节点内置的、形式多样的感知模块，可测量所在环境中的热、红外、声纳、雷达和地震波信号，从而探测包括温度、湿度、噪声、光强度、压力、土壤成分以及移动物体的大小、速度和方向等众多我们感兴趣的物质现象。节点的计算模块先对数据进行简单处理，再采用微波、无线、红外和光等多种通信形式，通过多跳中继方式将监测数据传送到汇聚节点。汇聚节点将接收到的数据进行融合及压缩后，最后通过因特网或其他网络通信方式将监测信息传送到管理节点。同样的，用户也可以通过管理节点进行命令的发布，通知传感器节点收集指定区域的监测信息。图 1-3 给出了一个无线传感器网络的体系结构，图中，网络的部分节点组成了一个与 Sink 进行通信的数据链路，再由 Sink 把数据传送到卫星或者因特网，最后通过该链路和 Sink 进行数据交换并借此使数据到达最终用户手中。

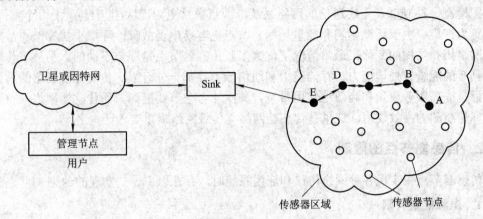

图 1-3　无线传感器网络的体系结构

依据传感器网络节点的连接特点，在研究中，一般利用图论的概念将传感器网络抽象成一种单位圆平面图(Unit-Disk Graph)，即假设传感节点具有相同的有效传输半径 R，则认为彼此处于传输半径范围内(半径为 R 的平面圆内)的节点之间存在一条单位长度的无向边。按照源节点的分布情况，传感器网络模型可分为事件半径模型和随机源节点模型两种。图 1-4 与图 1-5 分别给出了传感器网络的事件半径模型和随机源节点模型。

在图 1-4 所示的事件半径模型中，星形符号表示要监测的事件，在以该事件为圆心、半径为 R 的圆内的所有非 Sink 节点的传感节点被选择为数据源。而在图 1-5 所示的随机源节点模型中，随机选择 K 个非 Sink 节点的传感节点作为数据源。

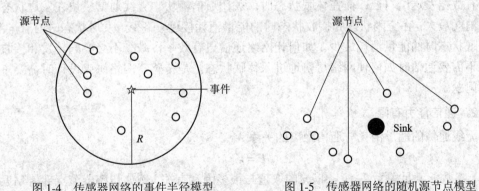

图 1-4　传感器网络的事件半径模型　　　　图 1-5　传感器网络的随机源节点模型

1.2　无线传感器网络的特征

1.2.1　与现有无线网络的区别

无线自组网(Mobile Ad-Hoc Network)是一个由几十到上百个节点组成的、采用无线通信方式的、动态组网的多跳的移动性对等网络。它的目的是通过动态路由和移动管理技术传输具有服务质量要求的多媒体信息流，通常节点具有持续的能量供给。

传感器网络虽然与无线自组网有相似之处，但同时也存在很大的差别。传感器网络是集成了检测、控制以及无线通信的网络系统，节点数目更为庞大(上千甚至上万个)，节点分布更为密集；由于环境影响和能量耗尽，节点更容易出现故障；环境干扰和节点故障易造成网络拓扑结构的变化；通常情况下，大多数传感器节点是固定不动的。另外，传感器节点具有的能量、处理能力、存储能力和通信能力等都十分有限。传统无线网络的首要设计目标是提高服务质量和高效地使用带宽，其次才考虑节约能源，而传感器网络的首要设计目标是能源的高效使用，这也是传感器网络与传统网络最重要的区别之一。

1.2.2　传感器节点的限制

传感器节点在实现各种网络协议和应用系统时，存在以下一些实现的约束。

1．电源能量有限

传感器节点体积微小，通常只能携带能量十分有限的电池。由于传感器节点个数多、成本要求低廉、分布区域广，而且部署区域环境复杂，有些区域甚至人员不能到达，所以传感器节点通过更换电池的方式来补充能源是不现实的。如何高效地使用能量来最大化网络生命周期是传感器网络面临的首要挑战。

传感器节点消耗能量的模块包括传感器模块、处理器模块和无线通信模块。随着集成电路工艺的进步，处理器和传感器模块的功耗变得很低，绝大部分能量消耗在无线通信模块上。

传感器节点传输信息时要比执行计算时更消耗电能。无线通信模块存在发送、接收、空闲和休眠4种状态。无线通信模块在空闲状态时，一直监测无线信道的使用情况，检查是否有数据发送给自己；而在休眠状态时，关闭通信模块。无线通信模块在发送状态时的能量消耗最大；在空闲状态和接收状态时的能量消耗接近，略少于发送状态时的能量消耗；在休眠状态时的能量消耗最少。如何让网络通信更有效率，减少不必要的转发和接收，以及在不需要通信时如何使网络尽快地进入休眠状态，是传感器网络协议设计时需要重点考虑的问题。

2．通信能力有限

无线通信的能量消耗与通信距离的关系为

$$E = k \cdot d^n$$

其中，参数 n 满足关系 $2 < n < 4$。n 的取值与很多因素有关，例如传感器节点部署贴近地面时，障碍物多、干扰大，n 的取值就大；天线质量对信号发射的影响也很大。考虑诸多因素，通常 n 取 3，即通信消耗与距离的三次方成正比。随着通信距离的增加，能耗将急剧增加，因此，在满足通信连通度的前提下应尽量减少通信距离。一般而言，传感器节点的无线通信半径在 100 m 以内比较合适。

考虑到传感器节点的能量限制和网络覆盖区域范围大的特点，传感器网络通常采用多跳路由的传输机制。传感器节点的无线通信带宽有限，通常仅有每秒几百千位的传输速率。由于节点能量的变化受建筑物、障碍物等地势地貌以及风雨雷电等自然环境的影响，无线通信性能可能经常变化，频繁出现通信中断的现象。在这样的通信环境和节点有限通信能力的情况下，如何使网络通信机制满足传感器网络的通信需求是传感器网络设计时面临的挑战之一。

3．计算和存储能量有限

传感器节点是一种微型嵌入式设备，要求它的价格低、功耗小，这些限制必然导致其携带的处理器能力比较弱、存储器容量比较小。为了完成各种任务，传感器节点需要完成监测数据的采集和转换、数据的管理和处理、应答汇聚节点的任务请求和节点控制等多种工作。如何利用有限的计算和存储资源完成诸多协同任务成为传感器网络设计的挑战之一。

随着低功耗电路和系统设计技术的提高，目前已经开发出很多超低功耗微处理器。除了降低处理器的绝对功耗以外，现代处理器还支持模块化供电和动态频率调节功能。利用这些处理器的特性，传感器节点的操作系统设计了动态能量管理(Dynamic Power Management，DPM)和动态电压调节(Dynamic Voltage Scaling，DVS)模块，可以更有效地利用节点的各种资源。动态能量管理是当节点周围没有感兴趣的事件发生时，部分模块处于空闲状态，把这些组件关掉或调到更低能耗的休眠状态。动态电压调节是当计算负载较低时，通过降低微处理器的工作电压和频率来降低处理能力，从而节约微处理器的能耗，很多处理器，如 Strong ARM 都支持电压频率调节。

1.2.3 无线传感器网络的特点

1．计算和存储能力有限

传感器节点是一种微型嵌入式设备，要求它的价格低、功耗小，这些限制必然导致其携带的处理器能力比较弱，存储器容量比较小。为了完成各种任务，传感器节点需要利用有限的计算和存储资源完成监测数据的采集和转换、数据的管理和处理、应答汇聚节点的任务请求和节点控制等多种工作。

2．动态性强

传感器网络的拓扑结构可能因为下列因素而改变：环境因素或电能耗尽造成的传感器节点出现故障或失效；环境条件变化可能造成无线通信链路带宽变化，甚至时断时通；传感器网络的传感器、感知对象和观察者这三个要素都可能具有移动性；新节点的加入。这就要求传感器网络系统要能够适应这种变化，具有动态的系统可重构性。

3．网络规模大、密度高

为了获取尽可能精确、完整的信息，无线传感器网络通常密集部署在大片的监测区域内，传感器节点数量可能达到成千上万个，甚至更多。大规模网络通过分布式处理大量的采集信息能够提高监测的精确度，降低对单个节点传感器的精度要求；通过大量冗余节点的协同工作，使得系统具有很强的容错性并且增大了覆盖的监测区域，减少了盲区。

4．可靠性高

传感器网络特别适合部署在恶劣环境或人类不宜到达的区域，传感器节点可能工作在露天环境中，遭受太阳的暴晒或风吹雨淋，甚至遭到无关人员或动物的破坏。传感器节点往往采取随机部署，如通过飞机撒播或发射炮弹到指定区域进行部署。这些都要求传感器节点非常坚固，不易损坏，能适应各种恶劣环境条件。由于监测区域环境的限制以及传感器节点数目巨大，不可能人工"照顾"到每一个传感器节点，因此网络的维护十分困难，甚至不可能。传感器网络的通信保密性和安全性也十分重要，要防止监测数据被盗取和获取伪造的监测信息。因此，传感器网络的软硬件必须具有鲁棒性和容错性。

5. 针对具体应用

不同的应用背景对传感器网络的要求不同，其硬件平台、软件系统和网络协议必然会有很大差别。只有让系统更贴近应用，才能做出最高效的目标系统。针对每一个具体应用来研究传感器网络技术，这是无线传感器网络设计不同于传统网络的显著特征。

6. 以数据为中心

在传感器网络中，人们只关心某个区域的某个观测指标的值，而不会去关心具体某个节点的观测数据，以数据为中心的特点要求传感器网络能够脱离传统网络的寻址过程，快速有效地组织起各个节点的信息并融合提取出有用信息，直接传送给用户。

例如，在应用于目标跟踪的传感器网络中，跟踪目标可能出现在任何地方，对目标感兴趣的用户只关心目标出现的位置和时间，并不关心是哪个节点检测到目标的。事实上，在目标移动的过程中，必然是由不同的节点提供目标的位置信息的。

1.3　无线传感器网络的应用及关键技术

1.3.1　无线传感器网络的应用

1. 军事方面的应用

在军事领域中，无线传感器网络将会成为 C4ISRT(Command，Control，Communication，Computing，Intelligence，Surveillance，Reconnaissance and Targeting)系统不可或缺的一部分。C4ISRT 系统的目标是利用先进的高科技技术，为未来的现代化战争设计一个集命令、控制、通信、计算、智能、监视、侦察和定位为一体的战场指挥系统，受到了军事发达国家的普遍重视。传感器网络由密集型、低成本、随机分布的节点组成，自组织性和容错能力使其不会因为某些节点在恶意攻击中的损坏而导致整个系统的崩溃，这一点是传统的传感器技术无法比拟的，也正是这一点使传感器网络非常适合应用于恶劣的战场环境中，包括监控我军兵力、装备和物资，监视冲突区，侦察敌方地形和布防，定位攻击目标，评估损失和探测核、生物和化学攻击等。

2. 环境科学和预报系统方面的应用

随着人们对于环境的日益关注，环境科学所涉及的范围越来越广泛。传感器网络在环境研究方面可用于监视农作物灌溉情况、土壤空气情况、牲畜和家禽的环境状况和大面积的地表监测等，还可以通过跟踪鸟类、小型动物和昆虫进行种群复杂度的研究等。基于传感器网络的 ALERT 系统中就有数种传感器用来监测降雨量、河水水位和土壤水分，并依此预测爆发山洪的可能性。类似地，传感器网络可实现对森林环境监测和火灾报告，平常状态下定期报告森林环境数据，当发生火灾时，这些传感器节点通过协同合作会在很短的时间内将火源的具体地点、火势的大小等信息传送给相关部门。传感器网络还有一个重要应用就是生态多样性的描述，能够进行动物栖息地生态监测。美国加州大学伯克利分校 Intel 实验室和大西洋学院联合在大鸭岛(Great Duck Island)上部署了一个多层次的传感器网络系统，用来监测岛上海燕的生活习性。

3．医疗护理方面的应用

传感器网络在医疗系统和健康护理方面的应用包括监测人体的各种生理数据，跟踪和监控医院内医生和患者的行动，监视医院的药物管理等。如果在住院病人身上安装特殊用途的传感器节点，如心率和血压监测设备，医生利用传感器网络就可以随时了解被监护病人的病情，发现异常时能够迅速抢救。将传感器节点按药品种类分别放置，计算机系统即可帮助辨认所开的药品，从而减少病人用错药的可能性。人工视网膜是一个生物医学的应用项目，在 SSIM(Smart Sensors and Integrated Microsystems)计划中，替代视网膜的芯片由 100 个微型的传感器组成，并置入人眼，目的是使失明者或者视力极差者能够恢复到一个可以接受的视力水平。传感器的无线通信满足反馈控制的需要，有利于图像的识别和确认。

4．智能家居方面的应用

传感器网络能够应用在家居中。在家电和家具中嵌入传感器节点，通过无线网络与因特网连接在一起，将会为人们提供更加舒适、方便和更具人性化的智能家居环境。利用远程监控系统可完成对家电的远程遥控，例如可以在回家之前半小时打开空调，也可以遥控电饭锅、微波炉、电冰箱、电话机、电视机、电脑等家电，使它们按照自己的意愿完成相应的煮饭、炒菜、查收电话留言、选择录制电视和电台节目以及下载网上资料到电脑中等工作，也可以通过图像传感设备随时监控家庭安全情况。利用传感器网络可以建立智能幼儿园，监测孩童的早期教育环境，跟踪孩童的活动轨迹，可以让父母和老师全面地了解学生的学习过程。

5．建筑物状态监控方面的应用

建筑物状态监控(Structure Health Monitoring，SHM)是利用传感器网络来监控建筑物的安全状态的。作为 CITRIS(Center of Information Technology Research in the Interest of Society) 计划的一部分，美国加州大学伯克利分校的环境工程和计算机科学家们采用传感器网络，让大楼、桥梁和其他建筑物能够自身感觉并识别它们本身的状况。使得安装了传感器网络的智能建筑自动告诉管理部门它们的状态信息，并且能够自动按照优先级来进行一系列自我修复工作。未来的各种摩天大楼可能就会安装这种类似红绿灯的装置，从而建筑物可自动告诉人们当前是否安全、稳固程度如何等信息。

6．空间探索方面的应用

探索外部星球一直是人类梦寐以求的理想，借助于航天器布撒的传感器网络节点实现对星球表面长时间的监测，这种方式成本很低，另外节点体积小，节点相互之间可以通信，也可以和地面站进行通信，应该是一种经济可行的方案。美国国家航空航天局(NASA)的 JPL(Jet Propulsion Laboratory)实验室研制的 Sensor Webs 就是为将来的火星探测进行技术准备的，已在佛罗里达宇航中心周围的环境监测项目中进行了测试和完善。

7. 商业领域方面的应用

自组织、微型化和对外部世界的感知能力是传感器网络的三大特点，这些特点决定了传感器网络在商业领域应该也会有不少的机会。比如传感器网络可用于城市车辆监测和跟踪系统中。德国某研究机构正在利用传感器网络技术为足球裁判研制一套辅助系统，以减少足球比赛中越位和进球的误判断。此外，在灾难拯救、仓库管理、交互式博物馆、交互式玩具、工厂自动化生产等众多领域中，无线传感器网络都将会孕育出全新的设计和应用模式。

1.3.2　无线传感器网络的发展现状

传感器网络的研究起步于 20 世纪 90 年代末期。由于其巨大的应用价值，已经引起了世界许多国家军事部门、工业界和学术界的极大关注。从 2000 年起，国际上开始出现一些有关传感器网络研究结果的报道。但这些研究成果目前还处于起步阶段，距离实际需求还很远。美国国家自然科学基金委员会在 2003 年制定了传感器网络的研究计划，主要注重相关基础理论研究。美国国防部和各军事部门也对传感器网络极为重视，设立了一系列军事传感器网络研究项目。

英特尔、微软公司等信息工业界巨头也开始了传感器网络方面的工作。日本、德国、英国、意大利等科技发达国家也对无线传感器网络表现出了极大的兴趣，纷纷展开了该领域的研究工作。我国对无线传感器网络的研究才刚刚起步，在传感器网络方面的研究工作还不多。目前，国内一些高等院校与研究机构已积极开展无线传感器网络的相关研究工作，这些高等院校与研究机构主要有清华大学、中科院软件所、浙江大学、哈尔滨工业大学、中科院自动化所等。

国内外研究机构纷纷开展的无线传感器网络研究，完全归功于其广阔的应用前景和对社会生活的巨大影响。

到目前为止，无线传感器网络的发展大致经历了两个阶段。第一阶段主要是利用 MEMS 技术设计小型化的节点设备。第二阶段主要集中于对网络本身问题的研究，它是目前无线传感器网络研究领域的主要方向。

1.3.3　无线传感器网络的关键技术

无线传感器网络作为当今信息领域新的研究热点，有许多亟待解决的关键技术问题。

1. 能源管理

由于无线传感器节点的电池容量十分有限，且在实际应用中及时补充或更换电池是不可行的，因此节约能量对于无线传感器网络尤为重要。如前所述，传感器节点的能耗主要集中在计算模块和通信模块，其中，发送状态耗能最多，休眠状态耗能最少，二者之间的差距达上千倍。通常采用节点休眠调度策略，使节点轮流工作与休眠来实现节能的目标。此外，动态功率调节、数据融合、能量高效的 MAC 协议与路由协议的设计、拓扑控制等也可以降低网络的能耗。

此外，为了在降低网络能耗的同时，保证网络数据采集与监测质量不变。要求能量管理还必须注意到：① 网络的能量管理不是一个独立的研究内容，必须与网络的其他性能结合起来考虑；② 在降低网络能耗的同时，要求网络有较强的鲁棒性；③ 采用跨层设计的理念。

2．网络的自组织与自我管理

一般情形下，无线传感器网络是自动部署的，传感器节点被抛撒入监控区域后，进入自启动阶段，并与邻居节点互相交换状态信息，同时将此信息传送给基站，基站根据这些信息形成网络的拓扑。

无线传感器网络的拓扑结构主要有三种形式：基于簇的分层结构；基于网的平面结构；基于链的线结构。网络自组织与自管理的目标是依据节点的能量水平合理地分配任务，有效地延长网络寿命；当节点失效时，重新生成拓扑结构。在层次结构中，网络自组织与自管理还需解决簇头的选择与簇的生成等问题。

3．拓扑控制

良好的拓扑控制策略，能提高路由协议和 MAC 协议的效率，给数据融合、时间同步和目标定位等奠定基础，有利于节省能量、延长网络寿命。

4．定位技术

在无线传感器网络的应用中，位置信息是传感器节点采集的数据中不可缺少的部分，节点所采集的数据必须与其位置信息相结合才有意义。此外，了解节点的位置信息还有利于提高路由协议效率，为网络提供命名空间服务，向部署者报告网络的覆盖质量，实现网络的负载均衡和网络拓扑的自配置等。

通常获取节点位置信息的方法是借助节点内置的 GPS 工具，或采用高精度的定位算法。但在实际应用中，给所有节点装配 GPS 模块是不现实的，由于 GPS 模块价格昂贵，必然会提高网络的铺设费用。一般都是给网络中 5%～10%的节点装配 GPS 模块，其余不带 GPS 模块的节点则在定位算法的帮助下获得自身精度的位置信息。

在定位技术的研究方面，主要解决的问题是如何部署带 GPS 模块的节点，从而使得其余节点能够获得更精确的位置信息。此外，如何估算两个距离很短的节点的位置也是定位技术研究的内容。

5．数据融合

由于无线传感器网络的节点数量多，分布密集，因而相邻节点采集的数据相似性很大，如果把所有这些数据都传送给基站，必然使得通信量大大增加，能耗增大。数据融合就是将采集的大量随机、不确定、不完整、含有噪音的数据，进行滤波等处理，得到可靠、精确、完整数据信息的过程。

数据融合节省了网络带宽，提高了能量利用率，降低了数据的冗余度。其中波束生成算法是一种应用广泛的数据融合方法，但该算法计算密集，能量消耗较大，不适合无线传感器网络的应用，目前迫切需要新的数据融合技术。

6．时间同步

无线传感器网络通过大量节点的协同工作，共同完成区域监测任务，此时实现节点时间同步对于分布式的无线传感器网络意义重大。

传统网络中采用的时间同步方法是以服务器端时钟为基准调整客户端时钟的。无线传感器网络与传统网络不同，传统的网络时间协议已不适用于无线传感器网络，需要根据无线传感器网络的特征设计新的时间同步机制。

7. 跨层设计

已有的大部分无线传感器网络协议都是基于分层结构设计的，此时，设计者通常考虑的都是局部优化问题。而跨层设计能通过层与层之间交流信息实现网络的全局最优。同时这种设计思想与资源受限的无线传感器网络相符，它能提升整个网络的性能。但是通常采用跨层思想设计的系统对节点的性能要求较高。

8. 网络安全

目前无线传感器网络的应用领域主要在军事方面，通常网络部署在敌方阵营，难以实现人工的保护与维护。同时，由于无线传感器网络本身的性质，容易形成人为的干扰，如信息窃听、修改等可能的安全问题。因此安全问题成为无线传感器网络的主要问题。

目前，针对无线传感器网络的安全问题主要有如下一些解决办法：① 物理层主要通过采用高效的加密算法和扩频通信减少电磁干扰；② 数据链路层与网络层采用安全的协议；③ 应用层采用密钥管理与安全组播。当前无线传感器网络的安全方案主要是基于节点资源受限的自适应安全机制。在无线传感器网络的安全性方面，仍然还有许多工作要做。

9. 嵌入式操作系统

传感器节点是一个微型的嵌入式系统，携带非常有限的硬件资源，需要操作系统能够节能、高效地使用其有限的内存、处理器和通信模块，且能够对各种特定应用提供最大的支持。在面向无线传感器网络的操作系统的支持下，多个应用可以并发地使用系统的有限资源。

传感器节点有两个突出的特点：一个特点是并发性密集，即可能存在多个需要同时执行的逻辑控制，这需要操作系统能够有效地满足这种发生频繁、并发程度高、执行过程比较短的逻辑控制流程；另一个特点是传感器节点模块化程度很高，要求操作系统能够让应用程序方便地对硬件进行控制，且保证在不影响整体开销的情况下，应用程序中的各个部分能够比较方便地进行重新组合。上述这两个特点对设计面向无线传感器网络的操作系统提出了新的挑战。美国加州大学伯克利分校针对无线传感器网络研发了 TinyOS 操作系统，在科研机构的研究中得到了比较广泛的使用，但仍然存在不足之处。

10. 应用层技术

传感器网络应用层由各种面向应用的软件系统构成，部署的传感器网络往往执行多种任务。应用层的研发主要是各种传感器网络应用系统的开发和多任务之间的协调，如作战环境侦查与监测系统、军事侦查系统、情报获取系统、战场监测与指挥系统、环境监测系统、交通管理系统、灾难预防系统、危险区域监测系统、对危险性的动物或珍贵动物的跟踪监护系统、民用和工程设施的安全性监测系统、生物医学监测、治疗系统和智能维护等。

传感器网络应用开发环境的研究旨在开发应用系统并提供有效的软件环境和软件工具，需要解决的问题包括传感器网络程序设计语言，传感器网络程序设计方法学，传感器网络软件开发和工具，传感器网络软件测试工具的研究，面向应用的系统服务(如未知管理和服务发现等)，基于感知数据的理解、决策和举动的理论与技术(如感知数据的决策理论、反馈理论、新的统计算法、模式识别和状态估计技术等)。

1.3.4　面临的挑战

无线传感器网络不同于传统的数据网络，对于无线传感器网络的设计与实现提出了新的要求，主要体现在以下几个方面：

(1) 低功耗。传感器节点的能量十分有限，一旦投放完毕就很难再补充能量。节点能量耗尽就"死亡"，当网络中节点的死亡率达到一定的比例时网络就结束了。为了尽可能地延长网络寿命，需要在设计网络时充分地考虑节能因素。

(2) 实时性。无线传感器网络在实际应用中，通常有实时性要求。例如：在车载监控系统中，系统每 10 ms 读取一次加速度的值，否则无法判断车辆的即时速度，这将可能引起交通事故。

(3) 低成本。无线传感器网络规模大，节点分布密集。要降低网络运行成本，关键要降低单个传感器节点的成本，此时传感器节点的计算、通信与存储能力都较低，那么设计的网络系统与通信协议必须要有很强的针对性。此外还要求系统有自配置与自修复功能，从而减少系统的管理与维护开销。

(4) 安全。无线传感器网络系统受资源限制，设计的通信协议通常开销较低，但这引起新的网络问题，即安全问题。如何减少数据加密、身份认证、入侵检测等的开销是无线传感器网络设计面临的新问题。

(5) 协作。无线传感器网络通常是在多个传感器节点的协同工作下共同完成既定的任务。通过逐跳中继方式传递数据时涉及到网络协议的设计与能量消耗问题，这也是目前无线传感器网络研究的热点。

1.4　主流无线传感器网络仿真平台

无线传感器网络仿真是评估 WSN 性能的有效方法之一，其优越性体现在初期应用成本不高，构建好的网络模型可以延续使用，后期投资不断下降。因此，对 WSN 仿真平台的关键技术的研究相当重要。

1.4.1　基于通用网络的仿真平台

1. NS2

NS2 是由伯克利大学 1989 年开始开发的一种源代码开放的共享软件，是一种可扩展、可重用、基于离散事件驱动、面向对象的仿真软件。NS2 可以用于仿真各种不同的 IP 网，实现了多播、一些 MAC 子层协议、网络传输协议(如：TCP/UDP 协议)、业务源流量产生器、路由队列管理机制以及路由算法等。其拓扑结构有星型拓扑(单跳)和对等式拓扑(Ad Hoc 网络多跳形式)两种，通过编程语言 OTCL(具有面向对象特性的 TCL 脚本程序设计语言)和 C++ 实现。

2. OPNET

OPNET 是一个强大的、面向对象的、离散事件驱动的通用网络仿真环境。作为一个全面的集成开发环境，在无线传输方面的建模能力涉及仿真研究的各阶段，包括模型设计、仿真、数据搜集和数据分析，所有的无线特性与高层协议模型无缝连接。

当然，还有其他通用网络环境下的仿真环境，如 GloMoSim、SENSE、Shawn 等。

1.4.2　基于 TinyOS 的仿真平台

TinyOS 是一种面向 WSN 的新型操作系统。TinyOS 采用了轻量级线程技术、主动消息通信技术、组件化编程技术，它是一个基于事件驱动的深度嵌入式操作系统。目前基于 TinyOS 的主流仿真平台有两种。

1. TOSSIM

TOSSIM 是一种基于嵌入式 TinyOS 操作系统的 WSN 节点仿真环境的实现代表，源代码公开，主要应用于 MICA 系列的 WSN 节点。其仿真应用随同 TinyOS 被编译进事件驱动的模拟仿真器。由于 TinyOS 基于组件的特性和仿真环境运行的程序与网络硬件程序基本相同，因此其代码可以不变地移植到实际节点上，只是在一些底层的相关部分有所不同。

2. OMNET++

OMNET++是一种开源的、基于组件的、模块化的开放网络仿真平台，近年来在科学和工业领域逐渐流行。作为离散事件仿真器，其具备强大完善的图形界面接口和可嵌入式仿真内核，运行于多个操作系统平台，可以简便定义网络拓扑结构，具备编程、调试和跟踪支持等功能，主要用于通信网络和分布式系统的仿真。

1.4.3　仿真平台比较

在软件功能和操作易用性方面，由于 OPNET 可以对数据分组、节点类型、链路类型、应用场景、网络拓扑结构等进行详细的设置，所以 OPNET 明显优于其他仿真平台。但要实现 OPNET WSN 仿真，还需要添加能量模型，而且它最大的问题是仿真速度慢，效率会随网络规模和流量的增大而降低，且某些特殊网络设备的建模必须依靠节点和过程层次的编程方能实现；在涉及底层编程的网元建模时，还需要对协议和标准及其实现有深入的了解。

NS2 主要致力于 OSI 模型的仿真，工作在网络数据包级，允许一定范围内的异构网络仿真，实现了协议分离等。可以使用 NS2 进行算法和协议的仿真研究，且源代码开放使其能支持 WSN 仿真，包括传感器和电池模型、混合仿真支持等。总之，NS2 是一种很优秀的仿真器，可以精确地仿真无线和有线网络，节点数目可达成千上万个。尽管可以从标准和实验通信协议中获益，但在通用网络仿真软件上实现 WSN 协议和应用交互，经常要进行跨层设计，这会导致大量的协议添加和跨层协议修改工作，从而增加了仿真难度和工作量；而且 NS2 不对应用行为建模，缺少网络节点执行代码的仿真，特别是对数据包级细节仿真方面，接近于运行时的数据包数量，使其无法进行大规模网络的仿真。

TOSSIM 虽然具有一定的可信度和完整性，也能够捕获成千上万个 TinyOS 节点的网络行为和相互作用，但在能量消耗模型方面，没有现成的能量管理模块，无法对能耗进行有效性评价，必须设计开发独立的能量管理模型计算节点剩余能量。目前虽然有 Power TOSSIM 采用实测的 MICA2 节点能耗模型对节点的各种操作所消耗的能量进行跟踪，但是所有节点的程序代码必须相同，且无法实现网络级的抽象算法仿真。网络抽象级仿真规模上的各类仿真平台比较如图 1-6 所示。

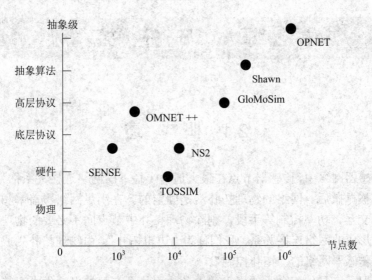

图 1-6　仿真平台抽象级节点规模对比

　　当前，无线网络仿真的主流平台多种多样，商业版仿真软件主要有 Mil3 公司的 OPNET、Cadence 公司的 VCC 等软件，这些软件价格昂贵。广泛使用的免费仿真软件是 NS2、TOSSIM 及 OMNET++等。从以上的分析和研究可以看出，在软硬件资源有限、仿真环境多样性的情况下，WSN 仿真技术首先要能在能耗模型、节点行为、底层协议、抽象算法、网络异构及环境仿真等方面实现；其次，仿真技术还要具备完整性、可信度和伸缩性等功能。特别是在路由传输协议方面，如平面路由协议和聚类路由协议，需要从传统编程式路由算法协议(如：LEACH，BCDCP，PEGAGSIS，PEDAP)过渡到智能型路由协议(如：基于多智能体的 WSN、基于模糊控制、神经网络的 WSN 数据融合路由算法、ACRA、Ant-Net 等)。人工智能技术的高速发展，使得 WSN 具有学习能力的群体智能行为，使之能协同工作，这方面可能成为今后一个重点研究方向。当然，硬件技术的提高，如量子计算机的出现、高效的电池蓄电能力及存储技术等，对 WSN 也会起到推动作用。

────────── 习　　题 ──────────

1. 简述无线传感器网络的概念及与传统无线网络的区别。
2. 无线传感器网络的一般结构和特点有哪些？
3. 无线传感器网络常用的关键技术有哪些？简述各自的特点和局限性。
4. 无线传感器网络常用的仿真平台是什么，起什么作用？

第 2 章　拓　扑　控　制

2.1　概　　述

在无线传感器网络中,传感器节点在最大通信半径下的网络连接关系称为"物理拓扑"。在传感器节点被抛撒后,网络的物理拓扑就是固定的。在满足网络覆盖率和连通性的前提下,通过信息交互、功率控制等手段,剔除物理拓扑中节点间不必要的物理通信链路,建立逻辑链路后形成的网络连接关系,我们称为"逻辑拓扑"。由物理拓扑生成逻辑拓扑的过程,称为无线传感器网络的"拓扑控制"。

无线传感器节点是体积微小的嵌入式设备,由能量有限的电池供电,其处理能力、存储能力和通信能力相对较弱。除了设计能量高效的链路层协议、路由协议和应用层协议外,还要设计优化的网络拓扑控制机制。由于传感器节点数量众多、成本要求低廉、分布区域广泛,而且部署区域环境复杂,有些区域甚至人员不能到达,因此为传感器节点补充能源是很困难的。如何高效地使用能量、使网络生存周期最大化是传感器网络面临的首要挑战。

传感器网络拓扑控制目前主要的研究问题是在满足网络覆盖度和连通度的前提下,通过功率控制和骨干网节点选择,剔除节点之间不必要的无线通信链路,生成一个高效的数据转发的网络拓扑结构。

对于自组织的无线传感器网络而言,拓扑控制对网络的性能影响非常大。良好的逻辑拓扑结构能够提高路由协议和 MAC 协议的效率,为数据融合、时间同步和目标定位等很多方面奠定基础,有利于节省节点的能量来延长整个网络的生存时间。所以,拓扑控制是传感器网络中的一个基本问题,同时也是研究的核心问题之一,因而对它的研究具有十分重要的意义,主要表现在以下几个方面:

(1) 延长网络寿命。传感器节点一般采用电池供电,能耗是网络设计中需要考虑的最主要的因素之一,而拓扑控制的一个重要目标就是在保证网络连通性和覆盖率的条件下,尽量降低网络能耗,延长网络生存周期。

(2) 减少节点通信负载,提高通信效率。传感器节点的分布密度一般较大,通过拓扑控制技术中的功率控制技术,可以选择节点的发射功率,合理调节节点的通信范围,使得节点在连通性和网络通信范围之间取得一个平衡点。

(3) 辅助路由协议。在无线传感器网络中,只有活动的节点才能进行数据转发,而拓扑控制可以确定由哪些节点作为转发节点,同时确定节点之间的邻居关系。

(4) 选择数据融合策略。无线传感网络中,为了减少通信负载,通常选择一些节点先对周围节点的数据进行融合,再进行转发,而在拓扑控制中,将就如何合理、高效地选择融合节点这一问题进行研究。

(5) 采用冗余节点。由于传感器节点本身所固有的脆弱性，不能保证节点一直持续正常的工作，所以在设计时需要采用冗余技术对网络进行拓扑控制，以保证网络的覆盖率和连通度。

拓扑控制研究的问题是：在保证一定的网络连通质量和覆盖质量的前提下，一般以延长网络的生命期为主要目标，通过功率控制和骨干网节点选择，剔除节点之间不必要的通信链路，兼顾通信干扰、网络延迟、负载均衡、简单性、可靠性、可扩展性等其他性能，形成一个数据转发的优化网络拓扑结构。传感器网络用来感知客观物理世界，获取物理世界的信息。客观世界的物理量多种多样，不可穷尽，不同的传感器网络应用关心不同的物理量，不同的应用背景对传感器网络的要求也不同，它的硬件平台、软件系统和网络协议必然会有很大差别。不同的应用对底层网络的拓扑控制设计目标的要求也不尽相同。下面介绍拓扑控制中一般要考虑的设计目标。

(1) 覆盖。覆盖是对传感器网络服务质量的度量，即在保证一定的服务质量的条件下，使得网络覆盖范围最大化，提供可靠的区域监测和目标跟踪服务。根据传感器节点是否具有移动能力，WSN 覆盖可分为静态网络覆盖和动态网络覆盖两种形式。Voronoi 图是常用的覆盖分析工具。动态网络覆盖利用节点的移动能力，在初始随机部署后，根据网络覆盖的要求实现节点的重部署。静态网络覆盖将在后面具体介绍，其中虚拟势场方法是一种重要的部署方法。

(2) 连通。传感器网络的规模一般很大，所以传感器节点感知到的数据一般要以多跳的方式传送到汇聚节点，这就要求拓扑控制必须保证网络的连通性。有些应用可能要求网络配置达到指定的连通度，有时也讨论渐近意义下的连通，即当部署的区域趋于无穷大时，网络连通的可能性趋于 1。

(3) 网络生命期。一般将网络生命期定义为直到死亡节点的百分比低于某个阈值时的持续时间，也可以通过对网络的服务质量的度量来定义网络的生命期，我们可以认为网络只有在满足一定的覆盖质量、连通质量、某个或某些其他服务质量时才是存活的。最大限度地延长网络的生命期是一个十分复杂的问题，它一直是拓扑控制研究的主要目标。

(4) 吞吐能力。设目标区域是一个凸区域，每个节点的吞吐率为 λ b/s，在理想情况下，则有下面的关系式：

$$\lambda \leq \frac{16AW}{\pi \Delta^2 L} \cdot \frac{1}{nr} \tag{2-1}$$

其中，A 是目标区域的面积，W 是节点的最高传输速率，π 是圆周率，Δ 是大于 0 的常数，L 是源节点到目的节点的平均距离，n 是节点数，r 是理想球状无线电发射模型的发射半径。由上式可知，通过功率控制减小发射半径和通过休眠调度减小工作网络的规模，可以在节省能量的同时，在一定程度上提高网络的吞吐能力。

(5) 干扰和竞争。减小通信干扰、减少 MAC 层的竞争和延长网络的生命期，这三者的意义基本是一致的。对于功率控制而言，网络无线信道竞争区域的大小与节点的发射半径 r 成正比，所以减小 r 就可以减少竞争；对于休眠调度而言，可以使尽可能多的节点处于休眠状态，减小干扰和减少竞争。

(6) 网络延迟。网络延迟和功率控制之间的大致关系是当网络负载较小时，由于高发射功率减少了源节点到目的节点的跳数，因此降低了端到端的延迟；当网络负载较大时，节点对信道的竞争是激烈的，低发射功率由于缓解了竞争而减小了网络延迟。

(7) 拓扑性质。对于网络拓扑的优劣，很难给出定量的度量。因此，在设计拓扑控制策略时，往往只是使网络具有一些良好的拓扑性质。除了覆盖性、连通性之外，对称性、平面性、稀疏性、节点度的有界性、有限伸展性等，也都是希望网络具有的性质。除此之外，拓扑控制还要考虑负载均衡、简单性、可靠性、可扩展性等其他方面的性质。

2.2　功　率　控　制

传感器网络中，节点发射功率的控制也称功率分配问题。节点通过设置或动态调整节点的发射功率，在保证网络拓扑结构连通、双向连通或者多连通的基础上，使得网络中节点的能量消耗最小，从而延长整个网络的生存时间。当传感器节点部署在二维或三维空间中时，传感器网络的功率控制是一个极难的问题。因此，试图寻找功率控制问题的最优解是不现实的，应该从实际出发，寻找功率控制问题的实用解。针对这一问题，当前学术界已经提出了一些解决方案，其基本思想都是通过降低发射功率来延长网络的生命期。

2.2.1　基于节点度的功率控制

基于节点度的算法是传感器网络拓扑控制中功率控制方面的问题。一个节点的度数是指所有距离该节点一跳的邻居节点的数目。基于节点度算法的核心思想是给定节点度的上限和下限需求，动态调整节点的发射功率，使得节点的度数落在上限和下限之间。基于节点度的算法利用局部信息来调整相邻节点间的连通性，从而保证整个网络的连通性，同时保证节点间的链路具有一定的冗余性和可扩展性。本地平均算法(Local Mean Algorithm，LMA)和本地邻居平均算法(Local Mean of Neighbors algorithm，LMN)是两种周期性动态调整节点发射功率的算法，它们之间的区别在于计算节点度的策略不同。

2.2.2　基于方向的功率控制

微软亚洲研究院的 Wattenhofer 和康奈尔大学的 Li 等人提出了一种能够保证网络连通性的基于方向的 CBTC 算法。其基本思想是：节点 u 选择最小功率 $P_{u, \rho}$，使得在任何以 u 为中心且角度为 ρ 的锥形区域内至少有一个邻居。而且，当 $\rho \leq 5\pi/6$ 时，可以保证网络的连通性。麻省理工学院的 Bahramgiri 等人又将其推广到三维空间，提出了容错的 CBTC 算法。基于方向的功率控制算法需要可靠的方向信息，因而需要很好地解决到达角度问题，另外节点需要配备多个有向天线，因此对传感器节点提出了较高的要求。

2.2.3　基于邻近图的功率控制

伊利诺斯大学的 Li 和 Hou 提出的 DRNG(Directed Relative Neighborhood Graph)和 DLMST(Directed Local Minimum Spanning Tree)是两个具有代表性的基于临近图理论的功率控制算法。基于临近图的功率控制算法的基本思想是，设所有节点都使用最大发射功率发射时形成拓扑图 G，按照一定的邻居判别条件 q 求出该图的临近图 G'，G' 中的每个节点以与自己所临近的、最远的通信节点来确定发射功率。这是一种解决功率分配问题的近似解法，考虑到由于无线传感器网络中两个节点形成的边是有向的，为了避免形成单向边，一般在运用基于临近图的功率控制算法形成网络拓扑以后，还需要进行节点之间边的增删，以使最后得到的网络拓扑是双向连通的。在无线传感器网络中，基于临近图功率控制算法的作用是使节点确定自己的邻居集合，调整适当的发射功率，从而在建立一个连通网络的同时使得能量消耗最低。经典的临近图模型有 RNG(Relative Neighborhood Graph)、GG(Gabriel Graph)、DG(Delaunay Graph)、YG(Yao Graph)和 MST(Minimum Spanning Tree)等。DRNG 是基于有向 RNG 的，DLMST 是基于有向局部 MST 的。DRNG 和 DLMST 能够保证网络的连通性，在平均功率和节点度等方面具有较好的性能。基于临近图的功率控制一般需要精确的位置信息。下面简单介绍 DRNG 算法和 DLSS(Directed Local Spanning Subgraph)算法。

DRNG 算法和 DLSS 算法是两种从临近图观点考虑拓扑问题的算法，是一种较早提出的功率控制算法，两者均以经典的临近图 RNG 和 LMST 等理论为基础，全面考虑了连通性和双向连通性问题。

首先有如下定义：

(1) 边有向，即(u, v)和(v, u)是两组不同的边；

(2) $d(u, v)$表示节点 u 和 v 间的距离，r_u 表示节点 u 的通信半径。

可达邻居 N_u^R 为 u 以最大发射半径可以到达的节点集合，由节点 u 和 N_u^R 以及这些节点之间的边构成了可达邻居子图 G_u^R。

由节点 u 和节点 v 构成边的权重函数 $w(u,v)$ 满足如下关系：

$$w(u_1, v_1) > w(u_2, v_2) \Rightarrow d(u_1, v_1) > d(u_2, v_2)$$
$$或者 \ d(u_1, v_1) = d(u_2, v_2)$$
$$且 \max\{id(u_1), id(v_1)\} > \max\{id(u_2), id(v_2)\}$$
$$或者 \ d(u_1, v_1) = d(u_2, v_2)$$
$$且 \max\{id(u_1), id(v_1)\} = \max\{id(u_2), id(v_2)\}$$
$$且 \min\{id(u_1), id(v_1)\} > \min\{id(u_2), id(v_2)\}$$

在 DRNG 算法和 DLSS 算法中，节点都需要知道其他一些节点的必要信息，因此需要一个信息收集阶段：每个节点以最大的发射功率广播"HELLO"消息，该消息至少包括自身的身份标识号(ID)和自身位置，然后，节点通过收到的"HELLO"消息确定自己可以达到的邻居集合 N_u^R。在 DRNG 算法中，没有明确的步骤，只给出确定邻居节点的条件，如图 2-1 所示，如果节点 u 和 v 满足 r_u，而且不存在另外其他节点 p 同时满足 $w(u, p) < w(u, v)$、$w(p, v) < w(u, v)$ 和 r_p 时，节点 v 则被选为节点 u 的邻居节点，所以，DRNG 算法为节点 u 确定了邻居集合。

在 DLSS 算法中，假设节点 u 及其可达邻居集合 G_u^R，将 p 到所有可达邻居节点的边以权重 $w(u, v)$ 为标准按升序排列；依次取出这些边，直到 u 与所有可达邻居节点相连通或者通过其他节点连通；最后，与 u 直接连通的节点构成 u 的邻居集合。从图论的观点看，DLSS 算法等价于 G_u^R 基础上的本地最小生成树的计算。经过 DRNG 或 DLSS 算法后，节点 u 确定了自己的邻居集合，然后将发射半径调整为最远邻居节点的距离，进一步通过对拓扑图的边进行增删，使得网络达到双向连通。

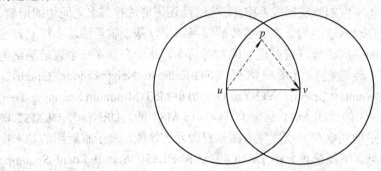

图 2-1　DRNG 算法

DRNG 算法和 DLSS 算法着重考虑了网络的连通性，充分利用了邻居图理论，是无线传感器网络中的经典算法，二者以原始网络拓扑双向连通为前提，保证优化后的拓扑也是双向连通的。

此外，微软亚洲研究院的 Wattenhofer 等人提出的 XTC 算法对传感器节点没有太高的要求，对部署环境也没有过强的假设，因此提供了一个面向简单、实用的研究方向。XTC算法代表了功率控制的发展趋势，下面将详细加以介绍。

2.2.4　XTC 算法

XTC 算法的基本思想是用接收信号的强度作为 RNG 中的距离度量，XTC 算法可分为如下三步。

(1) 邻居排序：节点 u 对其所有的邻居计算一个反映链路质量的全序 $\prec_u$。在 $\prec_u$ 中，如果节点 ω 在节点 v 的前面，则记为 $\omega \prec_u v$，节点 u 与越早出现在 $\prec_u$ 中的节点之间的链路，其质量越好。

(2) 信息交换：节点 u 向其邻居广播自己的 $\prec_u$，同时接收邻居节点建立的 $\prec$。

(3) 链路选择：节点 u 按顺序遍历 $\prec_u$，先考虑好邻居，再考虑坏邻居。对于 u 的邻居 v，如果节点 u 没有更好的邻居 ω，使得 $\omega \prec_u v$，那么 u 就和 v 建立一条通信链路。

XTC 算法不需要位置信息，对传感器节点没有太高的要求，适用于异构网络，也适用于三维网络。与大多数其他算法相比，XTC 算法更简单，更实用。但是，XTC 算法与实用化要求仍然有一定的距离，例如，XTC 算法并没有考虑到通信链路质量的变化。

2.3　层次型拓扑结构控制

在传感器网络中，传感器节点的无线通信模块在空闲状态时的能量消耗与在首发状态时的相当，所以只有关闭节点的通信模块，才能大幅度地降低无线通信模块的能量开销。因此可考虑依据一定的机制选择某些节点作为骨干网节点，打开通信模块，并关闭非骨干节点的通信模块，由骨干节点构建一个联通网络来负责数据的路由转发，这样既保证了原有覆盖范围内的数据通信，也在很大程度上节省了节点能量。在这种拓扑管理机制下，网络中的节点可以划分为骨干网节点和普通节点两类，骨干网节点对周围的普通节点进行管辖。这类算法将整个网络划分为相连的区域，一般又称为分簇算法。骨干网节点是簇头节点，普通节点是簇内节点。由于簇头节点需要协调簇内节点的工作，负责数据的融合和转发，能量消耗相对较大，所以分簇算法通常采用周期性地选择簇头节点的做法以均衡网络中节点的能量消耗。

层次型拓扑结构具有很多优点，例如，由簇头节点担负数据融合的任务，减少了数据通信量；有利于分布式算法的应用，适合大规模部署的网络；由于大部分节点在相当长的时间内关闭了通信模块，所以显著地延长了整个网络的生存时间等。

2.3.1　LEACH 算法

LEACH(Low Energy Adaptive Clustering Hierarchy)算法是一种自适应分簇拓扑算法，它的执行过程是周期性的，每轮循环分为簇的建立阶段和稳定的数据通信阶段。在簇的建立阶段，相邻节点动态地形成簇，随机产生簇头；在数据通信阶段，簇内节点把数据发送给簇头，簇头进行数据融合并把结果发送给汇聚节点。由于簇头需要完成数据融合、与汇聚节点通信等工作，所以能量消耗大。LEACH 算法能够保证各节点等概率地担任簇头，使得网络中的节点相对均衡地消耗能量。

LEACH 算法选举簇头的过程如下：节点产生 0~1 之间的随机数，如果这个数小于阈值 $T(n)$，则发布自己是簇头的消息。在每轮循环中，如果节点已经当选过簇头，则把 $T(n)$ 设置为 0，这样该节点不会再次当选为簇头。对于未当选过簇头的节点，则将以 $T(n)$ 的概率当选。随着当选过簇头的节点数目增加，剩余节点当选簇头的阈值 $T(n)$ 随之增大，节点产生小于 $T(n)$ 的随机数的概率随之增大，所以节点当选簇头的概率增大。当只剩下一个节点未当选时，$T(n)=1$，表示这个节点一定当选。$T(n)$ 可表示为

$$T(n)=\begin{cases}\dfrac{P}{1-P\times[r\,\mathrm{mod}(1/P)]}, & n\in G \\ 0, & 其他\end{cases} \tag{2-2}$$

其中，P 是簇头在所有节点中所占的百分比，r 是选举轮数，$r\,\mathrm{mod}(1/P)$ 代表这一轮循环中当选过簇头节点的个数，G 是这一轮循环中未当选过簇头的节点集合。

节点当选簇头以后，通过发布消息告知其他节点自己是新簇头。非簇头节点根据自己与簇头之间的距离来选择加入哪个簇，并告知该簇头。当簇头接收到所有的加入信息后，就产生一个 TDMA 定时消息，并且通知该簇中所有节点。为了避免附近簇的信号干扰，簇头可以决定本簇中所有节点所用的 CDMA 编码。这个用于当前阶段的 CDMA 编码连同 TDMA 定时一起发送。当簇内节点收到这个消息后，它们就会在各自的时间槽内发送数据。经过一段时间的数据传输，簇头节点收齐簇内节点发送的数据后，运行数据融合算法来处理数据，并将结果直接发送给汇聚节点。

经过一轮选举过程，我们可以看到如图 2-2 所示的簇的分布，整个网络覆盖区域被划分为五个簇，图中黑色节点代表簇头。可以明显地看出经 LEACH 算法选举出的簇头的分布并不均匀，这是需要改进的方面。

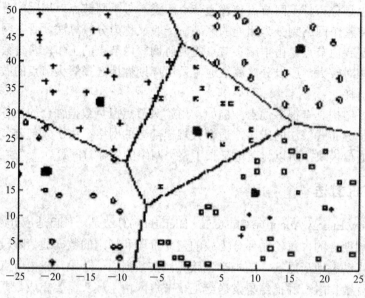

图 2-2　簇的分布

2.3.2　TopDisc 算法

TopDisc(Topology Discovery)算法是基于最小支配集理论的经典算法。它首先由初始节点发出拓扑发现请求,通过广播该消息来确定网络中的骨干节点(distinguished nodes),并结合这些骨干节点的邻居节点的信息形成网络拓扑的近似拓扑。在这个近似拓扑形成之后,为了减少算法本身引起的网络通信量,只有骨干节点才对初始节点的拓扑发现请求作出相应的反应。

为了确定网络中的骨干节点,TopDisc 算法采用的是贪婪算法。具体地讲,TopDisc 提出了两种类似的方法:三色法和四色法。

在三色法中,节点可以处于三种不同的状态。在 TopDisc 算法中,分别用白色、黑色、灰色表示三种节点:(1) 白色表示尚未被发现的节点,或者说是没有接收到任何拓扑发现请求的节点;(2) 黑色表示骨干节点(簇头节点),负责相应地拓扑发现请求;(3) 灰色表示普通节点,至少被一个标记为黑色的节点覆盖,即黑色节点的邻居节点。

在初始阶段,所有节点都被标记为白色,算法由一个初始节点发起,算法结束后所有节点都将被标记为黑色或者灰色(前提假设整个网络拓扑是连通的)。

TopDisc 采用两种启发方法来使得每个新的黑色节点都尽可能多地覆盖还没有被覆盖的节点:一种是节点颜色标记方法;另一种是节点转发拓扑发现请求时,将会故意延时一段时间,延时时间的长度反比于该节点与发送拓扑发现请求到该节点的节点之间的距离。

三色法的详细步骤描述如下:

(1) 初始节点被标记为黑色,并向网络广播拓扑发现请求。

(2) 当白色节点收到来自黑色节点的拓扑发现请求时,将被标记为灰色,并在延时时间 T_{WB} 后继续广播拓扑发现请求。T_{WB} 反比于它与黑色节点之间的距离。

(3) 当白色节点收到来自灰色节点的拓扑发现请求时,将在等待时间 T_{WG} 后标记为黑色，但如果在等待周期又收到来自黑色节点的拓扑发现请求则先优先标记为灰色；同样，等待时间 T_{WG} 反比于该白色节点与灰色节点之间的距离。不管节点被标记为灰色还是黑色，都将在完成颜色标记后继续广播拓扑发现请求。

(4) 所有已经被标记为黑色或者灰色的节点，都将忽略其他节点的拓扑发现请求。

为了使得每个新的黑色节点都尽可能多地覆盖还没有被覆盖的节点，TopDisc 采用了反比于节点之间距离的转发延时机制。其合理性简单地解释为：理想情况下，节点的覆盖范围是半径为无线电发射半径的圆。于是，单个的节点所能覆盖的节点数目正比于其覆盖面积和局部的节点部署密度。对于一个正在转发拓扑发现请求的节点，它所能覆盖的新的节点(还没有被任何节点覆盖)则正比于它的覆盖面积与已经覆盖的面积之差。如图 2-3 所示，假设节点 a 是初始节点，根据步骤(1)它被标记为黑色，并广播拓扑发现请求。节点 b 和节点 c 收到来自节点 a 的拓扑发现请求，根据步骤(2)被标记为灰色，并各自等待一段时间后广播拓扑发现请求。假设节点 b 比节点 c 距离节点 a 更远，即节点 b 的等待时间更短，于是节点 b 先广播拓扑发现请求。节点 d 和节点 e 收到来自节点 b 的拓扑发现请求，根据步骤(3)各自等待一段时间，节点 a 已经被标记为黑色，根据步骤(4)它会忽略节点 b 的拓扑发现请求。假设节点 d 比节点 e 距离节点 b 更远，则节点 d 比节点 e 更有可能标记为黑色，此处假设节点 d 和节点 e 都因为等待周期内没有收到来自黑色节点的拓扑发现请求而标记为黑色。注意，在标记为黑色的两个节点之间存在一个中介节点(图中为节点 b)同时被这两个黑色节点覆盖，这归因于三色法的内在性质。

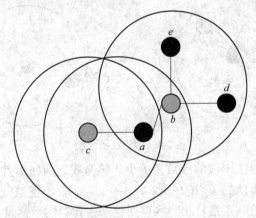

图 2-3 三色法示意图

可以看出，三色法所形成的簇之间存在重叠区域。为了增大簇之间的间隔，减少重叠区域，TopDisc 算法同时也提出了四色法。顾名思义，节点可以处于四种不同的状态，分别用白色、黑色、灰色和深灰色表示。前三种颜色代表的含义跟三色法相同，增加的深灰色表示节点收到过拓扑发现请求，但不被任何标记为黑色的节点覆盖。

与三色法类似，在初始阶段，所有节点都被标记为白色，算法由一个初始节点发起，算法结束后所有节点都将被标记为黑色或者灰色(前提假设整个网络拓扑是连通的，注意最终没有标记为深灰色的节点)。四色法的详细步骤描述如下：

(1) 初始节点被标记为黑色，并向网络广播拓扑发现请求。

(2) 当白色节点收到来自黑色节点的拓扑发现请求时，将被标记为灰色，并在延时时

间 T_{WB} 后继续广播拓扑发现请求。T_{WB} 反比于它与黑色节点之间的距离。

(3) 当白色节点收到来自灰色节点的拓扑发现请求时，将标记为深灰色并继续广播拓扑发现请求，然后等待一段时间(同样与距离成反比)。如果在等待期间收到来自黑色节点的拓扑发现请求，则改变为灰色，否则它自己成为黑色。

(4) 当白色节点收到来自深灰色节点的拓扑发现请求时，等待一段时间(同样与距离成反比)。如果在等待期间收到来自黑色节点的拓扑发现请求，则改变为灰色，否则它自己成为黑色。

(5) 所有已经被标记为黑色或者灰色的节点，都将忽略其他节点的拓扑发现请求。

如图 2-4 所示，假设节点 a 是初始节点，根据步骤(1)它被标记为黑色，并广播拓扑发现请求。节点 b 收到来自节点 a 的拓扑发现请求，根据步骤(2)被标记为灰色，并各自等待一段时间后广播拓扑发现请求。节点 c 和节点 e 都接收到来自节点 b 的拓扑发现请求，根据步骤(3)，被标记为深灰色，继续广播拓扑发现请求启动计时器(即等待一段时间)。节点 d 收到来自节点 c 的拓扑发现请求，根据步骤(4)等待一段时间，假设这段时间内没有收到来自标记为黑色节点的拓扑发现请求，于是节点 d 标记为黑色，并广播拓扑发现请求。假设节点 c 在等待期间收到了节点 d 的拓扑发现请求，则被标记为灰色。假设节点 e 在等待期间没有收到任何来自标记为黑色节点的拓扑发现请求，则被标记为黑色。

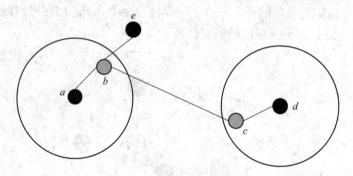

图 2-4　四色法示意图

与三色法相比，四色法形成的簇数目更少，簇与簇之间的重叠区域也更小。但是可能形成一些孤立的标记为黑色的节点(如图 2-4 中的节点 e)，不覆盖任何灰色节点。虽然三色法和四色法所形成的黑色节点数目相当，但四色法中传输的数据量要少一些。

TopDisc 算法利用图论中的典型算法，提出了一种有效方法来构建网络的近似拓扑，是分簇算法中的经典算法。它是一种只需要利用局部信息、完全分布式的、可扩展的网络拓扑控制算法，不过也存在有待改进的地方，如算法开销偏大，另外没有考虑节点的剩余能量。

2.3.3　GAT 算法

GAT 算法是一种依据节点的地理位置进行分簇，并对簇内的节点选择性地进行休眠的路由算法。其核心思想是：在各数据源到数据目的地之间存在有效通路的前提下，尽量减少参与数据传输的节点数，从而减少用于数据包侦听和接收的能量开销。它将无线传感器网络划分成若干个单元格(簇)，各单元格内任意一个节点都可以被选为代表，代替本单元格内所有其他节点完成数据包向相邻单元格的转发。被选中的节点成为本单元格的簇头节点；其他节点都进行休眠，不发送、接收和侦听数据包。

GAT 算法通常分为两个阶段：

第一阶段为虚拟单元格的划分。节点根据其位置信息和通信半径将网络区域划分为若干个虚拟单元格，并保证相邻单元格中的任意两个节点都可以直接通信，假设节点已知整个监测区域的位置信息和本身的位置信息，节点可以通过计算得知自己属于哪个单元格。

第二阶段为虚拟单元格中的簇头节点的选择。节点周期性地进入休眠和工作状态。从休眠状态唤醒后与本单元内其他节点进行信息交换，以此确定自己是否需要成为簇头节点，每个节点处于发现、活动以及休眠三种状态。在网络初始化时，所有节点均处于发现状态，每个节点通过发送广播消息通告自己的位置和 ID 等信息，然后每个节点将自身的定时器设置为某个区间内的随机值 T_d，一旦定时器超时，节点发送消息声明其进入活动状态，成为簇头。节点如果在定时器超时前收到来自同一单元格内其他节点成为簇头的声明，则说明自己在这次簇头竞争中失败，从而进入休眠状态。成为簇头的节点设置定时器 T_a 来设置自己处于活动状态的时间。在 T_a 超时前，簇头节点定期广播自己处于活动状态的信息，以抑制其他处于发现状态的节点进入活动状态；当 T_a 超时后，簇头节点重新回到发现状态，处于活动状态的节点如果发现本单元格出现了更适合成为簇头的节点，会自动进入休眠状态。

由于节点处于侦听状态时也会消耗很多热量，所以让节点处于休眠状态成为传感器拓扑控制算法中常见的方法，GAF 算法的优点是在节点密集型分布的网络中使部分节点处于休眠状态，节省了网络总能耗。但 GAF 算法没有考虑移动节点的存在。实际应用环境中，簇头节点很容易从一个单元格移动到另一个单元格，从而造成某些单元格内没有节点转发数据包，最终造成大量丢失的数据包和重复转发的数据包，导致了总能耗的增加。

2.4 启 发 机 制

传感器网络通常是面向应用事件驱动的网络，骨干网节点在没有检测到事件时不必一直保持在活动状态。在传感器网络的拓扑控制算法中，除了传统的功率控制和层次型拓扑控制两个方面之外，也提出了启发式的节点唤醒和休眠机制。该机制能够使节点在没有事件发生时设置通信模块为休眠状态，而在有事件发生时及时自动醒来并唤醒邻居节点，形成数据转发的拓扑结构。这种机制的引入，使得无线通信模块大部分时间都处于关闭状体，只有传感器模块处于工作状态。由于无线通信模块消耗的能量远大于传感器模块所消耗的能量，所以这种机制进一步节省了能量开销。启发机制重点在于解决节点在休眠状态和活动状态之间的转换问题，不能独立地作为一种拓扑结构控制机制，需要与其他拓扑控制算法结合使用。

2.4.1 STEM 算法

STEM(Sparse Topology and Energy Management)算法是一种低占空比的节点唤醒机制。该算法采用双信道，即监听信道和数据通信信道。具体地讲，STEM 算法又分为STEM-B(STEM-BEACON)算法和 STEM-T(STEM-TONE)算法。

在 STEM-B 算法中，当一个节点想给另外一个节点发送数据时，它作为主动节点先发送一串唤醒包。目标节点在收到唤醒包后，发送应答信号并自动进入数据接收状态。主动节点接收到应答信号后，进入数据发送阶段。

在 STEM-T 算法中，节点周期性地进入侦听阶段，探测是否有邻居节点要发送数据；当一个节点想要与某个邻居节点进行通信时，它就发送一连串的唤醒包，发送唤醒包的时间长度必须大于侦听的时间间隔，以确保邻居节点能够收到唤醒包，紧接着节点就直接发送数据包。STEM-T 算法比 STEM-B 算法更简单、实用。

STEM 算法适用于类似环境监测或者突发事件监测等应用场合，实验证明，节点唤醒速度可以满足应用的需要。但是在 STEM 算法中，节点的休眠周期、部署密度以及网络的传输延迟之间有着密切的关系，要针对具体的应用要求进行调整。

2.4.2　ASCENT 算法

ASCENT(Adaptive Self-Configuring sEnsor Networks Topologies)算法着重于均衡网络中骨干节点的数量，并保证数据通路的畅通。当节点在接收数据时发现丢包严重，就向数据源方向的邻居节点发出求助消息；节点探测到周围的通信节点丢包率很高或者收到邻居节点发出的帮助请求时，它就主动由休眠状态变为活动状态，帮助邻居节点转发数据包。

运行 ASCENT 算法的网络包括触发、建立和稳定三个主要阶段。触发阶段如图 2-5(a)所示，在汇聚节点与数据源节点不能正常通信时，汇聚节点向它的邻居节点发出求助信息；建立阶段如图 2-5(b)所示，当节点收到邻居节点的求助消息时，通过一定的算法决定自己是否成为活动节点，如果成为活动节点，就向邻居节点发送通告消息，同时这个消息是邻居节点判断自身是否成为活动节点的因素之一；稳定阶段如图 2-5(c)所示，数据源节点和汇聚节点间的通信恢复正常，网络中活动节点个数保持稳定，从而达到稳定状态。

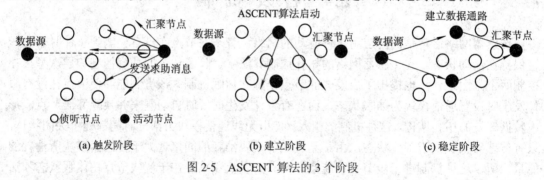

(a) 触发阶段　　　　　　　(b) 建立阶段　　　　　　　(c) 稳定阶段

图 2-5　ASCENT 算法的 3 个阶段

ASCENT 算法使得网络可以随具体应用要求而动态地改变拓扑结构，并且节点只根据本地的信息进行计算，不依赖于无线通信模块、节点的地理分布和路由协议等。但 ASCENT 算法只是提出了网络中局部优化的一种机制，还需要对更大规模的节点分布进行改进，并加入负载平衡技术等。

2.5　传感器网络的覆盖控制

覆盖是对传感器网络服务质量的度量，即在保证一定的服务质量条件下，使得网络覆盖范围最大化,提供可靠的区域监测和目标跟踪服务。根据传感器节点是否具有移动能力,WSN 覆盖问题可分为静态网络覆盖和动态网络覆盖两种形式。静态网络覆盖又分为区域覆盖(area coverage)、点覆盖(point coverage)和栅栏覆盖(barrier coverage)。区域覆盖研究对目标区域的覆盖(监测)问题;点覆盖研究的是对一些离散的目标点的覆盖问题;栅栏覆盖研究运动物体穿越网络部署区域被发现、检测的概率问题。区域覆盖一直是研究的重点,这里我们主要介绍几种区域覆盖的控制算法。

2.5.1 基于虚拟势场力的传感器网络区域覆盖控制

虚拟势场力是把网络中每一个移动节点看做一个虚拟的带电粒子,相邻节点之间同时存在排斥力和吸引力两种相互作用力。由于受势场斥力的作用,传感器节点迅速扩展开来;由于受势场引力的作用,传感器节点之间的距离不会无限扩大;两者共同作用,使网络最终达到平稳状态,此时整个无线传感器网络覆盖区域可以达到最大化。在自组织过程中,节点并没有真正移动,而是先由簇首计算出虚拟路径,然后指导簇内节点进行一次移动,以节省能量。

在无线传感器网络布局优化过程中,各无线传感器节点根据其所受合力的大小和方向移动相应距离,直至达到受力平衡状态或可移动距离的上限位置。假设传感器节点 s_i 所受虚拟力为 $\vec{F_i}$,无线传感器节点 s_j 对节点 s_i 的力为 $\vec{F_{ij}}$;$\vec{F_{iR}}$ 和 $\vec{F_{iA}}$ 分别为障碍物和热点区域对无线传感器节点 s_i 的作用力,则存在如下关系:

$$\vec{F_i} = \sum_{j=1,\ j\neq i}^{k} \vec{F_{ij}} + \vec{F_{iR}} + \vec{F_{iA}} \tag{2-3}$$

式中 $\vec{F_{ij}}$ 为无线传感器节点间的相互作用力,既有引力,也有斥力。虚拟势场力算法采用距离阈值 d_{th} 来调整无线传感器节点间的相互作用力的属性,当 d_{ij} 大于 d_{th} 且小于节点的通信半径 C 时,两者间的作用力为引力;当 d_{ij} 小于 d_{th} 时,作用力为斥力。$\vec{F_{ij}}$ 与 d_{ij} 的关系如式(2-4)所示:

$$\vec{F_{ij}} = \begin{cases} 0 & , \quad d_{ij} \geq C \\ (k_A(d_{ij}-d_{th}),\ \alpha_{ij}) & , \quad C > d_{ij} > d_{th} \\ 0 & , \quad d_{ij} = d_{th} \\ \left(k_R\left(\dfrac{1}{d_{ij}} - \dfrac{1}{d_{th}}\right),\ \alpha_{ij}+\pi\right) & , \quad d_{ij} < d_{th} \end{cases} \tag{2-4}$$

式中 $\vec{F_{ij}}$ 为传感器节点 s_i、s_j 之间的虚拟势场力;k_A、k_R 分别为引力和斥力系数,主要用于调节虚拟势场力算法布局优化后无线传感节点的疏密程度,它们都是正值,一般凭经验确定;α_{ij} 为节点 s_i 到 s_j 的方位角。

考虑到节点从受力到运动为一个加速过程,故节点受力后在 x 轴和 y 轴上的位移分别为

$$s_x = \begin{cases} v_x \times \Delta t & , \quad v_x = v_{x\max} \\ v_x \times \Delta t + \dfrac{1}{2} \times a_x \times \Delta t^2 & , \quad v_x < v_{x\max} \end{cases} \tag{2-5}$$

$$s_y = \begin{cases} v_y \times \Delta t & , \quad v_y = v_{y\max} \\ v_y \times \Delta t + \dfrac{1}{2} \times a_y \times \Delta t^2 & , \quad v_y < v_{y\max} \end{cases} \tag{2-6}$$

式中 v_x，v_y 分别表示节点在 x 轴和 y 轴的移动速度，a_x、a_y 分别表示节点在 x 轴和 y 轴的加速度，Δt 为时间步长。

根据公式(2-5)、公式(2-6)可得节点在 x、y 轴的迁移位置分别为

$$x_{\text{new}} = \begin{cases} x_{\text{old}} & , \quad |F_{xy}| \leq F_{\text{th}} \\ x_{\text{old}} + s_x & , \quad |F_{xy}| > F_{\text{th}} \end{cases} \tag{2-7}$$

$$y_{\text{new}} = \begin{cases} y_{\text{old}} & , \quad |F_{xy}| \leq F_{\text{th}} \\ y_{\text{old}} + s_y & , \quad |F_{xy}| > F_{\text{th}} \end{cases} \tag{2-8}$$

式中 F_{xy} 为作用于节点的虚拟力，F_{th} 为预定义的虚拟力阈值，当虚拟力小于虚拟力阈值时，则可认为该节点已达到稳定状态，不需要再移动。

图 2-6(a)和图 2-6(b)分别为利用虚拟力对 10 个和 70 个传感器节点进行覆盖控制的仿真图，从仿真图可以看出，节点很好地部署在监测区域中，使得网络覆盖率的增大最大化。值得注意的是，最终覆盖率除了受网络中节点数量的影响，还受到距离阈值 d_{th} 及虚拟引力系数和斥力系数的影响。当 d_{th} 过小或者虚拟引力系数过大时，节点分布较密集，网络覆盖率无法得到保证；当 d_{th} 过大或者虚拟斥力系数过小时，节点分布过疏，连通度无法得到保证，从而会形成探测盲区。因此需要采用优化算法进行系数优化，在此不作讨论。

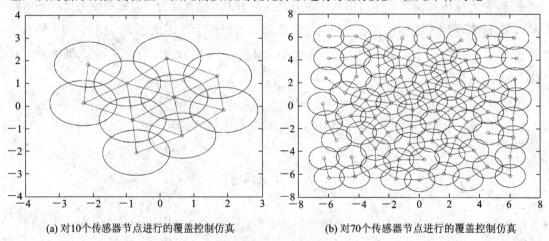

(a) 对10个传感器节点进行的覆盖控制仿真　　　　　(b) 对70个传感器节点进行的覆盖控制仿真

图 2-6　算法仿真

2.5.2　基于市场竞争行为的无线传感器网络连接与覆盖算法

节点部署受环境影响，有时因为节点部署不慎，可能导致部分节点丧失行动能力，而

它的传感与通信功能仍然保持正常。在自组织的时候，如果不考虑这些节点，显然会造成浪费；如果考虑这些节点，则只能采用带约束条件的虚拟力的方法，当移动节点靠近这些失去行动能力的节点时会受到排斥。然而，此方法在某些特殊情况下，不能达到令人满意的效果，检测目标中可能会出现不能覆盖的区域。图 2-7 展示了这样一个例子。图中，除了位于右下角的一个传感器以外，其余节点均失去了行动能力，这个具有行动能力的传感器因为受到其他节点的排斥，无法进入中间的未覆盖区域。

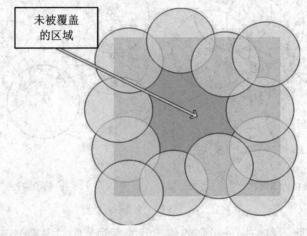

图 2-7　未覆盖区域

　　基于市场竞争行为的无线传感器网络连接与覆盖算法就是通过研究人类社会的市场竞争行为，提出地用于无线传感器网络连接与覆盖问题的控制算法。该方法把传感器网络中的节点类比为市场竞争中的经济主体，把目标监测区域类比为经济资源，把对传感器网络所做的优化配置类比为市场竞争行为对经济资源的优化配置。将人类社会经济活动中通过市场竞争实现资源的优化配置的方法应用到无线传感器网络的节点部署，降低了节点的计算量、移动距离及信息复杂度，提高了无线传感器的行动效率，并间接达到了省电的目的。

　　网络采用簇结构，簇内任意两个节点均可以通过多跳的方式进行通信，而簇间不能通信。对于每一个独立的簇，其配置过程可分为三步进行：

　　(1) 实现动、静态的分离。静态传感器虽然不能移动，但其用于感测与通信的能量高于动态传感器(移动会消耗能量)；在人类经济活动领域内，大型企业与小型企业相比较，虽然具有规模优势，但是在竞争中缺乏灵活性。以上两者之间具有很好的类比性。因此，在我们的算法中，把静态传感器定义为"大型企业"，把动态传感器定义为"小型企业"，每一个传感器的有效覆盖面积为该企业所获取的"经济资源"。

　　(2) 簇的内部调整。我们知道在资源有限的情况下，大型企业依靠其规模优势，总是能够优先占有部分资源，其不能占有的资源将在小型企业间通过竞争得到分配，而竞争失败的小型企业能够利用其灵活性去寻找新的资源。同样的道理，我们可以在保证子网络不分裂的基础上，使用最少的动态传感器来补充静态传感器所不能覆盖的区域，从而将尽可能多的动态传感器解放出来，用于网络的扩张。

　　图 2-8(a)演示了这样一个过程，S1、S2、S3、S4、S5、S6 表示静态传感器，它们的感测范围用实线的圆表示，M1、M2、M3、M4、M5、M6 表示可移动传感器，它们的感测范

围用虚线的圆表示。M1 被优化配置到 M1'，其感测范围用带三角形的圆线表示。为保证网络不分裂，M2 与 M3 保持位置不变。M1'、M2、M3 和所有的静态传感器构成了一个"准静态传感器覆盖范围"，构成"准静态传感器覆盖范围"的传感器将不再参与向外扩张。M4、M5、M6 则是被解放出来的可移动传感器，它们将参与向外扩张。

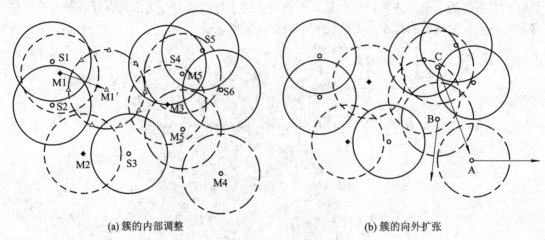

(a) 簇的内部调整　　　　　　　　　　　　　(b) 簇的向外扩张

图 2-8　簇的自组织行为

(3) 簇的向外扩张。参与向外扩张的传感器的感测范围与内部调整后形成的"准静态传感器覆盖范围"的相对位置关系必然处于如下三种类型中的一种。A 类：完全在"准静态传感器覆盖范围"之外，如图 2-8(a)中的 M4；B 类：部分在"准静态传感器覆盖范围"之内，如图 2-8(a)中的 M5；C 类：完全在"准静态传感器覆盖范围"之内，如图 2-8(a)中的 M6。

独立子网络向外扩张，如图 2-8(b)所示，在确保网络不分裂的前提下，对 A 类传感器进行优化配置，使网络有效覆盖面积最大，并将 A 类传感器原先所在位置的信息发布给 C 类传感器，作为 C 类传感器移动的指导信息。C 类传感器根据 A 类传感器发布的指导信息，按照整体能耗最省的原则规划到达 A 类传感器原先所在位置的路径。若优化前，网络中 C 类传感器数目少于 A 类传感器数目，则优化结果为网络中只包含 A 类传感器与 B 类传感器，此时在确保网络不分裂的前提下，对 B 类传感器进行优化调整，则可使该子网络有效覆盖面积最大。若优化前网络中 C 类传感器数目多于 A 类传感器数目，则优化结果为网络中只包含 C 类传感器与 B 类传感器，此时在确保网络不分裂的前提下，可以移动 B 类传感器使其转变为 A 类传感器，采用前述方法即可实现子网络的配置。

在扩张过程中，部分簇将因为距离的拉近而能够互相通信，此时需要动态调整簇结构。一旦两个独立簇能够通信，则立即中断原配置操作，将两个簇合并为一个新簇，并重新对它进行配置。

当配置结束后，可令部分冗余节点进入休眠状态，从而节省整个网络的能耗。

如图 2-9(a)所示，我们把目标区域定为长为 16 m、宽为 14 m 的二维平面矩形区域，在这个区域中随机撒入 5 个半径为 1 m 的静态节点，同时在矩形中心区域撒入 57 个半径为 0.5 m 的动态节点。在此基础上，假定目标区域未被节点覆盖的空白节点为所要争夺的资源，运行本算法后，得到了很好的布置效果，如图 2-9(b)所示。

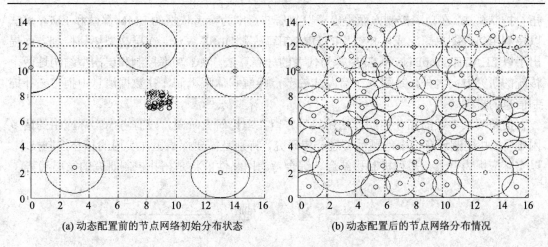

(a) 动态配置前的节点网络初始分布状态　　　　(b) 动态配置后的节点网络分布情况

图 2-9　自组织前后覆盖率对比

　　为了进一步检验本算法的优劣，我们在动态节点布置基本稳定的时候，模拟节点能量耗尽或故障的情形，随机去掉 6 个动态节点，观察网络的再组织能力，检验其鲁棒性、抗毁性和灵活性，结果如图 2-10(a)所示。同时，我们全程绘制了 WSN 配置过程的网络覆盖率曲线，从覆盖率的角度定量分析算法的优劣，如图 2-10(b)所示。

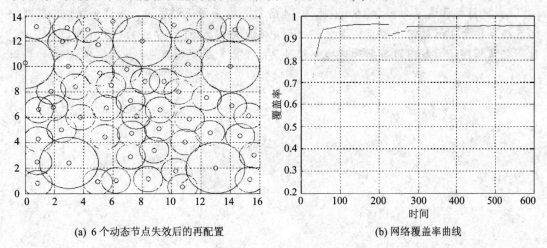

(a) 6 个动态节点失效后的再配置　　　　　　　(b) 网络覆盖率曲线

图 2-10　鲁棒性实验

　　从图 2-10(a)可以看出，WSN 在失去 6 个节点的情况下，本算法仍可以使网络尽可能的填补缺失节点的空白，并较好地完成任务。从图 2-10(b)可以看出，本算法可以迅速优化网络配置，使覆盖率在较短的时间内上升至 97%左右；当节点减少时，覆盖率骤然降低，但在本算法的作用下，网络可以得到再配置，覆盖率可以重新上升到一个较高的程度。

2.6　小　　结

　　目前，传感器网络拓扑控制研究有了初步进展，研究人员一方面从 Ad Hoc 网络方面借鉴了宝贵的经验；另一方面针对传感器网络自身的特点，提出了形式多样、侧重点不同的拓扑控制算法。在功率控制方面提出了以邻居节点度为参考依据的 LMN 算法和 LMA 算法以及利用邻近图思想生成拓扑结构的 DRNG 算法和 DLSS 算法；在层次型拓扑控制方面提出了以 LEACH、TopDisc 和 GAT 等为代表的分簇算法。除了功率控制和层次型结构这两个传统的研究方向之外，还引入了启发式的节点唤醒和休眠机制，在数据消息中捎带拓扑控制信息的机制等。

　　但是，大多数的拓扑控制算法还只是停留在理论研究阶段，没有考虑实际应用的诸多困难。拓扑控制还有许多问题需要进一步研究，特别是需要探索更加实用的拓扑控制技术。以实际应用为背景、多种机制相结合、综合考虑网络性能将是拓扑控制研究的发展趋势。

────────── 习　　题 ──────────

1．简述无线传感器网络中的拓扑控制的基本概念。

2．无线传感器网络拓扑控制的目的是什么？

3．无线传感器网络中节点能耗与哪些因素有关，简述节点节能的策略。

4．什么是虚拟势场力？

5．简述目前无线传感器网络拓扑控制的一些常用算法。

6．把目标区域定为长为 16 m，宽为 14 m 的二维平面矩形区域，在这个区域中随机撒入 5 个半径为 1 m 的静态节点，同时在矩形中心区域撒入 57 个半径为 0.5 m 的动态节点。试用任意程序语言写出覆盖率和连接性都满足的节点部署实现算法。

第 3 章　无线传感器网络关键技术

3.1　无线传感器网络的路由技术

无线传感器网络路由协议的目的是将消息分组从源节点(通常为传感节点)发送到目的节点(通常为汇聚节点)，因此需要完成两大功能：一是选择适合的优化路径，二是沿着选定的路径正确转发数据。尽管传统的无线局域网络或者移动 Ad Hoc 网络基于提高服务质量(QoS)和公平性提出了很多路由协议，但这些协议的主要任务不是考虑网络的能量消耗，而是追求使端到端的延迟最小、网络利用率最高以及避免通信拥塞和均衡网络流量的最优路径。而无线传感器网络节点有能量限制，且考虑到网络节点数目通常很大，节点只能通过获取的局部拓扑信息来构建路由，以及无线传感器网络本身具有较强的应用相关性，再考虑到数据的融合处理，因此不仅传统无线网络路由协议不再适合，而且也很难设计一个适合的无线传感器网络的通用路由协议。其中，无线传感器网络路由协议设计的一个主要目标就是在执行数据通信功能的前提下尽可能地延长网络的寿命，并通过积极的能量管理技术避免网络连接性因节点能量不足而造成的恶化。

与传统网络的路由协议相比，无线传感器网络的路由协议具有以下特点：

(1) 能量优先。传统路由协议在选择最优路径时，很少考虑节点的能量消耗问题。而无线传感器网络中节点的能量有限，如何延长整个网络的生存期成为传感器网络路由协议设计的重要目标，因此需要考虑节点的能量消耗以及网络能量均衡使用的问题。

(2) 基于局部拓扑信息。无线传感器网络为了节省通信能量，通常采用多跳的通信模式，而节点有限的存储资源和计算资源使得节点不能存储大量的路由信息，不能进行太复杂的路由计算。在节点只能获取局部拓扑信息和资源有限的情况下，如何实现简单、高效的路由机制是无线传感器网络的一个基本问题。

(3) 以数据为中心。传统的路由协议通常以地址作为节点的标识和路由的依据，而无线传感器网络中大量的节点随机部署，所关注地是监测区域的感知数据，而不是具体由哪个节点获取的信息，因此是不依赖于全网的唯一的标识。传感器网络通常包含多个传感器节点到少数汇聚节点的数据流，按照对感知数据的需求、数据通信模式和流向等，形成以数据为中心的消息的转发路径。

(4) 应用相关。传感器网络的应用环境千差万别，数据通信模式各不相同，没有一个路由机制适合所有的应用，这是传感器网络应用相关性的一个体现。设计者需要针对每一个具体应用的需求，设计与之适应的特定路由机制。

针对传感器网络路由机制的上述特点，在根据具体应用设计路由机制时，要满足下面的传感器网络路由机制的要求：

（1）高效地使用能量。传感器网络路由协议不仅要选择能量消耗小的消息传输路径，而且要从整个网络的角度考虑，选择使整个网络能量均衡消耗的路由机制。传感器节点的资源有限，传感器网络的路由机制要能够简单而且高效地实现信息传输。

（2）可扩展性。在无线传感器网络中，检测区域范围或节点密度不同，造成网络规模的大小不同；节点失败、新节点加入以及节点移动等，都会使得网络拓扑结构动态发生变化，这就要求路由机制具有可扩展性，能够适应网络结构的变化。

（3）鲁棒性。能量用尽或因环境因素造成传感器节点信息传输的失败、周围环境对无线链路的通信质量的影响以及无线链路本身的缺点等，这些无线传感器网络的不可靠特性要求路由机制具有一定的容错能力。

（4）快速收敛性。由于传感器网络的拓扑结构动态变化，节点能量和通信带宽等资源有限，因此要求路由机制能够快速收敛，以适应网络拓扑的动态变化，减少通信协议开销，提高消息传输的效率。

3.1.1　路由协议的分类

在无线传感器网络中，由于网络内节点的资源有限、应用背景特殊，数据包的传输需要通过多跳通信方式到达目的节点，因此路由协议的设计是无线传感器网络中的一项基本支撑技术。传统无线网络的路由设计以避免网络冲突、保证网络的连通性以及提供高质量的网络服务为主要目的，在路由协议的实现过程中，首先利用网络层定义的逻辑上的网络地址来区别不同节点以便实现数据交换，然后通过路由选择算法决定到达目的节点的最佳路径。与传统网络不同，虽然无线传感器网络与 Ad Hoc 网络极为相似，但是在网络特点、通信模式和数据传输要求等方面却还是有较大差异。

虽然当前 Ad Hoc 网络路由协议的研究相对比较成熟了，但是传统的 Ad Hoc 网络路由协议不能适用于无线传感器网络。具体表现在如下几个方面：

（1）无线传感器网络是以数据为中心进行路由的网络，类似于分布式网络数据库，要查询的数据分布在全部或者部分节点中，而不同于 Ad Hoc 网络的点对点通信模式。

（2）无线传感器网络随应用需求而变化，因此无线传感器网络的路由协议是基于特点应用进行设计的，所以很难设计出通用性强的路由协议。

（3）无线传感器网络邻近节点间采集的数据具有相似性，存在冗余信息，需要经过数据融合(Data Fusion)处理后再进行路由。

（4）传统网络(包括有线和无线网络)每一个节点都具有唯一的标识号(ID)。而无线传感器网络是基于属性进行寻址(Attribute-Based Ad-Dressing)的，不需要给每一个节点分配唯一的地址。

（5）由于无线传感器网络节点能量有限，所以路由设计一般将"能效高"放在第一位，将"服务质量(QoS)"放在第二位考虑，因此无线传感器网络必须设计新的讲究高能效的路由协议。

（6）无线传感器网络的一个重要特征就是资源受限，网络内的每个传感器节点通常使用能量有限、不便于更换的电池，而且由于受节点规格大小的限制，节点的处理能力、存储能力、通信能力均为有限。

（7）在无线传感器网络中由于能量有限及环境的干扰，节点本身比较脆弱易损，节点的失效概率比较大；再加上节点间进行无线通信也要消耗能量，随着能量的消耗，每个节点的通信能力下降、通信范围减小，因此无线传感器网络的拓扑结构不确定，而是动态变化的。

根据无线传感器网络的特点，要求路由协议的设计必须要以节能为首要目的，使用户在延长网络寿命的同时获得较优的网络吞吐率，降低网络的通信延迟。通过对无线传感器网络路由协议特点的分析可以看出，一个好的无线传感器网络体系结构中的网络层路由协议应该满足如下几个条件：

(1) 高效利用有限的节点能量，在满足无线传感器网络通信的前提下，最大限度地延长网络寿命，使低网络能耗均匀地分布在每个节点上。

(2) 满足无线传感器网络拓扑结构的动态变化，提高网络的鲁棒性，路由协议尽量分布式运行。

(3) 尽可能减少节点间通信负载的冗余，节约有限的能量和通信资源；路由协议设计时以数据为中心，采用数据融合等技术降低通信负载。

(4) 满足无线传感器网络的可扩展性，由于无线传感器的网络节点数目众多、网络规模大、网络节点易损，要保证传感器节点的随时加入和退出不会影响到全局任务的执行，路由协议的设计必须具备鲁棒性和可扩展性。

(5) 在路由协议的设计中需要考虑网络和数据的安全，在提高网络通信可靠性的同时，降低遭受攻击的可能性。

在无线传感器网络的体系结构中，网络层中的路由协议非常重要。网络层主要的目标是寻找用于无线传感器网络高能效路由的建立和可靠的数据传输方法，从而使网络寿命最长。由于无线传感器网络有几个不同于传统网络的特点，因此它的路由协议设计非常具有挑战性。首先，由于节点众多，不可能建立一个全局的地址机制；其次，产生的数据流有显著的冗余性，因此可以利用数据聚合来提高能量和带宽的利用率；再次，节点能量和处理存储能力有限，需要精细的资源管理；最后，由于网络拓扑变化频繁，需要路由协议有很好的鲁棒性和可扩展性。目前，从可以获得的文献资料来看，无线传感器网络基本处于起步阶段，从具体应用出发，根据不同应用对无线传感器网络的各种特性的敏感度不同，大致可将路由协议分为四种：

(1) 能量感知路由协议。高效利用网络能量是传感器网络路由协议的一个显著特征，早期提出的一些传感器网络路由协议往往仅考虑了能量因素。为了强调高效利用能量的重要性，在此将它们划分为能量感知路由协议。能量感知路由协议从数据传输中的能量消耗出发，讨论最优能量消耗路径以及最长网络生存期等问题。

(2) 基于查询的路由协议。在诸如环境检测、战场评估等应用中，需要不断地查询传感器节点采集的数据，汇聚节点(查询节点)发出任务查询命令，传感器节点向查询节点报告采集的数据。在这类应用中，通信流量主要是查询节点和传感器节点之间的命令和数据传输，同时传感器节点的采样信息在传输路径上通常要进行数据融合，由此通过减少通信流量来节省能量。

(3) 地理位置路由协议。在诸如目标跟踪类应用中，往往需要唤醒距离跟踪目标最近的传感器节点，以得到关于目标的更精确的位置等相关信息。在这类应用中，通常需要知道目的节点的精确或者大致地理位置。把节点的位置信息作为路由选择的依据，不仅能够完成节点路由功能，还可以降低系统专门维护路由协议的能耗。

(4) 可靠的路由协议。无线传感器网络的某些应用对通信的服务质量有较高的要求，如可靠性高和实时性强等。但在无线传感器网络中，链路的稳定性难以保证，通信信道的质量比较低，拓扑变化比较频繁，因此要实现较高的服务质量，需要设计相应的可靠的路由协议。

3.1.2　能量感知路由协议

高效地利用网络能量是无线传感器网络路由协议的最重要特征。能量感知路由协议从数据传输中的能量消耗出发，讨论最优能量消耗路径以及最长网络生存期等问题，其最终目的是实现能量的高效利用。

1. 能量路由

能量路由的基本思想是根据节点的可用能量(Power Available，PA)，即根据节点的剩余能量或传输路径上的能量需求来选择数据的转发路径。

在图 3-1 所示的网络中，圆圈表示节点，括号内的数据为该节点的可用能量。图中双向线段表示节点间的通信链路，链路上的数字表示在该链路上传输数据所消耗的能量。源节点可以选取下列任意一条路径将数据传送至汇聚节点。

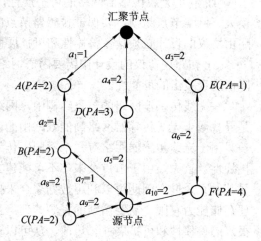

图 3-1　能量路由协议示意图

路径一：源节点—B—A—汇聚节点，此路径的可用能量之和为 4，所需要消耗的能量之和为 3；

路径二：源节点—C—B—A—汇聚节点，此路径的可用能量之和为 6，所需要消耗的能量之和为 6；

路径三：源节点—D—汇聚节点，此路径的可用能量之和为 3，所需要消耗的能量之和为 4。

路径四：源节点—F—E—汇聚节点，此路径的可用能量之和为 5，所需要消耗的能量之和为 6。

能量路由策略主要有以下几种：

(1) 最大可用能量路由。从源节点到汇聚节点的所有路径中选取节点的可用能量之和最大的路径。在图 3-1 中路径二的可用能量之和最大，但路径二包含了路径一，因此不是高效的路径，从而被排除，最终选择路径四。

(2) 最小能量消耗路由。从源节点到汇聚节点的所有路径中选取节点耗能之和最小的路径。在图 3-1 中选择路径一。

(3) 最少跳数路由。选取从源节点到汇聚节点跳数最少的路径。在图 3-1 中选择路径三。

(4) 最大最小可用能量节点路由。每条路径上有多个节点，且节点的可用能量不同，从中选取每条路径中可用能量最小的节点来表示这条路径的可用能量。如路径四中节点 E 的可用能量最小为 1，所以该路径的可用能量是 1。最大最小可用能量节点路由策略就是在多条路径中，选择路径可用能量最大的路径。在图 3-1 中选择路径三。

上述能量路由算法需要节点知道整个网络的全局信息。由于传感器网络存在资源约束，节点只能获取局部信息，因此上述能量路由方法只是理想情况下的路由策略。

2. 能量多路径路由

无线传感器网络中如果频繁使用同一路径传输数据，会造成该路径上的节点因能量消耗过快而提早失效，缩短了网络生存时间。为此，研究人员提出了一种能量多路径路由机制。该机制在源节点和目的节点之间建立多条路径，根据路径上节点的能量消耗以及节点的剩余能量状况，给每条路径赋予一定的选择概率，使得数据传输均衡地消耗整个网络的能量。

能量多路径路由协议包括路由建立、数据传播和路由维护三个阶段。

(1) 路由建立阶段：这一阶段是该协议的重点。每个节点需要知道到达目的节点的所有下一跳节点，并根据节点到目的节点的通信代价来计算选择每个下一跳节点传输数据的概率。记节点 N_j 发送的数据经由本地路由表 FT_j 中的节点 N_i 到达目的节点的通信代价为 $C(N_j, N_i)$，则可以通过公式(3-1)计算节点 N_i 作为节点 N_j 的下一跳节点的选择概率

$$P_{N_j, N_i} = \frac{1/C_{N_j, N_i}}{\sum_{k \in FT_j} 1/C_{N_j, N_i}} \tag{3-1}$$

节点将下一跳节点选择概率作为加权系数，根据路由表中每项的能量代价计算自身到目的节点的代价，并替代消息中原有的代价值，然后向邻节点广播该路由建立的消息。

(2) 数据传播阶段：对于接收数据，节点根据选择概率从多个下一跳节点中选择一个节点，并将数据转发给该节点。

(3) 路由维护阶段：周期性地从目的节点到源节点实施洪泛查询，维持所有路径的活动性。

能量多路径协议综合考虑了通信路径上的消耗能量和剩余能量，节点根据选择概率在路由表中选择一个节点作为路由的下一跳节点。由于这个概率是与能量相关的，因此可以将通信能耗分散到多条路径上，从而可实现整个网络的能量平稳降级，最大限度地延长网络的生存期。

3.1.3　基于查询路由

1. 定向扩散路由

基于查询的路由通常是指目的节点通过网络传播一个来自某个节点的数据查询消息(感应任务)，收到该查询数据消息的节点又将匹配该查询消息的数据发回给原来的节点。一般这些查询是以自然语言或者高级语言来描述的。

定向扩散(Directed Diffusion, DD)是一种基于查询的路由机制。汇聚节点通过兴趣消息(Interest Message)发出查询任务，采用洪泛方式将兴趣消息传播到整个区域或部分区域内的所有传感器节点。兴趣消息用来表示查询的任务，表达了网络用户对监测区域内感兴趣的信息，例如监测区域内的温度、湿度和光照等环境信息。在兴趣消息的传播过程中，协议

逐跳地在每个传感器节点上建立反向的从数据源到汇聚节点的数据传输梯度(gradient)。传感器节点将采集到的数据沿着梯度方向传送到汇聚节点。

定向扩散路由机制可以分为周期性的兴趣扩散、数据传播以及路径加强三个阶段。图3-2 显示了这三个阶段的数据传播路径和方向。

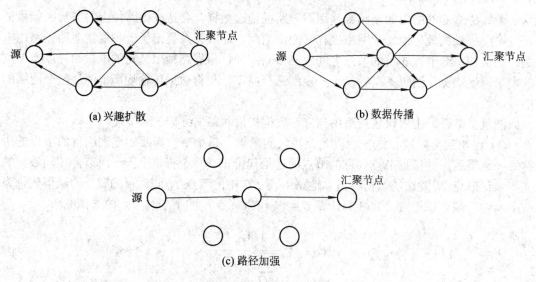

图 3-2　定向扩散路由机制

1) 兴趣扩散阶段

在兴趣扩散阶段，汇聚节点周期性地向邻居节点广播兴趣消息。兴趣消息中含有任务类型、目标区域、数据发送速率、时间戳等参数。每个节点在本地保存一个兴趣列表，对于每一个兴趣，列表中都有一个表项记录发来该兴趣消息的邻居节点、数据发送速率和时间戳等相关信息，以建立该节点向汇聚节点传递数据的梯度关系。每个兴趣可能对应多个邻居节点，每个邻居节点对应一个梯度信息。通过定义不同的梯度相关参数，可以适应不同的应用需求。每个表项还有一个字段用来表示该表项的有效时间值，超过这个时间后，节点将删除这个表项。当节点收到邻居节点的兴趣消息时，首先检查兴趣列表中是否存有参数类型与收到兴趣相同的表项，而且对应的发送节点是该邻居节点。如果有对应的表项，就更新表项的有效时间值；如果只是参数类型相同，但不包含发送该兴趣消息的邻居节点，就在相应表项中添加这个邻居节点；对于任何其他情况，都需要建立一个新表项来记录这个新的兴趣。如果收到的兴趣消息和节点刚刚转发的兴趣消息一样，为避免消息循环则丢弃该信息，否则，转发收到的兴趣消息。

2) 数据传播阶段

当传感器节点采集到与兴趣匹配的数据时，把数据发送到梯度上的邻居节点，并按照梯度上的数据传输速率设定传感器模块采集数据的速率。由于可能从多个邻居节点收到兴趣消息，节点也向多个邻居节点发送数据，汇聚节点可能收到经过多个路径的相同数据。中间节点收到其他节点转发的数据后，首先查询兴趣列表的表项，如果没有匹配的兴趣表项就丢弃数据；如果存在相应的兴趣表项，则检查与这个兴趣对应的数据缓冲池(Data Cach)，数据缓冲池用来保存最近转发的数据。如果在数据缓冲池中有与接收到的数据匹配的副本，说明已经转发过这个数据，为避免出现传输环路则丢弃这个数据；否则，检查该兴趣表项中的邻居节点信息。如果设置的邻居节点数据发送速率大于等于接收的数据速率，则全部转发接收的数据；如果记录的邻居节点的数据发送速率小于接收的数据速率，则按照比例转发。对于转发的数据，数据缓冲池保留一个副本，并记录转发时间。

3) 路径加强阶段

定向扩散路由机制通过正向加强机制来建立优化路径，并根据网络拓扑的变化修改数据转发的梯度关系。兴趣扩散阶段是为了建立源节点到汇聚节点的数据传输路径，数据源节点以较低的速率采集和发送数据，称在这个阶段建立的梯度为探测梯度(Probe Gradient)。汇聚节点在收到从源节点发来的数据后，启动建立到源节点的加强路径，后续数据将沿着加强路径以较高的数据速率进行传输。加强后的梯度称为数据梯度(Data Gradient)。假设以数据传输延迟作为路由加强的标准，汇聚节点选择首先发来最新数据的邻居节点作为加强路径的下一跳节点，并向该邻居节点发送路径加强消息。路径加强消息中包含新设定的较高的发送数据速率值。邻居节点收到消息后，经过分析确定该消息描述的是一个已有的兴趣，只是增加了数据发送速率，则断定这是一条路径加强消息，从而更新相应兴趣表项中的到邻居节点的发送数据速率。同时，按照同样的规则选择加强路径的下一跳邻居节点。路由加强的标准不是唯一的，可以选择在一定的时间内发送数据最多的节点作为路径加强的下一跳节点，也可以选择数据传输最稳定的节点作为路径加强的下一跳节点。在加强路径上的节点如果发现下一跳节点的发送数据速率明显减小，或者收到来自其他节点的新位置的估计值，则推断加强路径的下一跳节点失效，这时就需要使用上述的路径加强机制重新确定下一跳节点。定向扩散路由是一种经典的以数据为中心的路由机制。汇聚节点根据不同的应用需求定义不同的任务类型、目标区域等参数的兴趣消息，通过向网络中广播兴趣消息启动路由建立过程。中间传感器节点通过兴趣表建立从数据源到汇聚节点的数据传输梯度，自动形成数据传输的多条路径。按照路径优化的标准，定向扩散路由使用路径加强机制生成了一条优化的数据传输路径。为了动态地适应节点失效、拓扑变化等情况，定向扩散路由周期性地进行兴趣扩散、数据传播和路径加强三个阶段的操作。但是，定向扩散路由在路由建立时需要一个兴趣扩散的洪泛传播，它的能量消耗和时间开销都比较大，尤其是当底层 MAC 协议采用休眠机制时可能造成兴趣建立的不一致。

2. 谣传路由

在有些传感器网络的应用中，数据传输量较少或者已知事件区域，如果采用定向扩散路由，需要经过查询消息的洪泛传播和路径增强机制才能确定一条优化的数据传输路径。因此，在这类应用中，定向扩散路由并不是高效的路由机制。Boulis 等人提出了谣传路由(Rumor Routing)，适用于数据传输量较少的传感器网络。

谣传路由机制引入了查询消息的单播随机转发，克服了使用洪泛方式建立转发路径带来的开销过大的问题。它的基本思想是：事件区域中的传感器节点产生代理(agent)消息，代理消息沿随机路径向外扩散传播，同时汇聚节点发送的查询消息也沿随机路径在网络中传播。当代理消息和查询消息的传输路径交叉在一起时，会形成一条汇聚节点到事件区域的完整路径。

谣传路由的原理如图 3-3 所示，灰色区域表示发生事件的区域；圆点表示传感器节点，其中黑色圆点表示代理消息经过的传感器节点，灰色圆点表示查询消息经过的传感器节点；连接灰色圆点和部分黑色圆点的路径表示事件区域到汇聚节点的数据传输路径。

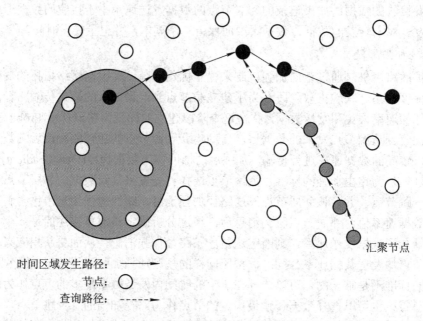

图 3-3　谣传路由原理图

谣传路由的工作过程如下：

(1) 每一个传感器节点维护一个邻居列表和一个事件列表。事件列表的每一个表项都记录了与该事件相关的信息，包括事件名称、到事件区域的跳数和到事件区域的下一跳邻居等信息。当传感器节点在本地监测到一个事件发生时，在事件列表中增加一个表项，设置事件名称、跳数(为零)等，同时根据一定的概率产生一个代理消息。

(2) 代理消息是一个包含生命期等事件相关信息的分组，用来将携带的事件信息通告给它传输经过的每一个传感器节点。对于收到代理消息的节点，首先检查事件列表中是否有与该事件相关的表项，列表中存在相关表项就比较代理消息和表项中的跳数值，如果代理消息中的跳数小，就更新表项中的跳数值，否则更新代理消息中的跳数值。如果事件列表中没有与该事件相关的表项，就增加一个表项来记录代理消息携带的事件信息，然后，节点将代理消息中的生存值减 1，在网络中随机选择邻居节点转发代理消息，直到它的生存值减小为 0。通过代理消息在它的有限生存期的传输过程，形成一段到达事件区域的路径。

(3) 网络中的任何节点都可能生成一个对特定事件的查询消息。如果节点的事件列表中保存有该事件的相关表项，则说明该节点在到达事件区域的路径上，它沿着这条路径转发查询消息。否则，节点随机选择邻居节点转发查询消息。查询消息经过的节点按照同样的方式转发，并记录查询消息中的相关信息，形成查询消息的路径。查询消息也具有一定的生存期，以解决环路问题。

(4) 如果查询消息和代理消息的路径交叉，交叉节点会沿查询消息的反向路径将事件信息传送到查询节点。如果查询节点在一段时间内没有收到事件消息，就认为查询消息没有到达事件区域，可以选择重传、放弃或者洪泛查询消息。由于洪泛查询机制的代价过高，一般作为最后的选择。

与定向扩散路由相比，谣传路由可以有效地减少路由建立的开销。但是，由于谣传路由使用随机方式生成路径，所以数据传输路径不是最优路径，并且可能存在路由环路问题。

3.1.4　地理位置路由

无线传感器网络的许多应用都需要传感器节点的位置信息。例如，在森林防火的应用里，消防人员不仅要知道森林中发生了火灾事件，而且还要知道火灾的具体位置。地理位置路由是假设节点知道自己的地理位置信息，以及目的节点或者目的区域的地理位置，利用这些地理位置信息作为路由选择的依据，节点将按照一定的策略转发数据到目的节点。这样，利用节点的位置信息，就能够将信息发布到指定区域，有效地减少了数据传输的开销。

1. GEAR

GEAR(Geographic and Energy Aware Routing)是一种典型的地理位置路由协议。它根据实践区域的地理位置信息，建立汇聚节点到事件区域的优化路径，由于只需要考虑向某个特定区域发送兴趣消息，从而能够避免洪泛传播，减少路由建立的开销。

GEAR 路由假设已知事件区域的位置信息，每个节点知道自己的位置信息和剩余能量信息，并通过一个简单的"Hello"消息交换机制知道所有邻居节点的位置信息和剩余能量信息。在 GEAR 路由中，节点间的无线链路是对称的。GEAR 要求每个节点维护一个预估路径代价(Estimated cost)和一个通过邻节点到达目的节点的实际路径代价(Learned cost)。预估路径代价要结合节点的剩余能量和到目的节点的距离综合计算，实际路径代价则是对网络中环绕在"洞(Hole)"周围路由所需预估代价的改进。所谓"洞"现象，是指某个节点的周围没有任何邻节点比它到事件区域的路径代价更大。如果没有"洞"现象产生，那么预估路径代价就等于实际路径代价。每当一个数据包成功地到达目的地时，该节点的实际路径代价就要被传播到上一跳，以便对下一个数据包的路由建立调整。GEAR 协议的运行包括以下两个阶段：

(1) 向事件区域传送查询消息。从汇聚节点开始的路径建立过程采用贪婪算法。节点在邻节点中选择到事件区域代价最小的节点作为下一跳节点，并将自己的路径代价设置为该下一跳节点的路径代价加上到该节点一跳通信的代价。当有"洞"现象发生时，如图 3-4 所示，节点 C 是节点 S 的邻节点中到目的节点 T 代价最小的节点，但节点 G、H、I 为失效节点，节点 C 的所有邻节点到节点 T 的代价都比节点 C 大，这就陷入了路由空洞。可用如下办法解决这个问题，节点 C 选择邻节点中代价最小的节点 B 作为下一跳节点，并将自己的代价值设为节点 B 的代价值加上节点 C 到节点 B 的一条通信代价，同时将这个新代价通知节点 S。当节点 S 再次转发查询命令到节点 T 时，就会选择节点 B 而不是节点 C 作为下一跳节点。

(2) 查询消息在事件区域内传播。当查询消息传送到事件区域后，采用迭代地理路由转发策略。如图 3-5 所示，事件区域内首先受到查询命令的节点将事件区域分为若干子区域，并向所有子区域的中心位置转发查询命令。在每个子区域中，最靠近区域中心的节点(图 3-5 中的节点 N)接收查询命令，并将自己所在的子区域再划分为若干子区域并向各个子区域中心转发查询命令。该消息的传播过程是一个迭代过程，当节点发现自己是某个子区域内唯一的节点，或者某个子区域没有节点存在时，则停止向这个子区域发送查询命令。当所有子区域转发过程全部结束时，整个迭代过程终止。

GEAR 协议通过维护预估路径代价和实际路径代价对数据传输的路径进行优化，形成能量高效的路由。它所采用的贪婪算法是一个局部最优算法，适合于节点只知道局部拓扑信息的情况。其缺点是由于缺乏足够的拓扑信息，路由过程可能遇到"洞"现象，反而降低了路由效率。另外，GEAR 假设节点的地理位置固定或者变化不频繁，适用于节点移动性不强的应用。

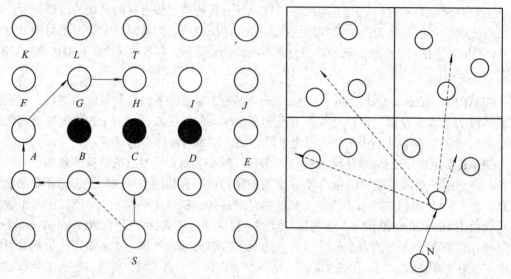

图 3-4　"洞"现象的解决办法　　　　　图 3-5　事件区域内的迭代地理转发

2. GEM

GEM(Graph Embedding)是一种适用于数据中心存储方式的地理路由，其基本思想是建立一个虚拟极坐标系统来表示实际的网络拓扑结构。由于汇聚节点将角度范围分配给每个子节点，例如[0，90]，每个子节点得到的角度范围正比于以该节点为根的子树大小。每个子节点按照同样的方式将自己的角度范围分配给它的子节点。这个过程一直持续进行，直到每个叶节点都分配到一个角度范围。这样，节点可以根据一个统一规则(如顺时针方向)为子节点设定角度范围，使得同一级节点的角度范围顺序递增或递减，于是到汇聚节点时，跳数相同的节点就形成了一个环形结构，整个网络则形成一个以汇聚节点为根的带环树。

GEM 路由机制是当节点在发送消息时，如果目的节点位置的角度不在自己的角度范围内，就将消息传送给父节点；父节点按照同样的规则处理，直到该消息到达角度范围包含目的节点位置的某个节点，这个节点是源节点和目的节点的共同祖先。消息再从这个节点向下传送，直至到达目的节点，如图 3-6(a)所示。上述算法需要上层节点转发消息，开销比较大，因此可作适当地改进，即节点在向上传送消息之前，首先检查邻节点是否包含目的节点位置的角度，如果包含，则直接将消息传送给该邻节点而不再向上传送，如图 3-6(b)所示。更进一步的改进算法是利用前面提到的带环树结构，即节点检查相邻节点的角度范围是否离目的地的位置更近，如果更近就将消息传送给该邻节点，否则才向上层传送，如图 3-6(c)所示。

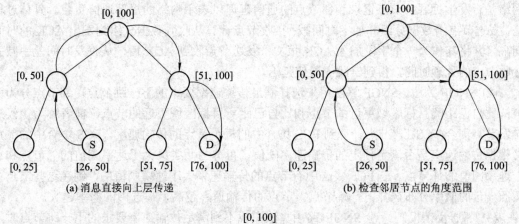

(a) 消息直接向上层传递　　　　　　　　　　　　(b) 检查邻居节点的角度范围

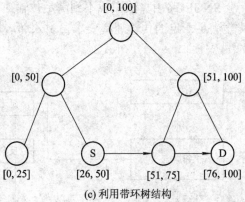

(c) 利用带环树结构

图 3-6　GEM 路由机制

GEM 路由不依赖于节点精确的位置信息，所采用的虚拟极坐标的方法能够简单地将网络实际拓扑信息映射到一个易于进行路由处理的逻辑拓扑中，而且不改变节点间的相对位置。但是由于采用了带环树结构，实际网络拓扑发生变化时，树的调整比较复杂，因此 GEM路由适用于拓扑结构相对稳定的无线传感器网络。

3.1.5　基于 QoS 的路由

无线传感器网络的某些应用对通信质量有较高的要求，如可靠性高和实用性强等；而由于网络链路的稳定性难以保证，通信信道质量比较低，拓扑变化比较频繁，要在无线传感器网络中实现一定服务质量的保证，需要设计基于 QoS 的路由协议。

1. SPEED

SPEED 协议是一种有效的可靠路由协议，在一定程度上实现了端到端的传输数率的保证、网络拥塞的控制以及负载的平衡机制。该协议首先在相邻节点之间交换传输延迟以得到网络负载的情况；然后利用局部地理信息和传输速率信息选择下一跳节点；同时通过邻居反馈机制保证网络传输畅通，并通过反向压力路由变更机制避开延迟太长的链路和"洞"现象的发生。

SPEED 协议主要由四部分组成。

(1) 延迟估计机制。在 SPEED 协议中，延迟估计机制用来得到网络的负载状况，判断网络是否发生拥塞。节点记录到邻节点的通信延迟以表示网络的局部通信负载。具体过程是，发送节点给数据分组并加上时间戳；接收节点计算从收到数据分组到发出 ACK 的时间间隔，并将其作为一个字段加入 ACK 报文；发送节点收到 ACK 后，从收发时间差中减去接收节点的处理时间，得到一跳的通信延迟。

(2) SNGF 算法。SNGF 算法用来选择满足传输速率要求的下一跳节点。邻节点分为两类：比自己距离目标区域更近的节点和比自己距离目标区域更远的节点，前者称为"候选转发节点集合(FCS)"。节点计算到 FCS 集合中的每个节点的传输速率。FCS 集合中的节点又根据传输速率是否满足预定的传输速率阈值，再分为两类：大于速率阈值的邻节点和小于速率阈值的邻节点。若 FCS 集合中有节点的传输速率大于速率阈值的，则在这些节点中按照一定的概率分布选择下一跳节点。节点的传输速率越高，被选中的概率越大。

(3) 邻居反馈机制。当 SNGF 路由算法中找不到满足传输速率要求的下一跳节点时，为了保证节点间的数据传输满足一定的传输速率要求，引入邻居反馈机制(NFL)，如图 3-7 所示。

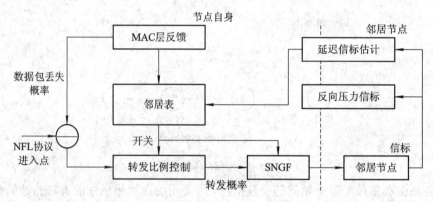

图 3-7　邻居反馈机制

由图 3-7 可知，MAC 层收集差错信息，并把到邻节点的传输差错率通告给转发比例控制器。转发比例控制器根据这些差错率计算出转发概率，方法是节点首先查看 FCS 集合的节点，若某节点的传输差错率为 0(存在满足传输要求的节点)，则设置转发概率为 1，即全部转发；若 FCS 集合中所有节点的传输差错率大于 0，则按一定的公式计算转发概率。

对于满足传输速率阈值的数据，按照 SNGF 算法决定的路由传输给邻节点，而不满足传输速率阈值的数据则由邻居反馈机制计算转发概率。这个转发概率表示网络能够满足传输速率要求的程度，因此节点将按照这个概率进行数据转发。

(4) 反向压力路由变更机制。反向压力路由变更机制在 SPEED 协议中用来避免拥塞和出现"洞"现象。当网络中某个区域发生事件时，若节点不能够满足传输速率的要求，则体现在通信数据量突然增多，传输负载突然加大，此时节点就会使用反向压力信标消息向上一跳节点报告拥塞，以此表明拥塞后的传输延迟，上一跳节点则会按照上述机制重新选择下一跳节点。

2. SAR

有序分配路由 SAR(Sequential Assignment Routing)协议[31]也是一个典型的具有 QoS 意识的路由协议。该协议通过构建以汇聚节点的单跳邻节点为根节点的多播树来实现传感器节点到汇聚节点的多跳路径，即汇聚节点的所有一跳邻节点都以自己为根创建生成树，在创建生成树的过程中考虑节点的时延、丢包率等 QoS 参数的多条路径。节点发送数据时选择一条或多条路径进行传输。

SAR 的特点是路由决策不仅要考虑每条路径的能源，还要涉及端到端的延迟需求和待发送数据包的优先级。仿真结果表明，与只考虑路径能量消耗的最小能量度量协议相比，SAR 的能量消耗较少。该算法的缺点是不适用于大型的和拓扑频繁变化的网络。

3. ReInForM

ReInForM(Reliable Information Forwarding using Multiple paths)[34]路由从数据源节点开始，考虑到可靠性要求、信道质量以及传感器节点到汇聚节点的跳数，决定需要的传输路径数目，以及下一跳节点数目和相应的节点，实现满足可靠性要求的数据传输。

ReInForM 路由的建立过程是，首先，源节点根据传输的可靠性要求计算需要的传输路径数目；其次，在邻节点中选择若干节点作为下一跳转发节点，并将每个节点按照一定的比例分配路径数目；最后，源节点将分配的路径作为数据报头中的一个字段发给邻节点，邻节点在接收到源节点的数据后，将自身视作源节点，重复上述源节点的选路过程。

3.1.6　路由协议自主切换

前面已经提到过，传感器网络中的路由协议和具体的应用紧密相关，没有一个能适用于所有应用的路由协议。而传感器网络可能需要在相同的监测区域内完成不同的任务，此时如果为每种任务部署专门的传感器网络，将增加传感器网络的成本。为了能够适用于多种任务，传感器网络需要根据应用环境和网络条件自主选择适用的路由协议，并在各个路由协议之间自主切换。路由协议自主切换正是为了这个目的引入的。路由协议自主切换机制是根据应用变化自主选择合适的路由协议，并将这一过程封装起来，向上层应用提供统一的可编程路由服务。一个路由服务的通信模型如图 3-8 所示，上层通过路由服务接口配置路由服务，路由服务根据此配置以及具体网络情况自主选择合适的协议。

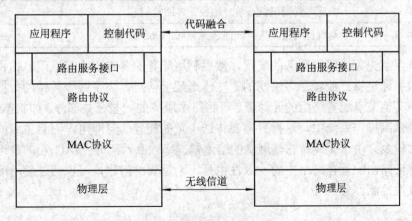

图 3-8　路由服务通信模型

Y.He 等人提出了一个可编程的传感器网络框架，包括了目前的主流路由协议。这个框架的体系结构如图 3-9 所示，路由服务将路由协议封装为状态收集模块和数据转发模块，并提供给上层一个统一的网络层接口。配置服务根据上层应用的要求为不同模块选择不同的路由协议，并将这些配置信息传达到整个网络，以保持路由协议在网络中的一致性。

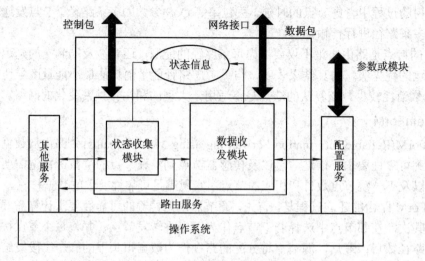

图 3-9　可编程路由体系结构

在路由服务中通过定义三种组件来描述路由协议：状态信息、访问模式和选路标准。状态信息用来搜集局部网络信息；访问模式描述路由的转发方式；选路标准描述下一跳节点的选择标准。这三种组件的具体内容见表 3-1。

表 3-1　路由配置组件及内容

组件名称	组 件 内 容	对应报文类型
状态信息	邻居节点描述(如 ID，位置等)	"Hello" 分组
	邻居节点兴趣(如事件类型，报告频率等)	查询分组
	邻居链路可用性(如链路类型，传输速率等)	数据包捎带
	邻居节点最新数据拷贝(如数据内容，时间戳等)	数据分组
访问模式	洪泛、受限洪泛、单一路径、多路径等	—
选路标准	是否检验报文头，如何选择邻居、QoS 选项等	—

汇聚节点首先完成路由服务的配置，然后利用配置服务将路由配置信息传播到整个网络。配置服务通过洪泛或者受限洪泛的方法传送配置信息。为了减少传输的数据量，同时也为了减少其他节点配置路由的计算量，可将路由服务的一些公共部分，如状态信息收集、选路标准等做到操作系统中，这样只需要传送少量的配置信息即可，而且生成的路由协议代码量也比较少。由于无线传感器网络的信道错误率较高，同时 MAC 层的延迟比较长，所以如何保证路由配置在网络中的一致性也是一个重要的问题，可以通过使用配置版本机制实现一致性控制。

3.1.7　小·结

由于无线传感器网络资源有限且与应用高度相关，研究人员采用多种策略来设计路由协议，其中较好的协议应具有以下特点：针对能量高度受限的特点，高效利用能量几乎是设计的第一策略；针对包头开销大、通信能耗高、节点有合作关系、数据有相关性、节点能量有限等特点，采用数据聚合、过滤等技术；针对流量特征、通信耗能等特点，采用通信量负责平衡技术；针对节点少移动的特点，不维护其移动性；针对网络相对封闭、不提供计算等待点，只在 Sink 节点考虑与其他网络互连；针对网络节点不常编址的特点，采用基于数据或基于位置的通信机制；针对节点易失效的特点，采用多路径机制。通过对当前的各种路由协议进行的分析与总结，可以看出将来无线传感器网络路由协议采用的某些研究策略与发展趋势：

(1) 减少通信量以节约能量。由于无线传感器网络中数据通信最为耗能，因此应在协议中尽量减少数据通信量。例如，可在数据查询或者数据上报中采用某种过滤机制，抑制节点上传不必要的数据；采用数据聚合机制，在数据传输到 Sink 节点前就完成可能的数据计算。

(2) 保持通信量负载平衡。通过更加灵活地使用路由策略让各个节点分担数据传输，平衡节点的剩余能量，提高整个网络的生存时间。例如，可在分层路由中采用动态簇头；在路由选择中采用随机路由而非稳定路由；在路径选择中考虑节点的剩余能量。

(3) 路由协议应具有容错性。由于无线传感器网络节点容易发生故障，因此应尽量利用节点容易获得的网络信息计算路由，以确保在路由出现故障时能够尽快地得到恢复，并可采用多路径传输来提高数据传输的可靠性。

(4) 路由协议应具有安全机制。由于无线传感器网络的固有特性，其路由协议极易受到安全威胁，尤其是在军事应用中。目前路由协议很少考虑安全问题，因此在一些应用中必须考虑设计具有安全机制的路由协议。

(5) 无线传感器网络路由协议将继续向基于数据、基于位置的方向发展。这是无线传感器网络一般不统一编址和以数据、位置为中心的特点决定的。

3.2　无线传感器网络的链路层技术

无线传感器网络除了需要传输层机制实现高等级误差和拥塞控制外，还需要数据链路层功能。总体而言，数据链路层主要负责多路数据流、数据结构探测、媒体访问和误差控制，从而确保通信网络中可靠的点对点(Point-to-Point)与点对多点(Point-to-Multipoint)连接。由于传感器网络通常具有低数据吞吐量、多跳信道共享、能量受限等特点，因此其数据链路层主要研究媒体接入和差错控制的问题。

在无线传感器网络中，差错控制通常采用自动重发请求(ARQ)和前向纠错(FEC)两种方式。ARQ 和 FEC 等纠错方式已有非常成熟的理论，现在主要需要研究的是差错控制方案的比较和选择问题。由于传感器节点密集、传输距离短，即使采用无线传输，受信道衰落等特性的影响也比较小；同时，为了节省传感器节点的处理开销，目前广泛使用 ARQ 方式。

无线传感器网络数据链路层研究的重点是介质访问控制(Media Access Control，MAC)协议，因为它要靠大量节点协同工作实现某种特定应用目标。作为一种能量受限的自组织网络，无线传感器网络的 MAC 协议设计主要需要解决三个方面的问题。

(1) 能量受限带来的问题。

传感器节点通常靠干电池、纽扣电池等供电，从降低成本和系统易维护性的角度出发，网络设计中通常要以节能降耗作为重要的设计目标。对无线传感器网络的 MAC 层设计而言，能量受限带来的主要影响包括节点休眠调度和协议设计的复杂度。

传感器节点无线通信模块通常具有发送(Tx)、接收(Rx)、空闲(Idle)和休眠(Sleep)四种工作状态，其能耗依次递减。其中，休眠状态的能耗远低于其他状态，因此为了节能起见，通常希望节点尽可能地处于休眠状态。为了保证节点能够及时接收到发送给它的数据，MAC 协议通常要采用"侦听/休眠"交替的策略，而如果侦听时间过长，就会造成能量浪费；侦听时间过短，又会增长消息延迟时间。对于一个大规模密集自组织网络而言，休眠时间长短的合理选择是比较困难的。另外，在休眠策略中还需要考虑收发同步问题，如果在目地节点处于休眠状态或唤醒状态后还未准备就绪时，源节点就开始发送信息，则接收端将无法正常接收，这会造成源节点的能量浪费，称之为"over emitting"。

此外，能量受限及其他一些因素(如节点通信、计算、存储能力有限)决定了传感器网络的 MAC 层不能使用过于复杂的协议。MAC 帧头和控制消息包(ACK/RTS/CTS)中没有包含有效的数据，因此可以认为是一种能量消耗。这往往使得在那些数据吞吐量较低的无线传感器网络的应用(如某些环境监测应用，甚至可能低至每天仅几比特)中，MAC 地址、MAC 控制消息等协议开销相对而言可能非常的大。

(2) 由多跳共享带来的问题。

通信网络的信道共享方式有三种：点对点(如两个节点以半双工方式共享一个信道)、点对多点(如蜂窝移动通信系统中的基站与移动台)、多点共享(如以太网)。无线传感器网络的信道共享方式为多跳共享方式，源节点覆盖范围外的节点不受发射节点的影响，它们也可以同时发射信号，这实际上是一种信道的空间复用方式。

由信道共享带来的首要问题是数据包碰撞冲突，即如果网络中的两个节点在同一时间利用同一信道发送数据时，它们会互相干扰，导致数据包被破坏。数据包冲突也是造成巨大能耗的重要原因之一。因此，有效地避免碰撞冲突是无线传感器网络 MAC 协议的基本任务。

不仅如此，无线传感器网络的多跳共享信道的使用方式还会带来隐蔽终端和暴露终端的问题，这是由多跳共享带来的报文冲突和节点所处的地理位置相关造成的。在单跳广播信道中，报文冲突是全局事件，所有节点都能正确地感知信道状态并做出合理的信道访问决策。而在传感器网络中，当某个节点发送报文时，并非所有的其他节点都能感知到该事件，这就会带来隐蔽终端和暴露终端的问题。隐蔽终端是指在目的节点覆盖范围之内而在源节点覆盖范围之外的节点。暴露终端指在源节点覆盖范围之内而在目的节点覆盖范围之外的节点。隐蔽终端和暴露终端会带来消息延迟和不必要的重发，从而造成信道利用率降低和节点能量浪费，那么可以采用 RTS-CTS(请求发送-清除发送)握手机制、时分复用、功率控制等方法来解决该问题。解决隐蔽终端和暴露终端的问题是无线传感器网络 MAC 协议的重要任务之一。

由多跳共享带来的另一个问题是串音(overhearing)问题。当使用共享信道进行通信时，某个节点可能接收到的不是发送给它的数据，从而造成"串音"。串音过程中的射频信号在接收和解码过程中会造成节点能量的浪费，无线传感器网络的 MAC 协议必须设法协调各节点的收发，降低发生"串音"的概率。

(3) 由大规模自组织要求带来的问题。

与其他无线个域网(WPAN)相比，传感器网络的规模更大，甚至多达成千上万个节点，如大型超市中的无线价格标签；当然也可能只有为数不多的节点，如家庭电灯开关控制网络。同时，由于节点可能由于各种原因退出网络，节点位置也可能移动，新节点随时加入等等，网络的拓扑结构会呈现动态性的变化。因此，无线传感器网络的 MAC 协议必须具备可扩展性、分布性和自组织性。

至于网络的公平性，在无线传感器网络中实现公平性的目的，一方面是为了赋予每个节点相同的信道访问机会，另一方面可以起到控制所有节点的能量均匀消耗，从而延长整个网络寿命的作用。无线传感器网络的无中心特征使得公平性的实现比较困难。

除了上述各种问题之外，无线传感器网络中还存在消息延迟问题、信道利用率问题和数据吞吐量问题，这三者的重要程度与具体的应用紧密相关。

面对上述诸多问题，往往需要进行某些折中处理。例如，为了降低功耗，可以采用牺牲信道利用率和数据吞吐量等方法。一般认为，无线传感器网络的功耗性能和可扩展性是其最主要的性能指标。另外，MAC 协议的设计还应该根据不同应用的特点和需求进行参数和方法上的优化。

3.2.1　无线传感器网络 MAC 协议

目前针对不同的传感器网络应用，研究人员从不同方面提出了多个 MAC 协议，但对传感器网络 MAC 协议还缺乏一个统一的分类方式。可以按照下列条件对 MAC 协议进行分类：第一，采用分布式控制还是集中式控制；第二，使用单一共享信道还是多个信道；第三，采用固定分配信道方式还是随机访问信道方式。本书中采用第三种分类方法，将传感器网络的 MAC 协议分为三类：

(1) 采用无线信道的时分复用方式(Time Division Multiple Access，TDMA)，给每个传感器节点分配固定的无线信道的使用时段，从而避免节点之间的相互干扰；

(2) 采用无线信道的随机竞争方式，节点在需要发送数据时随机使用无线信道，重点考虑尽量减少节点间的干扰；

(3) 其他 MAC 协议，如通过采用频分复用或者码分复用等方式，实现节点间无冲突的无线信道的分配。

下面按照上述传感器网络 MAC 协议分类，介绍目前已提出的主要传感器网络 MAC 协议，在说明其基本工作原理的基础上，分析协议在节约能量、可扩展性和网络效率等方面的性能。

3.2.2　基于竞争的 MAC 协议

基于无线信道随机竞争方式的 MAC 协议采用按需使用信道的方式，主要思想就是当节点有数据发送请求时，通过竞争方式占用无线信道；当发送数据产生冲突时，按照某种策略(如 IEEE802.11 MAC 协议的分布式协调工作模式 DCF 采用的是二进制退避重传机制)重发数据，直到数据发送成功或彻底放弃发送数据。由于在 IEEE802.11MAC 协议基础上，研究者们提出了多个适合无线传感器网络的基于竞争的 MAC 协议，故在此重点介绍 IEEE802.11MAC 协议及近期提出改进的无线传感器网络 MAC 协议。

1. IEEE802.11MAC 协议

IEEE802.11MAC 协议有分布式协调(Distributed Coordination Function，DCF)和点协调(Point Coordination Function，PCF)两种访问控制方式，其中 DCF 方式是 IEEE802.11 协议的基本访问控制方式。由于在无线信道中难以检测到信号的碰撞，因而只能采用随机退避的方式来减少数据碰撞的概率。在 DCF 工作方式下，节点在侦听到无线信道忙之后，采用 CSMA/CA 机制和随机退避时间，实现无线信道的共享。另外，所有定向通信都采用立即的主动确认(ACK 帧)机制，即如果没有收到 ACK 帧，则发送方会重传数据。

PCF 工作方式是基于优先级的无竞争访问，是一种可选的控制方式。它通过访问接入点(Access Point，AP)协调节点的数据收发，通过轮询方式查询当前哪些节点有数据发送的请求，并在必要时给予数据发送权。

在 DCF 工作方式下，载波侦听机制通过物理载波侦听和虚拟载波侦听来确定无线信道的状态。物理载波侦听由物理层提供，而虚拟载波侦听由 MAC 层提供。如图 3-10 所示，节点 A 希望向节点 B 发送数据，节点 C 在节点 A 的无线通信范围内，节点 D 在节点 B 的无线通信范围内，但不在节点 A 的无线通信范围内。节点 A 首先向节点 B 发送一个请求帧(Request-to-Send，RTS)，节点 B 返回一个清除帧(Clear-to-Send)进行应答。在这两个帧中都有一个字段表示这次数据交换需要的时间长度，称为网络分配矢量(Network Allocation Vector，NAV)，其他帧的 MAC 头也会捎带这一信息。节点 C 和节点 D 在侦听到这个信息后，就不再发送任何数据，直到这次数据交换完成为止。NAV 可以看做一个计数器，它以均匀的速率递减计数直到为 0。当计数器为 0 时，虚拟载波侦听指示信道为空闲状态；否则，指示信道为忙状态。

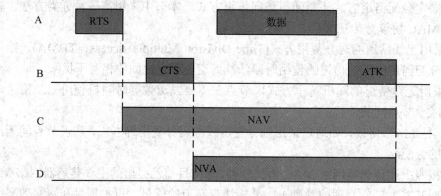

图 3-10　CSMA/CA 中的虚拟载波侦听

IEEE802.11MAC 协议规定了三种基本帧间间隔(Interframe spacing，IFS)，用来提供访问无线信道的优先级。三种帧间间隔分别为：

(1) SIFS(Short IFS)，最短帧间间隔。使用 SIFS 的帧的优先级最高，用于需要立即响应的服务，如 ACK 帧、CTS 帧和控制帧等。

(2) PIFS(PCF IFS)，PCF 方式下节点使用的帧间间隔，用以获得在无竞争访问周期启动时访问信道的优先权。

(3) DIFS(DCF IFS)，DCF 方式下节点使用的帧间间隔，用以发送数据帧和管理帧。

上述各帧间间隔满足关系：DIFS > PIFS > SIFS。

根据 CSMA/CA 协议，当一个节点要传输一个分组时，它首先侦听信道状态。如果信道空闲，而且经过一个帧间间隔时间 DIFS 后，信道仍然空闲，则站点立即开始发送信息。如果信道忙，则站点一直侦听信道直到信道的空闲时间超过 DIFS。当信道最终空闲下来时，节点进一步使用二进制退避算法(Binary Backoff Algorithm)，进入退避状态来避免发生碰撞。图 3-11 描述了 CSMA/CA 的基本访问机制。

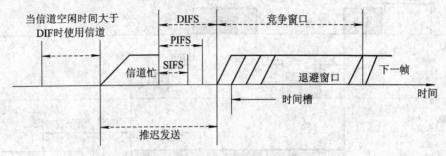

图 3-11　CSMA/CA 的基本访问机制

随机退避时间按下面的公式计算：

$$退避时间 = Random() \times aSlottime \tag{3.2}$$

其中，$Random()$是在竞争窗口$[0, CW]$内均匀分布的伪随机整数；CW 是整数随机数，其值处于标准规定的 aCW_{min} 和 aCW_{max} 之间；$aSlottime$ 是一个时槽时间，包括发射启动时间、媒体传播时延、检测信道的响应时间等。

节点在进入退避状态时，启动一个退避计时器，当计时达到退避时间后结束退避状态。在退避状态下，只有当检测到信道空闲时才进行计时。如果信道忙，退避计时器终止计时，直到检测到信道空闲时间大于 DIFS 后才继续计时。当多个节点推迟且进入随机退避时，利用随机函数选择最小退避时间的节点作为竞争优胜者，如图 3-12 所示。

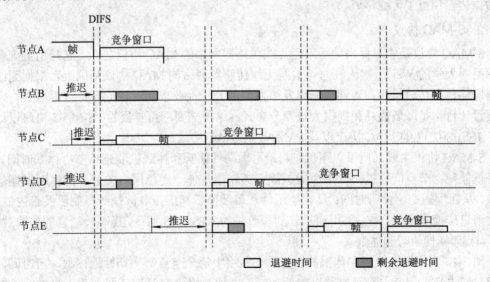

图 3-12　IEEE 802.11MAC 协议的退避机制

IEEE802.11MAC 协议中通过立即主动确认机制和预留机制来提高性能，如图 3-13 所示。在主动确认机制中，当目标节点收到一个发给它的有效数据帧(DATA)时，必须向源节点发送一个应答帧(ACK)，确认数据已被正确地接收到。为了保证目标节点在发送 ACK 过程中不与其他节点发生冲突，目标节点使用 SIFS 帧间隔。主动确认机制只能用于有明确目标地址的帧，而不能用于组播报文和广播报文传输。

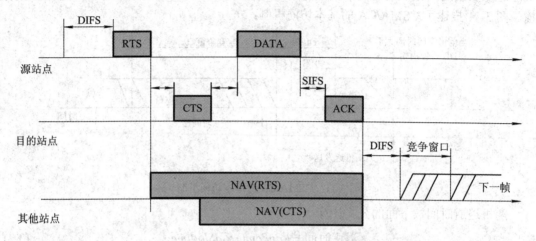

图 3-13   IEEE802.11MAC 协议的应答与预留机制

为了减少节点间使用共享无线信道的碰撞概率，预留机制要求源节点和目标节点在发送数据帧之前交换简短的控制帧，即发送请求帧 RTS 和清除帧 CTS。从 RTS(或 CTS)帧开始到 ACK 帧结束的这段时间，信道将一直被这次数据交换过程占用。RTS 帧和 CTS 帧中包含有关这段时间长度的信息。每个站点维护一个定时器，记录网络分配向量 NAV，用来指示信道被占用的剩余时间。一旦收到 RTS 帧或 CTS 帧，所有节点都必须更新它们的 NAV 值。只有在 NAV 值减至 0，节点才可能发送信息。通过此种方式，RTS 帧或 CTS 帧为节点的数据传输预留了无线信道。

2. S-MAC 协议

S-MAC 协议是较早提出地适用于无线传感器网络的 MAC 协议之一。它是由美国南加利福尼亚大学的 Wei Ye 等人在总结传统无线传感器网络的 MAC 协议基础上，根据无线传感器网络数据传输量少，对通信延迟及节点间的公平性要求相对较低等特点提出的，它的主要设计目标是降低能耗和提供大规模分布式网络所需要的可扩展性。S-MAC 协议设计参考了 IEEE802.11 的 MAC 协议以及 PAMAS 等 MAC 协议。

S-MAC 协议主要采用了以下机制：采用周期性侦听和休眠机制延长节点休眠时间，从而降低能耗；节点间通过协商形成虚拟簇，其作用是使一定范围内的节点的休眠周期趋于一致，从而缩短空闲侦听时间；结合使用物理载波侦听和虚拟载波侦听机制以及带内信令，解决消息碰撞和串音问题；采用消息分割和改进的 RTS/CTS 信令，提高长消息的传输效率。

(1) 周期性侦听和休眠。

图 3-14 为周期性侦听和休眠的示意图。网络中每个节点都周期性地休眠一段时间，在这段时间内，关闭其射频等电路以降低功耗，并通过设定定时器，要求在一定时间长度后将其唤醒。节点在唤醒阶段观察是否有其他节点要与之通信。节点侦听和休眠的时间长度根据具体应用的需求而定。

侦听	休眠	侦听	休眠

图 3-14 周期性侦听和休眠示意图

在周期性休眠过程中，协议还需要解决以下两个问题：节点间的休眠周期同步和节点的定时误差。为了降低控制开销，显然希望临近节点的休眠过程是同步的，它们应该彼此了解各自的休眠调度表；另外，节点中由于存在时基漂移等问题，因此会有定时误差，这使得节点所掌握的其他节点的调度表变得"不准确"。

S-MAC 中采用虚拟簇机制解决休眠周期同步问题。每个节点维护有一个调度表(schedule table)，以保存所有邻居节点的调度信息。在节点开始周期性侦听和休眠之前，节点侦听至少一个同步周期的固定时间。如果它没有侦听到其他节点发送的调度信息，则会随机选择一个时间作为自身调度的开始并立即发送含有自身调度信息的 SYNC 消息，这种节点成为"同步器(synchronizer)"。它有自己独立的调度，其他节点需要与该节点同步。如果节点在建立自身调度前接收到了来自邻居节点的调度信息，则该节点将它的调度周期设置为与邻居节点的相同，并在等待一段随机时间后广播它的调度消息，这种节点称为"跟随者(follower)"。随机等待的目的是防止多个收到同一个"同步器"发出的调度信息的"跟随者"所发送的 SYNC 消息产生碰撞。在节点产生和通告自己的调度后，如果收到邻居节点的不同调度，则节点将在调度表中记录该调度信息，以便与非同步的相邻节点通信。

具有相同调度的节点形成虚拟簇。由于网络中可能存在多个"同步器"(比如二者由于包碰撞等原因建立了不同的调度)，自然会形成多个虚拟簇。这里的簇的概念与分簇网络中的簇的概念不同，事实上，"同步器"与"跟随者"之间不存在拓扑上的父子关系。虚拟簇的边界节点可能记录两个或多个调度，因而成为虚拟簇之间的通信的桥梁。

定时误差问题主要通过同步维护机制来解决。每个节点都会定期发送 SYNC 消息。SYNC 消息非常简短，含有发送者的地址以及下次休眠的时间，该时间是相对于 SYNC 消息发送完成时刻的相对时间。因为单跳传输延迟较小可以忽略，因此 SYNC 消息发送完成的时刻就是目的节点的接收时刻。这样，目的节点就可以据此更新相应的调度表信息。

(2) 消息碰撞和串音问题的解决。

消息碰撞和串音是基于竞争的 MAC 协议需要解决的基本问题之一。S-MAC 协议采用物理载波侦听和虚拟载波侦听机制以及带内 RTS/CTS 信令减少碰撞和避免串音。S-MAC 的物理载波侦听机制与一般的 CSMA 物理载波侦听机制类似，这里不再赘述。

S-MAC 的虚拟载波侦听源于 IEEE802.11 的虚拟载波侦听机制。每个节点传输数据时，都要经历 RTS/CTS/DATA/ACK 的过程(广播包除外)。每个发送数据包中都包含一个表示剩余通信过程将持续的时间的域值。所以，在某个节点接收到一个发往其他节点的数据包时，会立刻知道自己应该保持沉默的时间。该节点将该时间记录在网络分配向量(NAV)中，该变量随着不断接收到的数据包而持续刷新。节点通过倒计时的方式更新 NAV，NAV 非 0 意味着信道正被占用。在 NAV 非 0 期间，节点保持休眠状态；在需要通信时，节点首先检查自己的 NAV，然后再进入物理载波侦听过程，开始信道竞争。可见，虚拟载波侦听实质是一种信道预约机制，它可以有效地降低消息碰撞概率并部分解决串音问题。

为了有效地进行虚拟载波侦听，节点应该尽量多地侦听信道中的数据包以刷新 NAV；但这会带来串音问题，造成能量浪费。S-MAC 采用带内信令解决串音问题，在节点接收到任何不属于自己的 RTS 和 CTS 数据包时都将进入休眠状态，这就避免了侦听其后的 DATA 和 ACK 数据包。

(3) 长消息的传递。

某些情况下可能需要传递较长的消息。如果将长消息作为一个数据包发送，则数据包一旦发送失败就必须重传几个数据包；而如果将长消息简单地分割为多个短数据包，则虽然发送失败时只需要重传差错数据包，但又会增加总体的协议控制开销(包括发送每个数据包时的控制报文以及每个数据包本身的差错控制等开销)。

与 IEEE802.11 的处理方式类似，S-MAC 协议将长消息分成若干个短消息发送，但与 IEEE 802.11 不同，S-MAC 进行信道预约时，预约地是整个长消息的传送时间，而不是每个短数据包的传送时间。采用这种处理方式可以尽量地延长其他节点的休眠时间，有效地降低碰撞概率，节省能量。当然，这也意味着在整个长消息发送期间，其他节点的信道访问被完全禁止，这种先入为主的信道控制方式显然会影响信道访问的公平性，但考虑到无线传感器网络的需求和特点，这种设计是合理的。

总之，S-MAC 协议的扩展性较好，能适应网络拓扑结构的变化；缺点是协议实现非常复杂，需要占用大量的存储空间，这对于资源受限的传感器节点显得尤为突出。

3. T-MAC 协议

T-MAC(Timeout-MAC)协议在 S-MAC 的基础上引入了适应性占空比，来应付在不同时间和位置上负载的变化。它动态地终止节点活动，通过设定细微的超时间隔来动态地选择占空比，因此减少了现实监听所浪费的能量，但仍保持合理的吞吐量。T-MAC 通过仿真与典型无占空比的 CSMA 和占空比固定的 S-MAC 相比较，发现在不变负载时，T-MAC 和 S-MAC 节能相仿(最多节约 CSMA 的 98%)；但在简单的可变负载的场景时，T-MAC 在五个因素上胜过 S-MAC。仿真中存在"早睡"问题，虽然提出了未来请求发送和满缓冲区优先两种办法，但仍未在实践中得到验证。

S-MAC 协议通过采用周期性侦听和休眠工作方式来减少空闲侦听，周期长度是固定不变的，节点侦听活动时间也是固定的。而周期长度受限于延迟要求和缓存大小，活动时间主要依赖于消息速率。这样就存在一个问题：延迟要求和缓存大小是固定的，而消息速率通常是变化的，如果要保证可靠及时的消息传输，节点的活动时间必须适应最高通信负载。当负载动态较小时，节点处于空闲侦听的时间相对增加。针对这个问题，T-MAC 协议在保持周期长度不变的基础上，根据通信流量动态地调整活动时间，用突发方式发送消息，减少空间侦听时间。T-MAC 协议相对 S-MAC 协议减少了处于活动状态的时间。

在 T-MAC 协议中，发送数据时仍采用 RTS/CTS/DATA/ACK 的通信过程，节点周期性被唤醒进行侦听，如果在一个固定时间内没有发生下面任何一个激活事件，则活动结束：周期时间定时器溢出；在无线信道上收到数据；通过接收信号强度指示 RSSI 感知存在无线通信；通过侦听 RTS/CTS 分组，确认邻居节点的数据交换已经结束。

4. SIFT 协议

SIFT 协议的核心思想是采用 CW(竞争窗口)值固定的窗口，节点不是从发送窗口选择发送时隙，而是在不同的时隙中选择发送数据的概率。因此，SIFT 协议的关键在于如何在不同的时隙为节点选择合适的发送概率分布，使得检测到同一个事件的多个节点能够在竞争窗口前面的各个时隙内不断地无冲突地发送消息。

如果节点有消息需要发送，则首先假设当前有个 N 个节点与其竞争发送，如果在第一个时隙内节点本身不发送消息，也没有其他节点发送消息，节点就减少假设的竞争发送节点数目，并相应地增加选择在第二个时隙发送数据的概率；如果节点没有选择第二个时隙，而且在第二时隙上还没有其他节点发送消息，节点再次减少假设的竞争发送节点数目，进一步增加选择第三个时隙发送数据的概率，依此类推。

SIFT 协议是一个新颖而不简单的、不同于传统的基于窗口的 MAC 层协议，但对接收节点的空闲状态考虑较少，需要节点间保持时间同步，因此适于在无线传感器网络的局部区域内使用。在分簇网络中，簇内节点在区域上距离比较近，多个节点往往容易同时检测到同一个事件，而且只需要部分节点将消息传输给簇头，所以 SIFT 协议比较适合在分簇网络中使用。

3.2.3　基于时分复用的 MAC 协议

时分复用(Time Division Multiple Access，TDMA)是实现信道分配的简单成熟的机制，蓝牙(Blue Tooth)网络采用了基于 TDMA 的 MAC 协议。在传感器网络中采用 TDMA 机制，就是为每个节点分配独立的用于数据发送或接收的时槽，而节点在其他空闲时槽内转入休眠状态。TDMA 机制的一些特点非常适合传感器网络节省能量的需求：TDMA 机制没有竞争机制的碰撞重传问题；数据传输时不需要过多的控制信息；节点在空闲时能够及时进入休眠状态。TDMA 机制需要节点之间比较严格的时间同步。时间同步是传感器网络的基本要求：多数传感器网络都使用了侦听和休眠的能量唤醒机制，利用时间同步来实现节点状态的自动转化；节点之间为了完成任务需要协同工作，这同样不可避免地需要时间同步。TDMA 机制在网络扩展性方面存在的不足有：很难调整时间帧的长度和时槽的分配；对于传感器网络的节点移动、节点失效等动态拓扑结构适应性较差；对于节点发送数据量的变化也不敏感。研究者利用 TDMA 机制的优点，针对 TDMA 机制的不足，结合具体的传感器网络应用，提出了多个基于 TDMA 的传感器网络 MAC 协议。下面介绍其中的几个典型协议。

1. 基于分簇网络的 MAC 协议

对于分簇结构的传感器网络，Arisha K.A 等提出了基于 TDMA 机制的 MAC 协议。如图 3-15 所示，所有传感器节点固定划分或自动形成多个簇，每个簇内有一个簇头节点。簇头负责为簇内所有的传感器节点分配时槽；收集和处理簇内传感器节点发来的数据，并将数据发送给汇聚节点。

在基于分簇网络的 MAC 协议中，节点状态分为感应(Sensing)、转发(Relaying)、感应并转发(Sensing and Relaying)和非活动(Inactive)四种状态。节点在感应状态时，采集数据并向其相邻节点发送；在转发状态时，接收其他节点发送的数据并发送给下一个节点；在感应并转发状态时，节点需要完成上述两项的功能；在不需要接收和发送数据时，节点自动进入非活动状态。

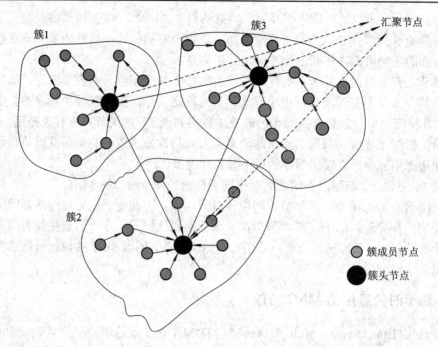

图 3-15　基于分簇的 TDMA MAC 协议

为了适应簇内节点的动态变化、及时发现新的节点、使用能量相对较高的节点转发数据等目的，协议将时间帧分为周期性的四个阶段：

(1) 数据传输阶段。簇内传感器节点在各自分配的时槽内，给簇头发送采集的数据。

(2) 刷新阶段。簇内传感器节点向簇头报告其当前状态。

(3) 刷新引起的重组阶段。紧跟在刷新阶段之后，簇头节点根据簇内节点的当前状态，重新给簇内节点分配时槽。

(4) 事件触发的重组阶段。在节点能量小于特定值、网络拓扑发生变化等事件发生时，簇头就要重新分配时槽。这样的事件通常发生在多个数据传输阶段之后。

上述基于分簇网络的 MAC 协议在刷新和重组阶段重新分配时槽，适应簇内节点拓扑结构的变化及节点状态的变化。簇头节点要求具有比较强的处理和通信能力，能量消耗也比较大，如何合理地选取簇头节点是一个需要深入研究的关键问题。

2. DEANA 协议

分布式能量感知节点激活(Distributed Energy-Aware Node Activation，DEANA)协议为每个节点分配了固定的时隙用于数据的传输，与传统的 TDMA 协议不同，在每个节点的数据传输时隙前加入了短控制时隙，用于通知相邻节点是否需要接收数据，如果不需要就进入休眠状态。如图 3-16 所示，DEANA 协议的时间帧由多个传输时隙组成，每个传输时隙又细分为两部分：控制时隙和数据传输时隙。

该协议通过节点激活多点接入(Node Activation Multiple Access，NAMA)协议控制节点的状态转换。如果一个节点的一跳相邻节点中有数据需要发送，则该节点在控制时隙中被设置为接收状态；如果被选为接收者，则在数据传输时隙中继续保持接收状态。否则，转为休眠状态。如果节点的一跳邻居节点没有数据需要发送，那么该节点在整个传输时隙都进入休眠状态；如果节点自身有数据要发送，则进入发送状态，在控制时隙中声明接收的对象，在数据传输时隙中发送数据。DEANA 协议在节点得知不需要接收数据时，进入休眠状态，从而能够解决串音的问题，延长节点的休眠时间。但是，它对所有节点的时间同步要求严格，可扩展性差。

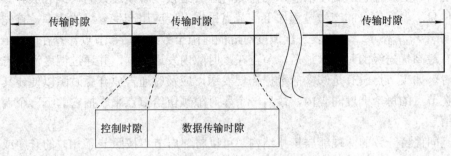

图 3-16　DEANA 协议时间帧

3. TRAMA 协议

流量自适应介质访问(Traffic adaptive medium access，TRAMA)协议将时间划分为连续时槽，根据局部两跳内的邻居节点的信息，采用分布式选举机制确定每个时槽的无冲突发送者。同时，通过避免把时槽分配给无流量的节点，并让非发送和接收节点处于休眠状态达到节省能量的目的。TRAMA 协议包括邻居协议 NP(Neighbor Protocol)、调度交换协议SEP(Schedule Exchange Protocol)和自适应时槽选择算法 AEA(Adaptive Election Algorithm)。

在 TRAMA 协议中，为了满足无线传感器网络拓扑结构的动态变化，比如部分节点的失效或者向无线传感器网络中添加新节点等操作时，将时间划分为交替的随机接入周期和调度接入周期时隙。随机接入周期和调度接入周期的时隙个数根据具体应用情况而定。通过时隙机制，用基于各节点流量信息的分布式选举算法来决定哪个节点可以在某个特定的时隙传输，以此来达到一定的吞吐量和公平性。仿真显示，由于节点最多可以休眠 87%，所以 TRAMA 节能效果明显。在与类似基于竞争的协议比较时，TRAMA 也达到了更高的吞吐量(比 S-MAC 和 CSMA 高 40%左右，比 IEEE 802.11 高 20%左右)，因此它有效地避免了隐藏终端引起的竞争。但 TRAMA 的延迟较长，更适用于对延迟要求不高的应用。

1) 邻居节点协议

邻居节点协议在随机接入周期内执行，节点通过 NP 以竞争的方式使用无线信道，协议要求节点周期性地通告自己的节点编号 ID，自身是否有数据需要发送以及能够直接通信的邻居节点列表，并实现节点之间的时间同步。节点间通过 NP 获取一致的两跳内拓扑结构和节点流量信息，为此该协议要求所有节点在随机接入周期内都一致处于活动(Active)状态，同时要求多次广播以提高信息传输效率。在 TRAMA 协议中，每个节点有唯一的节点编号 ID，节点根据 ID 独立计算两跳内所有节点在每个时隙上的优先权，例如，节点 u 在编号为 t 的时隙内的优先级计算公式为

$$\text{priority}(u,\ t) = \text{hash}(u \oplus t) \tag{3.3}$$

由于节点间获取的邻居信息是一致的，每个节点独立计算的在每个时隙上各个节点的优先级也是一致的，因此，节点能够确定每个时隙上优先级最高的节点，从而知道自己在哪些时隙上优先级最高、在哪些时隙上优先级最低。节点优先级最高的时隙称为节点的赢

时隙。

2) 调度交换协议

调度交换协议 SEP 用来建立和维护发送者和接收者的调度信息。在调度访问周期内，周期性地向邻居广播它的调度信息，如在赢时隙中给接收者发送数据，或者放弃该赢时隙等调度信息。调度信息的产生过程如下：节点根据上层应用产生分组的速率，首先计算它的调度间隔 $T_{interval}$，$T_{interval}$ 代表一次调度对应的时隙个数；然后，节点计算在 $[t, t + T_{interval}]$ 内它具有最高优先级的时隙；最后，节点在赢时隙内发送数据，并通过调度消息告诉相应的接收者。如果节点没有足够多的数据需要发送，应及时通告放弃赢时隙以便让其他节点利用。在节点的每个调度间隔内，最后一个赢时隙预留给节点来广播它的下一个调度间隔的调度信息。

节点间保持一致的两跳邻居拓扑结构，可以将邻居节点按照节点 ID 的升序或降序排列，并采用位图(Bitmap)指定接收者。位图中的每一位代表一个邻居节点，需要该节点接收信息时，则将该节点的对应位置置 1，这样可以方便地实现单播、广播和组播。节点将放弃的赢时隙的位图置为全 0。最后一个非 0 时槽称为变更时隙(Changeover slot)。节点通过调度分组广播其调度信息。

节点采用捎带技术，在发送数据分组中携带节点的调度摘要，这样可以减少由于调度分组在广播过程中因丢失所造成的影响。由于多种原因，节点可能改变自己的调度，如对调度分组宣布放弃的赢时隙可能不再放弃等。在一个节点的变更时隙中，它的所有邻居节点都要处于接收状态，同步它们关于该节点的调度信息。为了防止调度信息的不一致性和发送调度分组时产生冲突，节点只能在当前调度时隙内的最后一个赢时隙广播下一个调度间隔的调度信息。

3) AEA

节点有发送、接收和休眠三种状态。在调度访问周期内的给定时隙，节点处于发送状态当且仅当它有数据需要发送，且在竞争者中有最高的优先级；节点处于接收状态当且仅当它是当前发送节点指定的接收者；其他情况下，节点处于休眠状态。每个节点在调度周期的每个时隙上运行 AEA 算法。该算法根据当前两跳邻居节点内的节点优先级和一跳邻居的调度信息，决定节点在当前时隙处于发送、接收或者休眠状态。下面在详细介绍 AEA 之前，先从节点 u 的角度引入几个基本术语：

(1) N1(u)：节点 u 的直接邻居集合；

(2) N2(u)：节点 u 的两跳邻居集合；

(3) CS(u)：节点 u 的竞争节点集合，包括节点 u、N1(u)和 N2(u)中的节点；

(4) tx(u)：绝对胜者(absolute winner)集合，是 CS(u)中优先级最高的节点；

(5) atx(u)：相对胜者(alternative winner)集合，是节点 u 及其直接邻居节点中优先级最高的节点；

(6) PTX(u)：可能发送的节点集合(possible transmitter set)，是节点 u 及其直接邻居中满足公式(3.3)的优先级最高的节点，但不包括 atx(u)节点；

(7) NEED(u)：需要竞争节点集合(need contender set)，节点 u 和 PTX(u)中需要额外时隙的节点集合；

(8) ntx(*u*)：需要发送者(need transmitter)，NEED(*u*)中优先级最高的节点。

在 TRAMA 协议中，节点间通过 NP 协议获得一致的两跳内的拓扑信息，通过 SEP 协议建立和维护发送者和接收者的调度信息，通过 AEA 算法决定节点在当前时槽的活动策略。TRAMA 协议通过分布式协商保证节点无冲突地发送数据，无数据收发的节点则处于休眠状态；同时，避免把时槽分配给没有信息发送的节点，在节省能量消耗的同时，保证了网络的高数据传输率。但是，该协议要求节点有较大的存储空间来保存拓扑信息和邻居调度信息，需要计算两跳内邻居的所有节点的优先级，运行 AEA 算法。TRAMA 协议适用于周期性数据收集或监测传感器网络方面的应用。

流量自适应介质访问(Traffic Adaptive Medium Access，TRAMA)协议用两种技术来节能，用基于流量的传输调度来避免可能发生在接收者上的数据包冲突；使节点在无接收要求时进入低能耗模式。TRAMA 将时间分成时隙，用基于各节点流量信息的分布式选举算法来决定哪个节点可以在某个特定的时隙内传输，以此来达到一定的吞吐量和公平性。

3.2.4　其他类型的 MAC 协议

基于 TDMA 的 MAC 协议虽然具有很多优点，但网络扩展性较差，需要节点间严格的时间同步，对于能量和计算能力都有限的传感器节点而言，其实现比较困难。人们考虑通过 FDMA 或者 CDMA 与 TDMA 相结合的方法，为每对节点分配互不干扰的信道以实现消息的传输，从而避免了共享信道的碰撞问题，增强了协议的扩展性。

SMACS/EAR (Self-organizing Medium Access Control for Sensor networks/Eavesdrop And Register)协议是结合了 TDMA 和 FDMA 的基于固定信道分配的时隙机制，为每一对邻居节点的数据传输分配一个特定的频率，不同节点对之间的频率互不干扰，从而有效地避免了同时传输数据时发生的冲突。在 SMACS 中，每个节点维护一个类似 TDMA 的超帧。在该超帧内，节点分配不同的时隙以便和其邻居通信。另外，它是通过在连接阶段使用随机唤醒调度机制和在空闲时隙期间关掉无线电波节省能量的。

然而，基于 TDMA 的 MAC 协议虽然有简单节能的优点，但网络扩展性较差，而且需要节点间严格的时间同步，对于计算能力和能量有限的无线传感器网络节点而言不太适合。于是人们又考虑通过组合 TDMA 和 FDMA 或者 CDMA 等方法，以实现节点在互不干扰的信道传输消息，从而避免了因共享信道带来的冲突问题，并改善了 MAC 协议的扩展性。

Pottie 和 Kaiser 已经证明了在无线传感器网络中，一种 MAC 机制只有当包括时分复用的机制或其变体时，才能确保节点在空闲期间关掉无线电波，从而节省宝贵的能量。Sohrabi 和 Pottie 提出的无线传感器网络自组织 MAC 协议是一种时分复用和频分复用的混合方案，具有一定的代表性。节点上维护着一个特殊的结构帧，类似于 TDMA 中的实习分配方式，节点据此调度它与相邻节点间的通信。FDMA 技术提供的多信道，使多个节点之间可以同时通信，有效地避免了冲突。只是在业务量较小的传感器网络中，该组合协议的信道利用率较低，这是因为事先定义的信道和时隙分配方案限制了对空闲时隙的有效利用。

在无线传感器网络中，采用 CDMA 技术也是解决信道冲突问题的有效的解决办法，即为每个传感器节点分配与其他节点正交的地址码，这样即使有多个节点同时传输消息，也不会相互干扰。Guo C 等人提出了一种 CSMA/CA 和 CDMA 相结合的 MAC 协议，在传感器节点设计上采用了链路监听和数据收发两个独立的模块。利用 CSMA/CA 机制完成链路监听功能，传输节点之间的握手信息。发送和接收数据时，在数据收发模块中利用 CDMA 机制完成通信。如果节点没有数据收发，将进入休眠阶段，并采用链路监听模块来监听信道。如果邻居节点有数据发给本节点，则唤醒本节点数据收发模块，并设置与发射节点相同的编码。如果本节点需要发送信息，在唤醒收发模块后，先通过链路监听模块发送一个环形信号给接收者，然后通过数据收发模块传输消息。该协议采用了一种 CDMA 的伪随机信道分配算法，使每个节点与其两跳范围内的所有其他节点的伪随机码不同，类似于图论中的两跳节点染色问题，即每个节点与其两跳范围内所有其他节点的颜色都不同，从而避免信道之间的同心干扰。为实现这种编码匹配，还需要网络有一个公共信道。所有节点皆可通过公共信道获取其他节点的伪随机码，从而调整和广播自己的伪随机码。这种基于 CDMA 和 CSMA/CA 混合的 MAC 协议允许多节点的同时通信，增加了网络吞吐率，减少了消息的传输延迟。相比基于 TDMA 方式的 MAC 协议，这种混合协议不需要严格的时间同步，能够适应网络拓扑的变化，具有较好的扩展性；相比基于竞争的 MAC 协议，这种协议不会因为竞争冲突而导致消息重传，减少了传输控制消息的额外开销。该协议的不足之处是需要复杂的 CDMA 编解码和两套独立的收发器件，这给传感器节点的计算能力和硬件成本带来了挑战。

前面已经介绍了很多无线传感器网络的 MAC 协议，表 3-2 给出了近年来常用的几种典型无线传感器网络 MAC 协议的性能比较。不管哪一种协议，都根据具体的应用在一定程度上解决了无线链路接入的问题。但是，随着各种应用业务的需求越来越广泛，对无线传感器网络的性能要求也越来越高，因此无线传感器网络的 MAC 协议也在不断的发展。目前，MAC 协议主要的发展方向集中于跨层设计或联合优化方面，如支持多信道(指数据信道)和 Mesh 转发、支持 QoS、支持多种速率和业务感知等。

表 3-2　几种典型无线传感器网络 MAC 协议的性能比较

MAC 协议	是否需要时间同步	支持的通信格式	类型	自适应变化能力
T-MAC				
S-MAC	否	全部	CSMA	强
DSMAC				
WiseMAC	否	全部	np-CSMA	强
TRAMA	是	全部	TDMA/CSMA	强
SIFT	否	全部	CSMA/CA	强
DMAC	是	聚播(Convergecast)	TDMA/时隙 Aloha	弱

由于无线网络技术的进步，很多应用开始使用多媒体传输业务，如语音和视频等。但是，目前很多的 MAC 协议是不支持 QoS 的，不能提供多媒体业务，因此 MAC 协议的 QoS 主要研究集中在信道接入的公平性和如何支持多媒体业务上。QoS 主要通过 INTServ 与 DiffServ 机制实现。比如在 MACA/PR(带搭载预留的多址冲突避免)协议中，对于非实时的分组，一个节点首先应该等待一个预留表(RT)，然后才能按照 RTS/CTS/DATA/ACK 的方式

进行收发。对于实时的分组，首先进行 RTS/CTS 交互，再进行 DATA/ACK 交互。对于以后的分组则不再进行 RTS/CTS 交互，只进行 DATA/ACK 交互。在 DATA 和 ACK 分组的头部搭载了实施调度的信息，用来进行资源的预留。IEEE802.11bMAC 协议中的 PCF 模式也采用了类似的 QoS 机制。

由于无线传感器网络设备的飞速发展，要求很多不同的设备之间能够相互通信，而不同的通信设备采用的发送和接收的速率也不尽相同。为了支持这些设备之间的通信，要求 MAC 协议支持多种速率的信道，这样用户就可以手工或者节点自动进行速率转换，有利于多种设备之间的通信。但是也应该看到，很多新的 MAC 机制都或多或少地提高了硬件的要求。相信随着技术的发展，硬件成本会降低，这样很多复杂但性能更好的 MAC 协议将会得到应用。

3.2.5　小·结

无线传感器网络自身的特点及其各种应用的要求，导致了传统的无线协议很难适用于无线传感器网络，这也对数据链路层的研究提出了挑战。本节阐述了近年来针对无线传感器网络所设计的一些 MAC 层协议，并比较了它们的优缺点，为其进一步的研究与改善奠定了基础。无线传感器网络是一种应用相关的网络，不同的应用环境对网络的性能需求不同，因此对 MAC 层协议的设计，由于应用的不同而差别较大。无论是采用基于竞争的信道分配机制，还是采用基于 TDMA 的固定信道分配机制，或者其他类型的 MAC 层协议，都要根据具体的应用选择不同的协议类型，再来设计 MAC 层协议。对于无线传感器网络的 MAC 层协议的研究才刚刚起步，存在许多亟待解决的问题。

3.3　ZigBee

ZigBee 一词源自蜜蜂群在发现花粉位置时，通过 ZigZag 形舞蹈来告知同伴，达到交换信息的目的，可以说这是一种小动物通过简捷的方式实现"无线"的沟通。ZigBee 技术是一种面向自动化和无线控制的低速率、低功耗、低价格的无线网络方案。在 ZigBee 方案被提出一段时间后，IEEE802.15.4 工作组也开始了一种低速率无线通信标准的制定工作。最终 ZigBee 联盟和 IEEE802.15.4 工作组决定合作共同制定一种通信协议标准，该协议标准被命名为"ZigBee"。

ZigBee 的通信速率要求低于蓝牙，并由电池供电为设备提供无线通信功能，同时希望在不更换电池并且不充电的情况下能正常工作几个月甚至几年。ZigBee 支持 mesh 型网络拓扑结构，网络规模可以比蓝牙设备大得多。ZigBee 无线设备工作在公共频段上(全球为 2.4 GHz，美国为 915 MHz，欧洲 868 MHz)，传输距离为 10 m～75 m，具体数值取决于射频环境以及特定应用条件下的传输功耗。ZigBee 的通信速率在 2.4 GHz 时为 250 kb/s，在 915 MHz 时为 40 kb/s，在 868 MHz 时为 20 kb/s。

3.3.1　ZigBee 与 IEEE802.15.4 的分工

IEEE802.15.4 工作组主要制定协议中的物理层和 MAC 层；ZigBee 联盟则制定协议中

的网络层和应用层，主要负责实现组网、安全服务等功能以及一系列无线家庭、建筑等生活应用的解决方案，并负责提供兼容性认证、市场运作以及协议的发展延伸。这样就保证了消费者从不同供应商处买到的 ZigBee 设备可以一起工作。

IEEE802.15.4 协议为不同的网络拓扑结构(如星型，mesh 型以及簇树型等)提供不同的模块，它的物理层的主要特点是具备能量和质量监测功能，采用空闲频道评估以实现多个网络的并存。ZigBee 协议的网络路由策略通过时隙可以保证较低的能量消耗和时延，它的网络层的一个特点就是通信冗余，这样当 mesh 网络中的某个节点失效时，整个网络仍能够正常工作。图 3-17 显示了 ZigBee 技术在无线通信技术应用中的定位。

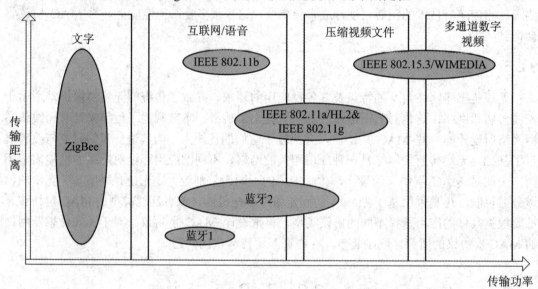

图 3-17　Zigbee 技术在无线通信技术应用中的定位

3.3.2　ZigBee 与 IEEE802.15.4 的区别

ZigBee 建立在 IEEE802.15.4 标准之上，它确定了可以在不同制造商之间共享的应用纲要。IEEE802.15.4 是 IEEE 确定的低速率无线个域网(personal area network)标准，这个标准定义了物理层(PHY)和介质访问层(MAC)。

PHY 层规范确定了 2.4 GHz 信号以 250 kb/s 的基准传输率工作的低功耗展频无线电以及另有一些以更低数据传播率工作的 915 MHz 和 868 MHz 的实体层规范。PHY 层支持几种架构，包括星型拓扑结构(一个节点作为网络协调点，类似于 IEEE 802.11 的接入点)、树型拓扑结构(一些节点依次经过另一些节点才能到达网络协调点)和网型拓扑结构(无须主协调点，各个节点之间分享路由职责)。

MAC 层规范定义了在同一区域工作的多个 IEEE 802.15.4 无线电信号如何共享空中通道。

但是仅仅定义 PHY 层和 MAC 层并不足以保证不同的设备之间可以对话，于是便有了 ZigBee 联盟。ZigBee 不仅只是 IEEE 802.15.4 的名字，由于 IEEE 仅处理低级 MAC 层和物理协议层协议，所以 ZigBee 联盟对网络层协议和 API 都进行了标准化。完全协议用于依次可直接连接到一个设备的基本节点的 4 KB 或者作为 Hub 或路由器的协调器的 32 KB。每个协调器可连接多达 255 个节点，而几个协调器则可形成一个网络，对路由传输的数目没有限制。ZigBee 联盟还开发了安全层，以保证这种便携设备不会向外泄露其标识，而且这种通过网络远距离进行的数据传输不会被其他节点获得。

3.3.3　ZigBee 协议框架

完整的 ZigBee 协议栈自上而下由应用层、应用汇聚层、网络层、数据链路层和物理层组成，如图 3-18 所示。

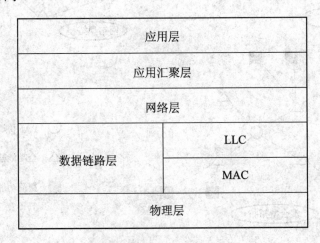

图 3-18　ZigBee 协议栈组成

应用层定义了各种类型的应用业务，是协议栈的最上层用户。

应用汇聚层负责把不同的应用映射到 ZigBee 网络层上，包括安全与签权，多个业务数据流的汇聚、设备发现和业务发现。

网络层的功能包括拓扑管理、MAC 管理、路由管理和安全管理。

数据链路层又可分为逻辑链路控制的子层(LLC)和介质访问控制子层(MAC)。IEEE 802.15.4 的 LLC 子层与 IEEE 802.2 的相同，其功能包括传输可靠性保障、数据包的分段与重组、数据包的顺序传输。IEEE 802.15.4MAC 子层通过 SSCS(Service-Specific Convergence Sublayer)协议能支持多种 LLC 标准，其功能包括设备间无线链路的建立、维护和拆除，确认模式的帧传送与接收，信道接入控制、帧校验、预留时隙管理和广播信息管理。

物理层采用 DSS(Direct Squence Spread Spectrum，直接序列扩频)技术，定义了三种流量等级：当频率采用 2.4 GHz 时，使用十六信道，能够提供 250 kb/s 的传输速率；当采用 915 MHz 时，使用十信道，能够提供 40 kb/s 的传输速率；当采用 868 MHz 时，使用单信道，能够提供 20 kb/s 的传输速率。

ZigBee 网络的拓扑结构主要有星型，网络型，混合型，如图 3-19 所示。

星型拓扑具有结构简单、成本低和电池使用寿命长的优点；但网络覆盖范围有限，可靠性不及网络拓扑结构，一旦中心节点发生故障，所有与之相连的网络节点的通信都将中断。网络拓扑具有可靠性高、覆盖范围大的优点；缺点是电池使用寿命短、管理复杂。混合型拓扑综合了以上两种拓扑的特点,这种组网结构通常会使 ZigBee 网络更加灵活、高效、可靠。

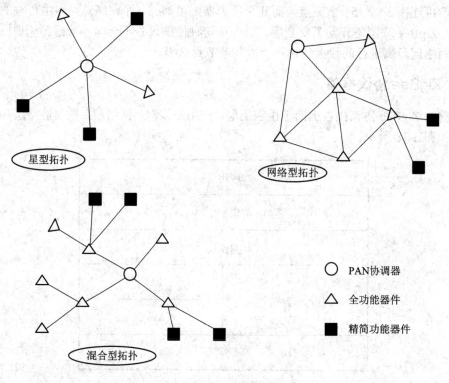

图 3-19　ZigBee 网络拓扑结构

3.3.4　ZigBee 技术的特点

ZigBee 技术的特点如下：

(1) 省电。ZigBee 网络节点的设备工作周期较短、收发信息功率低，并且采用了休眠模式(当不传送数据时处于休眠状态；当需要接收数据时，由 ZigBee 网络中被称做"协调器"的设备负责唤醒它们)，所以 ZigBee 技术特别省电，避免了频繁更换电池或充电，从而减轻了网络维护的负担。

(2) 可靠。由于采用了碰撞避免机制并为需要固定宽带的通信业务预留了专用时隙，因此避免了发送数据时的竞争和冲突，而且 MAC 层采用完全确认的数据传输机制，使每个发送的数据包都必须等待接收方的确认信息，因此从根本上保证了数据传输的可靠性。

(3) 廉价。由于 ZigBee 协议栈设计简练，因此它的研发和生产成本相对较低。普通网络的节点硬件只需要 8 位处理器(如 80C51)，ROM 的容量最小为 4 KB，最大为 32 KB；软件在实现上也较为简单。随着产品产业化，ZigBee 通信模块价格预计能降到 1.5 美元~2.5 美元。

(4) 短时延。ZigBee 技术与蓝牙技术的时延指标都非常短。ZigBee 节点休眠和工作状态转换只需 15 ms，入网时间约为 30 ms，而蓝牙为 3 s~10 s。

(5) 大网络容量。一个 ZigBee 网络最多可以容纳 254 个从设备和一个主设备，一个区域内最多可以同时存在 100 个 ZigBee 网络。

(6) 安全。ZigBee 技术提供了数据完整性检查和鉴权功能，加密算法采用 ASE-128，并且各个应用可以灵活地确定其安全属性，使网络安全能够得到有效的保障。

3.3.5　网络层规范

1. 网络层概述

网络层必须从功能上为 IEEE802.15.4-2003MAC 子层提供支持，并为应用层提供合适的服务接口。为了实现与应用层的接口，网络层从逻辑上分为两个具备不同功能的服务实体，分别是数据实体和管理实体。网络层数据实体(NLDE)通过与其相连的服务存取点(SAP)，即 NLDE-SAP，提供数据传输服务；而网络层管理实体(NLME)则通过与其相连的SAP，即 NLME-SAP，提供管理服务。NLME 利用 NLDE 完成一些管理任务，并且维护一个被称为"网络信息中心(NIB)"的数据库对象。

NLDE 提供以下的服务：

(1) 产生网络层协议数据单元(NPDU)；

(2) 提供分拓扑结构的路由策略。

NLME 提供以下服务：

(1) 配置新设备；

(2) 建立网络；

(3) 加入和离开网络；

(4) 寻址；

(5) 邻居发现；

(6) 路由发现；

(7) 接收控制。

2. 服务规范

网络层提供了两种服务，可以通过两个服务存取点(SAP)分别进行访问。这两个服务是网络层数据服务和网络层管理服务。前者可以通过网络层数据实体服务存取点(NLDE-SAP)进行访问，后者则可通过网络层管理实体服务存取点(NLME-SAP)进行访问。这两个服务与 MCPS-SAP 和 MLME-SAP 一起组成了应用层和 MAC 子层间的接口。除了这些外部接口，在网络层内部，NLME 和 NLDE 之间也存在一个接口，NLME 可以通过它访问网络层的数据服务。网络层的结构和接口如图 3-20 所示。

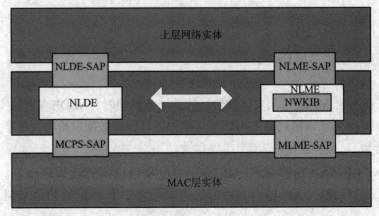

图 3-20　网络层结构和接口

下面具体介绍网络层的服务。

1) 数据服务

NLDE-SAP 能够在对等应用实体间传输应用协议数据单元(APDU)。NLDE-SAP 包含以下原语：

(1) NLDE-DATA.request。这条原语用于请求从本地 APS 子层实体向一个或多个对等 APS 子层实体发送数据 PDU(NSDU)，其语义表示为

> NLDE-DATA.request {
>
> > DstAddr，
> >
> > NsduLength，
> >
> > Nsdu，
> >
> > NsduHandle，
> >
> > Radiusa，
> >
> > DiscoverRoute，
> >
> > SecurityEnable
> >
> > }

每当要向对等 APS 子层实体发送数据 PDU(NSDU)时，本地 APS 子层实体就会产生该原函数。接收到这条原语句后，网络层和链路层会开始发送工作。

(2) NLDE-DATA.confirm。这条原语句用于报告请求从本地 APS 子层实体向对等 APS 子层实体发送数据 PDU(NSDU)的结果，该原语句的语义表示为

> NLDE-DATA.confirm(NsduHandle，Status)

这条原语句是作为接收到 NLDE-DATA.request 的反应，是由本地 NLDE 产生的，状态域将反映对应的请求状态。收到该原语句后，APS 子层将被告知处理的结果。

(3) NLDE-DATA.indication。这条原语句指示了网络层有数据 PDU(NSDU)要传给本地 APS 子层实体，该原语的语义表示为

> NLDE-DATA.indication{
>
> > SrcAddress，
> >
> > NsduHandle，
> >
> > Nsdu，
> >
> > LinkQuality，
> >
> > }

当收到来自本地 MAC 子层实体的恰当的地址数据帧时，NLDE 将产生该原语句并发送给 APS 子层。收到该原语句后，APS 子层就知道将会有数据发给本设备了。

2) 网络发现

网络层 NLME-SAP 能够在 NLME 和更高一层协议间传输管理命令。表 3-3 总结了 NLME 通过 NLME-SAP 接口支持的所有原语句。具体参数和语义请参考 ZigBee 协议规范。

表 3-3　通过 NLME-SAP 访问的原语

原语 名字	Request	Indication	Respond	Confirm
NLME-NETWORK-DISCOVERY	～.request	—	～.respond	～.confirm
NLME-NETWORK-FORMATION	～.request	—	—	～.confirm
NLME-START-ROUTER	～.request	—	—	～.confirm
NLME-JOIN	～.request	—	—	～.confirm
NLME-DIREST-JOIN	～.request	～.indication	—	～.confirm
NLME-LEAVE	～.request	—	—	～.confirm
NLME-RESET	～.request	—	—	～.confirm
NLME-SYNC	～.request	—	—	～.confirm
NLME-GET	～.request	—	—	～.confirm
NLME-SET	～.request	—	—	～.confirm

3) 帧结构与命令帧

ZigBee 网络层的帧结构如表 3-4 所示。

表 3-4　ZigBee 网络层帧结构

帧　头					网络负载
8 位字节	2 位字节	3 位字节	1 位字节	1 位字节	变长
帧控制域	目标地址域	源地址域	半径域	序列号域	帧负载域
	路由域				—

网络层的帧是由网络层帧头和网络负载组成的。帧头部分域的顺序是固定的，但是根据具体情况，不一定要包含所有域。每个域的说明如下：

(1) 帧控制域。该域由 16 位组成，内容包括帧种类、寻址和排序域以及其他的控制标志位。

(2) 目标地址域。该域是必备的，有两个 8 位字长，用来存放目标设备的 16 位网络地址或者广播地址。

(3) 源地址域。该域是必备的，有两个 8 位字长，用来存放发送帧设备自己的 16 位网络地址。

(4) 半径域。该域是必备的，有一个 8 位字节长，用来设定传输半径。

(5) 序列号域。该域是必备的，有一个 8 位字节长，每次发送帧时该位加 1。

(6) 帧负载域。该域长度可变，内容视具体情况而定。

4) 功能描述

(1) 网络及设备的维护。

所有 ZigBee 设备都具备两个功能，加入网络和离开网络。ZigBee 协调器和路由器还必须具备以下功能：

① 允许设备通过以下两种方式加入网络，即 MAC 层提供关联请求、外部设备直接请求接触；

② 参与逻辑网络地址的划分；

③ 维护邻居设备表；

除此之外，ZigBee 协调器还应该具有建立新网络的功能。

(2) 发送与接收。

只有当设备处于网络关联的状态时，才会在网络层上传输数据帧。不处于网络关联状态的节点如果收到帧传输的请求，则会丢弃该帧并向高层汇报出错。这时会产生 NDLE-DATA.confirm 的原语，并设置状态为 INVALID-REQUEST。

(3) 路由。

ZigBee 协调器和路由器必须具备以下功能：

① 转发高层的数据帧；

② 转发其他 ZigBee 路由器的数据帧；

③ 参与路由发现，使路由器随时都能应付并发送数据帧；

④ 为终端设备提供路由发现服务；

⑤ 参与点对点路由修复；

⑥ 参与本地路由修复；

⑦ 按照路由发现和路由修复功能的需要计算 ZigBee 路径损耗。

ZigBee 协调器和路由器还可以具备以下功能：

① 维护路由表，从而保存最佳路由；

② 根据高层的要求初始化路由发现；

③ 根据路由器的要求初始化路由发现；

④ 进行端到端的路由修复；

⑤ 根据其他路由器的要求进行本地路由发现初始化。

(4) 信标调度。

在多跳拓扑结构中，为了防止某个设备的信标帧与相邻设备的数据或者信标帧发生碰撞，必须进行信标调度。在建立树型拓扑结构中，必须进行信标调度。Mesh 拓扑结构的网络不支持信标。

(5) 广播通信。

该机制用于广播所有网络层的数据帧。网络中的所有设备都可以向网络中的其他设备进行广播通信。广播本地 APS 子层实体可以通过 NDLE-DATA.request 原语并设置目标地址为 0Xffff 来实现。

(6) MAC 信标中的网络信息。

NWK 层可以利用 MAC 层子层信标帧的负载向相邻设备传输 NWK 层信息。

(7) 持久数据。

为了维持网络的整场运转，以下信息是必须保存的：

① 设备的个人域网络标识(PAN ID)；

② 设备的 16 位网络地址；

③ 当前协议栈的状态；

④ 如果支持可选寻址模式,则要存储 nwkNextAddress 以及 nwkAvailableAddressNIB 值。

⑤ 如果使用分布式寻址方式,则需要存储网络树结构的层数。

3.3.6　应用层规范

1. 应用层概述

ZigBee 协议栈的层结构包括有 IEEE802.15.4 介质访问层(MAC)和物理层(PHY),以及 ZigBee 网络层,每一层通过提供特定的服务完成相应的功能。它与其他层的关系如图 3-21 所示。图中,ZigBee 应用层包括 APS 子层、ZDO(包括 ZDO 管理层)以及用户自定义的应用对象。APS 子层的任务包括维护绑定表和绑定设备间的消息传输。这里的绑定指的是根据两个设备所提供的服务和它们的需求而将两个设备关联起来。ZDO 的任务包括界定设备在网络中的作用(例如是 ZigBee 协调器还是终端设备),发现网络中的设备并检查它们能够提供哪些应用服务,产生或者回应绑定请求,并在网络设备间建立安全的通信。

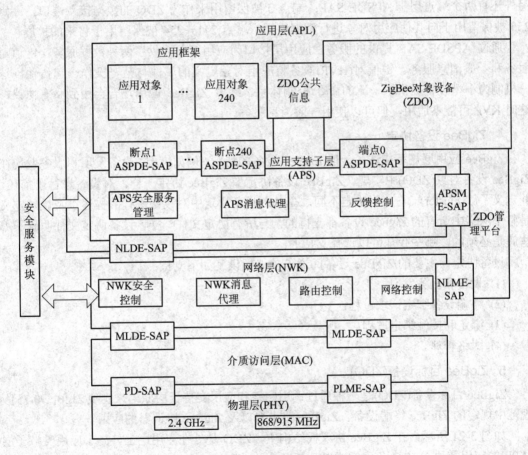

图 3-21　ZigBee 协议栈结构

2. ZigBee 应用支持子层

应用支持子层(APS)是网络层(NWK)和应用层(APL)之间的接口。该接口包括一系列可以被 ZDO 和用户自定义应用对象调用的服务。这些服务是通过两个实体提供的:APS 数据实体(APSDE)通过 APSDE 服务接入点(APSDE-SAP)提供服务，APS 管理实体通过 APSME 服务接入点(APSME-SAP)提供服务。APSDE 在同一个网络中向两个或多个设备提供传输应用 PDU 的数据传输服务。APSME 提供设备发现和设备绑定服务，并维护一个管理对象的数据库，也就是 APS 信息库(AIB)。

3. ZigBee 应用层框架结构

ZigBee 应用层框架就是 ZigBee 设备上应用对象存在之处。在应用层框架之内，应用对象通过 APSDE-SAP 发送和接收数据。由 ZDO 公共接口对应用对象进行控制和管理。

APSDE-SAP 提供的数据服务包括数据传输的请求、确认、回应和指示原语。请求原语支持对等应用对象实体间的数据传输；确认原语可以报告所有请求原语调用的结果；回应原语是在收到确认原语后向对方作出同意或不同意建立连接的反应；指示原语用于提醒有数据要从 APS 传输到应用对象实体。

最多可以定义 240 个不同的应用对象，每个对象通过 1～240 个端点中的一个被访问。另外还有两个端点用于 APSDE-SAP：端点 0 被保留用来作为 ZDO 的数据接入端口，端点 255 被保留用于向其他应用对象进行数据广播。端点 241～254 被保留用于将来的扩展。

通过 APSDE-SAP 提供的服务，应用层接口为应用对象提供了两种数据服务：键值对服务和一般消息服务。键值对(KVP)服务将应用对象定义的属性与某一操作一起传输。这一机制为小型设备提供了一流的命令/控制体系。许多 ZigBee 应用场合会用到私有协议，这时 KVP 可能不适用，但可以使用一般消息服务。

4. ZigBee 设备协定

ZigBee 应用层规范描述了一般 ZigBee 设备的特征，例如绑定。设备发现和服务发现在 ZigBee 设备对象(ZDO)中实现。ZigBee 设备协定像 ZigBee 协定一样，对设备进行了描述，并定义了簇(cluster)。与应用协定不同，ZigBee 设备协定中对设备进行的描述以及簇的定义是整个网络中所有的 Zigbee 设备都支持的。与所有协定文件一样，设备协定文件明确了哪些簇是必须的，哪些簇是可以选择支持的。

设备协定为主要的 ZigBee 设备间通信功能提供了如下支持：

(1) 设备和服务发现；

(2) 终端设备绑定请求过程；

(3) 绑定和接触绑定过程；

(4) 网络管理。

5. ZigBee 目标设备(ZDO)

ZigBee 目标设备(ZDO)是一种通过调用网络和应用支持子层原语来实现 ZigBee 0.75 版规范中规定的 ZigBee 终端设备、ZigBee 路由器以及 ZigBee 协调器的应用。

如图 3-21 所示，在 ZigBee 协议栈结构中，ZDO 是处在应用层上，高于应用支持子层(APS)的应用模块。ZDO 负责完成以下任务：

(1) 初始化应用支持子层(APS)、网络层(NMK)、安全服务模块(SSP)以及除了应用层中端点 1～240 以外的 ZigBee 设备层。

(2) 汇集终端应用的配置信息，从而确定和实现设备服务发现、网络管理、网络安全、绑定管理和节点等功能。

3.4　小　　结

本章介绍了传感器网络中的关键技术，包括路由技术、链路层技术和 ZigBee 协议，这是构建传感器网络的基础，目前很多学者都致力于这方面的研究，并取得了一定的研究成果，但是在实际应用中，仍然存在着一定的问题，需要进一步的研究。

———————— 习　　题 ————————

1．简述无线传感器网络路由协议的特点和分类及协议设计需要解决哪些问题。
2．无线传感器网络路由协议的策略和算法有哪些?
3．什么是无线传感器网络的 MAC? 简述 DEANA 协议的工作原理。
4．简述 ZigBee 网络工作的主要特点。
5．简述能量感知、地理感知、QoS 感知以及查线路由的设计思想。

第4章 定位技术

　　无线传感器网络的节点定位技术是无线传感器网络应用的基本技术，也是关键技术之一。我们在应用无线传感器网络进行环境监测从而获取相关信息的过程中，往往需要知道所获取的数据的来源。例如在森林防火的应用场景中，我们可以从传感器网络获取到温度异常的信息，但更重要的是要获知究竟是哪个地方的温度异常，这样才能让用户准确地知道发生火情的具体位置，从而才能迅速有效地展开灭火救援等相关工作；又比如在军事战场探测的应用中，部署在战场上的无线传感器网络只获取"发生了什么敌情"这一信息是不够的，只有在获取到"在什么地方发生了什么敌情"这样包含位置信息的消息时，才能让我军做好相应的部署。因此，定位技术是无线传感器网络的一项重要技术，也是一项必需的技术。

　　全球定位系统GPS(Global Position System)是目前应用得最广泛、最成熟的定位系统，通过卫星的授时和测距对用户节点进行定位，具有定位精度高、实时性好、抗干扰能力强等优点，但是GPS定位适应于无遮挡的室外环境，用户节点通常能耗高、体积大，另外，GPS成本也比较高，需要固定的基础设施等，这使得它不适用于低成本、自组织的传感器网络。在机器人领域中，机器人节点的移动性和自组织等特性，使得其定位技术与传感器网络的定位技术具有一定的相似性，但是机器人节点通常携带充足的能量供应和精确的测距设备，系统中机器人节点的数量很少，所以这些机器人定位算法也不适用于传感器网络。

　　在传感器网络中，由于传感器节点能量有限、可靠性差、节点规模大且随机布放、无线模块的通信距离有限，这对传感器网络的节点定位算法和定位技术提出了很高的要求。传感器网络的定位算法通常需要具备以下特点：

　　(1) 自组织性。传感器网络的节点随机分布，不能依靠全局的基础设施协助定位。

　　(2) 健壮性。传感器节点的硬件配置低、能量少、可靠性差，测量距离时会产生误差，因此算法必须具有较好的容错性。

　　(3) 能量高效。尽可能地减少算法中计算的复杂性，减少节点间的通信开销，以延长网络的生存周期。通信开销是传感器网络的主要能量开销。

　　(4) 分布式计算。每个节点都有自身位置的信息，不能将所有信息传送到某个节点进行集中计算，所以应能够在各分布节点独立进行计算。

　　GPS系统的不足使无线Ad Hoc传感器网络中的定位得到了广泛重视。利用位置信息可以进一步提高无线网络性能，提高许多新型服务。例如，它能间接提升无线Ad Hoc网络路由的有效性；利用节点位置的网络协议，能进一步减少网络节点的数量；同时还可以通过定位提供一些新型的位置信息服务或引导服务，使系统可以指引用户到达指定区域。此外,定位还可以提供其他的服务,如定位传播,即用户可以将信息传递至特定区域。定点传播和定时传播更具有目的性,效率也更高。

4.1 定位技术简介

4.1.1 定位技术的概念、常见算法和分类

1. 无线传感器网络定位技术概念

在传感器网络节点定位技术中,根据节点是否已知自身的位置,把传感器节点分为信标节点(beacon node)和未知节点(unknown node)。信标节点在网络节点中所占的比例很小,可以通过携带GPS定位设备等手段获得自身的精确位置。信标节点是未知节点定位的参考点。除了信标节点以外,其他传感器节点就是未知节点,它们通过信标节点的位置信息来确定自身位置。在如图 4-1 所示的传感网络中,M 代表信标节点,S 代表未知节点。S 节点通过与邻近 M 节点或已经得到位置信息的 S 节点之间的通信,根据一定的定位算法计算出自身的位置。

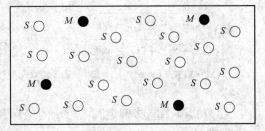

图 4-1 传感器网络中信标节点和未知节点

2. 节点位置计算的常见方法

传感器节点定位过程中,未知节点在获得对于邻近信标节点的距离,或者获得邻近的信标节点与未知节点之间的相对角度后,通常使用下列方法计算自己的位置。

1) 三边测量定位法(trilateration)

三边测量定位法是一种常见的目标定位方法,其理论依据是在二维空间中,当一个节点获得三个或者三个以上参考节点的距离时,就可以确定该节点的坐标。三边测量技术建立在几何学的基础上,它用多个点与目标之间的距离来计算目标的坐标位置。如图 4-2 所示,在二维空间中,最少需要得到三个参考点的距离才能唯一地确定一点的坐标。假设目标节点的坐标为(x,y),三个信标节点 A、B、C 的坐标分别为(x_1,y_1)、(x_2,y_2)、(x_3,y_3),以及它们到未知目标节点的距离分别为 ρ_1、ρ_2、ρ_3,则根据二维空间距离计算公式,可以建立如下方程组:

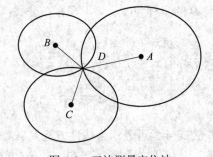

图 4-2 三边测量定位法

$$\begin{cases} \rho_1 = \sqrt{(x-x_1)^2 + (y-y_1)^2} \\ \rho_2 = \sqrt{(x-x_2)^2 + (y-y_2)^2} \\ \rho_3 = \sqrt{(x-x_3)^2 + (y-y_3)^2} \end{cases} \tag{4-1}$$

由公式(4-1)即可解出节点 D 的坐标$(x,\ y)$：

$$\begin{bmatrix} x \\ y \end{bmatrix} = \begin{bmatrix} 2(x_1 - x_3) & 2(y_1 - y_3) \\ 2(x_2 - x_3) & 2(y_2 - y_3) \end{bmatrix}^{-1} \begin{bmatrix} x_1^2 - x_3^2 + y_1^2 - y_3^3 + \rho_3^2 - \rho_1^2 \\ x_2^2 - x_3^2 + y_2^2 - y_3^2 + \rho_3^2 - \rho_2^2 \end{bmatrix}$$

2) 三角测量法(triangulation)

三角测量法的原理如图 4-3 所示，已知 A、B、C 三个节点的坐标分别为$(x_1,\ y_1)$、$(x_2,\ y_2)$、(x_3, y_3)，节点 D 到 A、B、C 的角度分别为 $\angle ADB$、$\angle ADC$、$\angle BDC$、假设节点 D 的坐标为$(x,\ y)$。对于节点 A、C 和 $\angle ADC$，确定圆心为 $O_1(x_{O1}, y_{O1})$、半径为 r_1 的圆，$\alpha = \angle AO_1C$，则

$$\begin{cases} \sqrt{(x_{O1} - x_1)^2 + (y_{O1} - y_1)^2} = r_1 \\ \sqrt{(x_{O1} - x_2)^2 + (y_{O1} - y_2)^2} = r_1 \\ (x_1 - x_3)^2 + (y_1 - y_3)^2 = 2r_1^2 - 2r_1^2 \cos\alpha \end{cases} \quad (4\text{-}2)$$

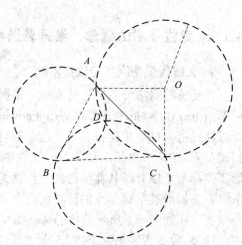

图 4-3　三角测量法原理图

由公式(4-2)能够确定圆心 O_1 的坐标和半径 r_1。同理对 A、B、$\angle ADB$ 和 B、C、$\angle BDC$，也能够确定相应的圆心 $O_2(x_{O2},\ y_{O2})$、$O_3(x_{O3},\ y_{O3})$，半径 r_2、r_3。最后利用三边测量法，由 O_1、O_2、O_3 确定 D 节点的坐标$(x,\ y)$。

3) 极大似然估计法(maximum likelihood estimation)

如图 4-4 所示，已知获得信标节点 1、2、3… n 的坐标分别为$(x_1,\ y_1)$、$(x_2,\ y_2)$、$(x_3,\ y_3)$…$(x_n,\ y_n)$，它们到待定位节点 D 的距离分别为 ρ_1、ρ_2、ρ_3…ρ_n，假设 D 的坐标为$(x,\ y)$，则存在公式：

$$\begin{cases} (x_1 - x)^2 + (y_1 - y)^2 = \rho_1^2 \\ (x_1 - x)^2 + (y_2 - y)^2 = \rho_2^2 \\ \vdots \\ (x_n - x)^2 + (y_n - y)^2 = \rho_n^2 \end{cases} \quad (4\text{-}3)$$

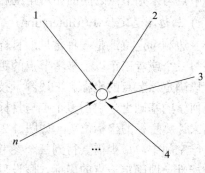

图 4-4　极大似然估计法

公式(4-3)可表示为线性方程式 $\boldsymbol{AX} = \boldsymbol{b}$，其中

$$\boldsymbol{A} = \begin{bmatrix} 2(x_1 - x_n) & 2(y_1 - y_n) \\ 2(x_2 - x_n) & 2(y_2 - y_n) \\ \vdots & \vdots \\ 2(x_{n-1} - x_n) & 2(y_{n-1} - y_n) \end{bmatrix}, \quad \boldsymbol{b} = \begin{bmatrix} x_1^2 - x_n^2 + y_1^2 - y_n^2 + \rho_n^2 - \rho_1^2 \\ x_2^2 - x_n^2 - y_2^2 - y_n^2 + \rho_n^2 - \rho_2^2 \\ \vdots \\ x_{n-1}^2 - x_n^2 + y_{n-1}^2 - y_n^2 + \rho_n^2 - \rho_{n-1}^2 \end{bmatrix}$$

$$\boldsymbol{X} = \begin{bmatrix} x \\ y \end{bmatrix}$$

使用标准的最小均方差估计方法可以得到节点 D 的坐标为

$$\hat{X} = (A^{\mathrm{T}}A)^{-1}A^{\mathrm{T}}b$$

4.1.2　定位算法分类

在传感器网络中，根据定位过程中是否测量实际节点间的距离，把定位算法分为基于距离的(range-based)定位算法和与距离无关的(range-free)定位算法，前者需要测量相邻节点间的绝对距离或方位，并利用节点间的实际距离来计算未知节点的位置；后者无需测量节点间的绝对距离或方位，而是利用节点间估计的距离计算节点位置。

4.2　基于距离的定位

基于距离的定位机制(range-based)是通过测量相邻节点间的实际距离或方位进行定位的。具体过程通常分为三个阶段：第一个阶段是测距阶段，首先测量未知节点到邻居节点的距离或角度，然后进一步计算到邻近信标节点的距离或方位，在计算到邻近信标节点的距离时，可以计算未知节点到信标节点的直线距离，也可以用二者之间的跳断距离作为直线距离的近似；第二个阶段是定位阶段，计算出未知节点到达三个或三个以上信标节点的距离或角度后，利用三边测量法、三角测量法或极大似然估计法计算未知节点的坐标；第三个阶段是修正阶段，对求得的节点的坐标进行求精，提高定位精度，减少误差。

基于距离的定位算法通过获取电波信号的参数，如接收信号强度(RSSI)、信号传输时间(TOA)、信号到达时间差(TDOA)、信号到达角度(AOA)等，再通过合适的定位算法来计算节点或目标的位置。

4.2.1　基于 TOA 的定位

在 TOA 方法中，主要利用信号传输所消耗的时间预测节点和参考点之间的距离。系统通常使用慢速信号(如超声波)测量信号到达的时间，原理如图 4-5 所示。超声信号从发送节点传递到接收节点，而后接收节点再发送另一个信号给发送节点作为响应。通过双方的"握手"，发送节点即能从节点的周期延迟中推断出距离为

$$\frac{((T_3 - T_0) - (T_2 - T_1)) \times V}{2}$$

式中，V 代表超声波信号的传递速度。这种测量方法的误差主要来自信号的处理时间(如计算延迟以及在接收端的位置延迟 $T_2 - T_1$)。

基于 TOA 的定位精度高，但要求节点间保持精确的时间同步，因此对传感器的硬件和功能提出了较高的要求。

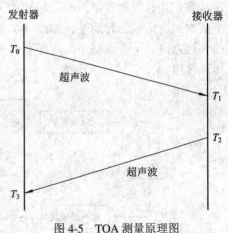

图 4-5　TOA 测量原理图

4.2.2　基于 TDOA 的定位

　　TDOA 测距技术被广泛应用在 WSN 定位方案中。一般是在节点上安装超声波收发器和 RF 收发器。测距时，在发射端两种收发器同时发射信号，利用声波与电磁波在空气中传播速度的巨大差异，在接收端通过记录两种不同信号到达时间的差异，基于已知信号传播速度，则可以直接把时间转化为距离。该技术的测距精度较 RSSI 高，可达到厘米级，但受限于超声波传播距离有限和非视距(NLOS)问题对超声波信号的传播影响。

　　如图 4-6 所示，发射节点同时发射无线射频信号和超声波信号，接收节点记录两种信号分别到达的时间为 T_1 和 T_2，已知无线射频信号和超声波的传播速度分别为 c_1 和 c_2，那么两点之间的距离为 $(T_2 - T_1) \times S$，其中 $S = c_1 c_2 / (c_1 - c_2)$。在实际应用中，TDOA 的测距方法可以达到较高的精度。

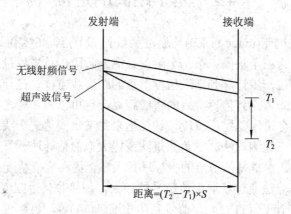

图 4-6　TDOA 定位原理图

4.2.3　基于 AOA 的定位

　　另外一种方法是利用角度估算代替距离估计。估算邻居节点发送信号方向的技术，可通过天线阵列或多个接收器结合来实现。信标节点发出较窄的旋转波束，波束的旋转度数是常数，并且对所有节点都是已知的。于是节点可以测量每个波束的到达时间，并计算两个依次到达信号的时间差。如图 4-7 所示，接收节点通过麦克风列阵，通知发射节点信号的到达方向。下面以每个节点配有两个接收机为例，简单阐述 AOA 测定方位角和定位的实现过程。

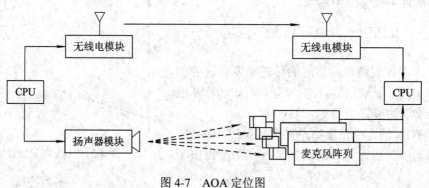

图 4-7　AOA 定位图

1. 相邻节点之间方位角的测定

如图 4-8 所示，节点 A 的两个接收机 R_1、R_2 间的距离是 L，接收机连线中点的位置代表节点 A 的位置。将两个接收机连线的中垂线作为节点 A 的轴线，该轴线作为确定邻居节点方位角度的基准线。在图 4-9 中，节点 A、B、C 互为邻居节点，节点 A 的轴线方向为节点 A 处箭头所示方向，节点 B 相对于节点 A 的方位角是 $\angle ab$，节点 C 相对于节点 A 的方位角是 $\angle ac$。

在图 4-9 中，节点 A 的两个接收机收到节点 B 的信号后，利用 TOA 技术测量出 R_1、R_2 到节点 B 的距离 x_1，x_2，再根据几何关系，计算节点 B 到节点 A 的方位角 θ，它对应图 4-8 中的方位角 $\angle ab$，实际中利用天线阵列可获得精确的角度信息。同样再获得方位角 $\angle ac$，最后得到 $\angle CAB = \angle ac - \angle ab$。

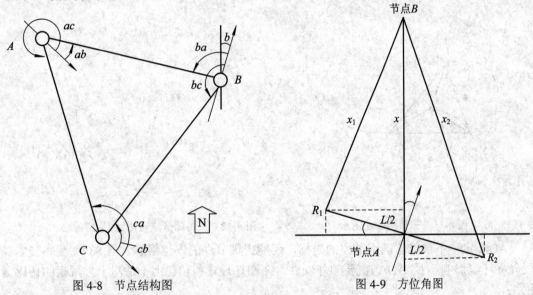

图 4-8　节点结构图　　　　　　　　　　　　图 4-9　方位角图

2. 相对信标节点的方位角测量

在图 4-10 中，L 节点是信标节点，A、B、C 节点互为邻居。计算出 A、B、C 三点之间的相对方位信息。假定已经测得信标节点 L、节点 B 和节点 C 之间的方位信息，只需要确定信标节点 L 相对于节点 A 的方位即可。

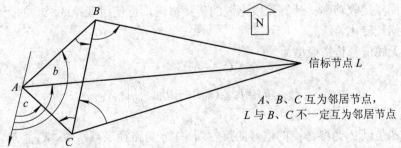

图 4-10　方位角测量

3. 利用方位信息计算节点的位置

如图 4-11 所示，节点 D 是未知节点，在节点 D 计算出 $n(n \geqslant 3)$ 个信标节点相对于自己的方位角度后，从 n 个信标节点中任选三个信标节点 A、B、C。∠ADB 的值是信标节点 A 和 B 相对于节点 D 的方位角度之差，同理可计算出 ∠ADC 和 ∠BDC 的角度值，这样就确定了信标节点 A、B、C 和节点 D 之间的角度。

当信标节点数目 n 为 3 时，利用三角测量算法直接计算节点 D 坐标。当信标节点数目 n 大于 3 时，将三角测量算法转化为极大似然算法来提高定位精度，如图 4-12 所示，对于节点 A、B、D，能够确定以点 O 为圆心，以 OB 或 OA 为半径的圆，圆上的所有点都满足 ∠ADB 的关系，将点 O 作为新的信标节点，OD 长度就是圆的半径。因此，从 n 个信标节点中任选两个节点，可以将问题转化为有 C_n^2 个信标节点的极大似然估计算法，从而确定 D 点坐标。

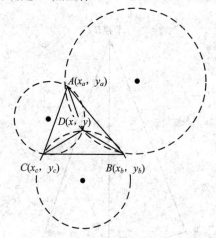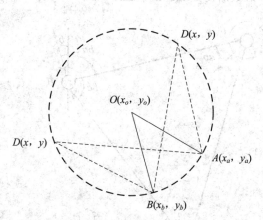

图 4-11　三角测量法图示　　　　　　　图 4-12　三角测量法转化为三边测量法

AOA 定位不仅能够确定节点的坐标，还能提供节点的方位信息。但 AOA 测距技术易受外界环境影响，且 AOA 需要额外硬件，在硬件尺寸和功耗上不适用于大规模的传感器网络。

4.2.4　基于 RSSI 的定位

RSSI 随着通信距离的变化而变化，通常是节点间距离越远，RSSI 值相对越低。一般来说，利用 RSSI 来估计节点之间的距离需要使用的方法是：已知发射节点的发射功率，在接收节点处测量接收功率；计算无线电波的传播损耗，再使用理论或经验的无线电波传播模型将传播损耗转化为距离。

常用的无线信号传播模型为

$$P_{r,\text{dB}}(d) = P_{r,\text{dB}}(d_0) - \eta 10 \lg\left(\frac{d}{d_0}\right) + X_{\delta,\text{dB}} \tag{4-4}$$

其中，$P_{r,\text{dB}}(d)$ 是以 d_0 为参考点的信号的接收功率；η 是路径衰减常数；$X_{\delta,\text{dB}}$ 是以 δ^2 为方差的正态分布，为了说明障碍物的影响。

公式(4-4)是无线信号较常使用的传播损耗模型，如果参考点的距离 d_0 和接收功率已知，就可以通过该公式计算出距离 d。理论上，如果环境条件已知，路径衰减常数为常量，接收信号强度就可以应用于距离估计。然而，不一致的衰减关系影响了距离估计的质量，这就是 RSSI-RF 信号测距技术的误差经常为米级的原因。在某些特定的环境条件下，基于 RSSI 的测距技术可以达到较好的精度，可以适当地补偿 RSSI 造成的误差。

虽然在实验环境中 RSSI 表现出良好的特性，但是在现实环境中，温度、障碍物、传播模式等条件往往都是变化的，这使得该技术在实际应用中仍然存在困难。

4.3　与距离无关的定位算法

尽管基于距离的定位能够实现精确定位，但是对无线传感器节点的硬件要求很高，因而使得硬件的成本增加，能耗增高。基于这些原因，人们提出了距离无关的定位技术。距离无关的定位技术无需测量节点间的绝对距离或方位，降低了对节点硬件的要求，但定位的误差也相应有所增加。

目前提出了两类主要的与距离无关的定位方法：一类方法是先对未知节点和信标节点之间的距离进行估计，然后利用三边测量法或极大似然估计法进行定位；另一类方法是通过邻居节点和信标节点确定包含未知节点的区域，然后把这个区域的质心作为未知节点的坐标。与距离无关的定位方法精度低，但能满足大多数应用的要求。

与距离无关的定位算法主要有质心定位算法、DV-Hop 算法、APIT 算法、凸规划定位算法等，下面分别介绍这几种算法。

4.3.1　质心定位算法

质心定位算法是南加州大学的 Nirupama Bulusu 等学者提出的一种仅基于网络连通性的室外定位算法。如图 4-13 所示，该算法的核心思想是：传感器节点以所有在其通信范围内的信标节点的几何质心作为自己的估计位置。具体的算法过程为：信标节点每隔一段时间向邻居节点广播一个信标信号，该信号中包含节点自身的 ID 和位置信息；当传感器节点在一段侦听时间内接收到来自信标节点的信标信号数量超过某一个预设门限后，该节点认为与此信标节点连通，并将自身位置确定为所有与之连通的信标节点所组成的多边形的质心；当传感器节点接收到所有与之连通的信标节点的位置信息后，就可以根据由这些信标节点所组成的多边形的顶点坐标来估算自己的位置了。假设这

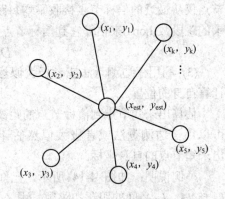

图 4-13　质心定位法示意图

些坐标分别为 (x_1, y_1)、(x_2, y_2)、…、(x_k, y_k)，则可根据下式计算出传感器节点的坐标：

$$(x_{est}, y_{est}) = \left(\frac{x_1 + \ldots + x_k}{k}, \frac{y_1 + \ldots + y_k}{k} \right) \tag{4-5}$$

另外，该算法仅能实现粗粒度定位，需要较高的信标节点密度。但它实现简单，完全基于网络的连通性，无需信标节点和传感器节点间的协调，可以满足那些对位置精度要求

不太苛刻的应用。

4.3.2 DV-Hop 算法

DV-Hop 算法的定位过程可以分为以下三个阶段：

(1) 计算未知节点与每个信标节点的最小跳数。

首先使用典型的距离矢量交换协议，使网络中的所有节点获得距离信标节点的跳数(distance in hops)。

信标节点向邻居节点广播自身位置的信息分组，其中包括跳段数和初始化 0。接收节点记录具有到每个信标节点的最小跳数，忽略来自同一个信标节点的较大跳段数，然后将跳段数加 1，并转发给邻居节点，通过这个方法，可以使网络中的每个节点获得每个信标节点的最小跳数。

(2) 计算未知节点与信标节点的实际跳段距离。

每个信标节点根据第一个阶段中记录的其他信标节点的位置信息和相距跳段数，利用公式(4-6)估算平均每跳的实际距离

$$Hopsize_i = \frac{\sum\limits_{j \neq i} \sqrt{(x_i - x_j)^2 + (y_i - y_j)^2}}{\sum\limits_{j \neq i} h_j} \tag{4-6}$$

其中，(x_i, y_i)、(x_j, y_j) 是信标节点 i、j 的坐标，h_j 是信标节点 i 与 $j(j \neq i)$ 之间的跳段数。

然后，信标节点将计算的每跳平均距离用带有生存期字段的分组广播到网络中，未知节点只记录接收到的第一个每跳平均距离，并转发给邻居节点。这个策略保证了绝大多数节点仅从最近的信标节点接收平均每跳距离值。未知节点接收到每跳平均距离后，根据记录的跳段数(hops)来估算它到信标节点的距离

$$D_i = hops \times Hopsize_{ave}$$

(3) 利用三边测量法或者极大似然估计法计算自身的位置。

估算出未知节点到信标节点的距离后，就可以用三边测量法或者极大似然估计法计算出未知节点的自身坐标。

举例说明：如图 4-14 所示，已知锚节点 L_1 与 L_2、L_3 之间的距离和跳数。由 L_2 计算得到平均每跳距离(40 + 75)/(2 + 5) = 16.42。假设 A 从 L_2 获取平均每跳距离，则它与三个节点之间的距离分别为 L_1: 3×16.42，L_2: 2×16.42，L_3: 3×16.42，然后使用三边测量法确定节点 A 的位置。

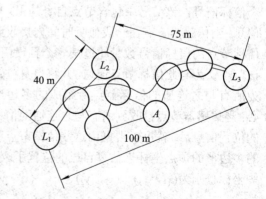

图 4-14　计算平均每跳距离

DV-Hop 算法在网络平均连通度为 10，信标节点比例为 10%的各向同性网络中平均定位精度大约为 33%。其缺点是仅在各向同性的密集网络中，校正值才能合理地估算平均每

跳距离。从上面的描述中可以看出，此方法利用平均每跳距离计算实际距离，对节点的硬件要求低，实现简单，然而存在一定的误差。

练习：如图 4-15 所示，在 100 m × 100 m 的矩形区域中，随机布置 100 个传感器节点，通信半径为 15 m，利用 DV-Hop 定位算法进行未知节点定位。

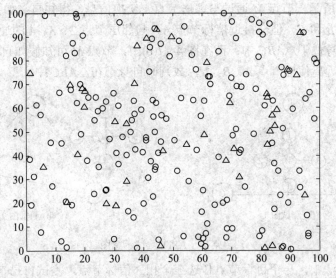

图 4-15　DV-Hop 定位仿真图

4.3.3　APIT 算法

T.He 等人提出的 APIT(Approximate Point-In-triangulation Test)算法的基本思想是三角形覆盖逼近，传感器节点处于多个三角形覆盖区域的重叠部分中。传感器节点从所有邻居信标节点集合中选择三个节点，测试它是否位于由这三个节点组成的三角形的内部，重复这一过程直到穷举所有的三元组合或者达到期望的精度，然后以所有覆盖传感器节点的三角形的重叠部分的质心作为其位置并计算该位置。如图 4-16 所示，阴影部分区域是包含传感器节点的所有三角形的重叠区域，黑色圆点表示的质心位置作为传感器节点的位置。

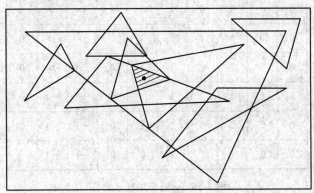

图 4-16　APIT 算法示意图

算法的理论基础是最佳三角形内点测试法(Perfect point-In-triangulation Test，PIT)，为了在静态网络中执行 PIT 测试，APIT(Approximate PIT Test)测试应运而生：假如节点 M 的邻居节点没有同时远离或靠近三个信标节点 A、B、C，那么节点 M 就在节点△ABC 内；否则，节点 M 在△ABC 外。APIT 算法利用无线传感器网络较高的节点密度来模拟节点移动，利用无线信号的传播特性来判断节点是否远离或靠近信标节点，通过邻居节点间的信息交换，仿效 PTT 测试的节点移动。

如图 4-17(a)所示，节点 M 通过与邻居节点 1 交换信息，得知自身如果运动至节点 1，将远离信标节点 B 和 C，但会接近信标节点 A，与邻居节点 2、3、4 的通信和判断过程类似，最终确定自身位于△ABC 中；而在图 4-17(b)中，节点 M 可知假如自身运动至邻居节点 3 处，将同时远离信标节点 A、B、C，故判断自身不在△ABC 中。

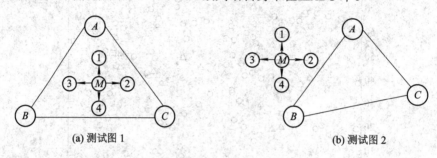

(a) 测试图 1　　　　　　　　　　　　(b) 测试图 2

图 4-17　APIT 测试示意图

在 APIT 算法中，一个目标节点任选三个相邻信标节点，测试自己是否位于它们所组成的三角形中，使用不同信标节点组合重复测试，直到穷尽所有组合或达到所需定位精度。

APIT 测试结束后，APIT 用 grid SCAN 算法进行重叠区域的计算，如图 4-18 所示。在此算法中，网格阵列代表节点可能存在的最大区域。每个网格的初值都为 0。如果判断出节点在三角形内，相应的三角形所在的网格区域的值加 1；同样，如果判断出节点在三角形外，相应的三角形所在的网格区域的值减 1。计算出所有的三角形区域的值后，找出具有最大值的重叠区域(图 4-18 中值为 2 的区域)，最后计算出这个重叠区域的质心即为该节点的位置。

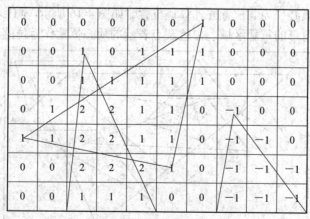

图 4-18　grid SCAN 示意图

在无线信号传播模式不规则和传感器节点随机部署的情况下，APIT 算法的定位精度高、性能稳定，测试错误概率相对较小(最坏情况下为 14%)，平均定位误差小于节点无线射程的 40%。但因细分定位区域和传感器节点必须与信标节点相邻的需求，该算法要求较高的信标节点密度。

APIT 定位具体步骤如下：

(1) 收集信息。未知节点收集邻近信标节点的信息，如未知、标志号、接收到的信号强度等，邻居节点之间交换各自收到的信标节点的信息。

(2) APIT 测试。测试未知节点是否在不同的信标节点组合成的三角形内部。

(3) 计算重叠区域。统计包含未知节点的三角形，计算所有三角形的重叠区域。

(4) 计算未知节点位置。计算重叠区域的质心位置，作为未知节点的位置。

在无线信号传播模式不规则和传感器节点随机部署的情况下，APIT 算法的定位精度高，性能稳定，但 APIT 测试对网络的连通性提出了较高的要求。相对于计算简单的质心定位算法，APIT 算法精度高，对信标节点的分布要求低。

练习：在 100 m × 100 m 的矩形区域中，随机布置 100 个传感器节点，通信半径为 15 m。考虑当网络中锚节点数分别为 30、40、50、60、70、80 个时，定位的误差率和覆盖率的变化情况。图 4-19 为定位覆盖率随锚节点数变化的情况，这里采用蒙特卡洛法求定位覆盖率。在锚节点为 30 个时，APIT 算法的定位覆盖率只达到了 10% 左右，说明此时只有很少一部分节点可以得到自己的位置信息，算法的有效性非常低，这是由 APIT 算法对网络密集性和锚节点分布均匀性的要求导致的。APIT 算法只有在网络布置密集，且锚节点分布均匀的情况下，算法才能有效执行。而改进算法能够以虚拟锚节点的方式不断升级锚节点的数量，因此即使在锚节点数量很少的情况下，依然能够保持 50% 以上的定位覆盖率。

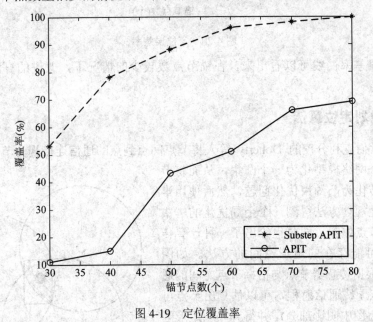

图 4-19　定位覆盖率

定位算法的有效性不能仅通过定位覆盖率来体现，另外一个重要指标是定位的误差率。定位误差率利用公式(4-7)求得。

$$error = \frac{\sum\limits_{i=1}^{n} \sqrt{(x - x_{\text{est}})^2 + (y - y_{\text{est}})^2}}{n \times R} \tag{4-7}$$

其中，(x, y)为节点的真实位置，(x_{est}, y_{est})为节点的估计位置，n为未知节点个数，R为节点通信半径。

定位误差率随锚节点变化曲线仿真图如图 4-20 所示。

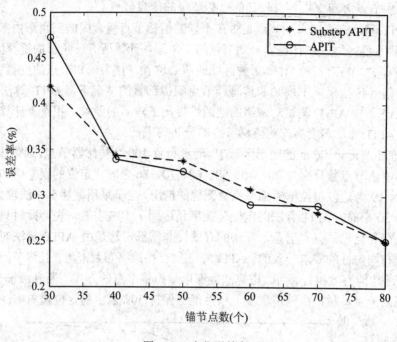

图 4-20　定位误差率

由定位误差率曲线可以看出来，在锚节点数较少的情况下，改进的算法误差率明显较小。

4.3.4　凸规划定位算法

加州大学伯克利分校的 Doherty 等人将节点间点到点的通信连接视为节点位置的几何约束，把整个网络模型化为一个凸集，从而将节点定位问题转化为凸约束优化问题，然后使用半定规划和线性规划方法得到一个全局优化的解决方案，确定节点位置，同时也给出了一种计算传感器节点有可能存在的矩形空间的方法。如图 4-21 所示，根据传感器节点与信标节点之间的通信连接和节点无线通信射程，可以估算出节点可能存在的区域(图中阴影部分)，并得到相应矩形区域，然后以矩形的质心作为传感器节点的位置。

凸规划是一种集中式定位算法，定位误差约等于节点的无线射程(信标节点比例为 10%)。为了高效工作，信标节点需要被部署在网络的边缘，否则外围节点的位置估算会向网络中心偏移。

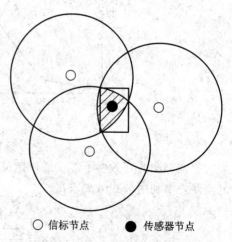

○ 信标节点　　● 传感器节点

图 4-21　凸规划定位算法示意图

—————— 习 题 ——————

1. 简述无线传感器网络定位技术与全球定位系统的区别。

2. 无线传感器网络定位方法一般可以分成几类，各有什么特点？

3. 简述基于 RSSI 的定位方法的思想。

4. 简述 DV-Hop 和 APIT 算法思想。

5. 已知某区域中三个点 $A(7, 4)$、$B(1, 5)$ 和 $C(2, 1)$ 距未知节点 D 的距离分别为 3、2、4，试确定 D 点的具体坐标。

第 5 章　目标跟踪技术

目标跟踪问题可以追溯到第二次世界大战前夕，即 1937 年世界上出现第一部跟踪雷达站 SCR-28 时。之后，各种雷达、红外、声纳和激光等目标跟踪系统相继出现、发展并且日趋完善，并由传统的单传感器单目标跟踪逐渐发展到单传感器多目标跟踪，直到现在的多传感器多目标跟踪。目标跟踪技术无论是在军事还是在民用领域都有着重要的应用价值。在军事上，它可以应用于导弹系统、空防、海防、区域防御和作战监视等；民用方面，可以用于动物迁徙监测研究、生物习性研究、医疗监测、智能玩具、汽车防盗、城市交通管制系统等。

由于传感器节点体积小、价格低廉，又由于无线传感器网络采用无线通信方式，传感器网络部署随机，以及具有自组织性、鲁棒性和隐蔽性等特点，无线传感器网络非常适合于移动目标的定位和跟踪。随着研究的深入，无线传感器网络在目标跟踪应用中的优势越来越明显，归纳起来，包括以下几点：

(1) 跟踪更精确。密集部署的传感器节点可以对移动目标进行精确传感、跟踪和控制，从而可以更详细地显示出移动目标的运动情况。

(2) 跟踪更可靠。由于无线传感器网络的自治、自组织和高密度部署，当节点失效或新的节点加入时，可以在恶劣的环境中自动配置与容错，使得无线传感器网络在跟踪目标时具有较高的可靠性、容错性和鲁棒性。

(3) 跟踪更及时。多种传感器的同步监控，使得移动目标的发现更及时，也更容易。分布式的数据处理、多传感器节点协同工作，使跟踪更加的全面。

(4) 跟踪更隐蔽。由于传感器节点体积小，可以对目标实现更隐蔽的跟踪，同时也方便部署应用。

(5) 成本低。单个传感器节点的成本低，从而降低了整个跟踪的成本。

(6) 耗能低。传感器节点的设计和无线传感器网络的设计都以低耗能为主要目标，这使得在野外工作等没有固定电源或更换电池不便的跟踪应用更加便捷。

因此，对基于无线传感器网络的目标跟踪进行研究，将新出现的先进技术运用于目标跟踪领域，可以改进传统的目标跟踪系统。无线传感器网络在应用于目标跟踪系统时，具有许多优势，同时也带来了一些挑战。比如，传感器的节点能量有限，在绝大多数情况下能量被视为不能更新，因此存在目标跟踪的准确性与网络能量耗费之间的矛盾。在无线传感器网络中，没有中心控制机制，没有中枢网络，也就是说必须采用协作跟踪算法。为了能平衡系统跟踪的准确性和传感器网络的能耗之间的矛盾，传感器节点需要进行大规模的协作及其他的管理操作。目前已经有很多人对基于无线传感器网络的目标跟踪进行研究，但是由于无线传感器网络是一项新的技术，其本身发展都还不是很完善，因此基于无线传感器网络的目标跟踪研究也还在探索阶段，还有许多诸如上述问题有待解决和完善。

5.1　目标跟踪的基本原理及跟踪策略设计要考虑的问题

5.1.1　无线传感器网络中目标跟踪的基本原理

传感器网络由大量体积小、成本低，具有感测、通信、数据处理能力的传感器节点构成，并将大量的传感器节点部署在监测区域内。自组织成网络后，经过多条路由将数据传输到数据中心，供用户使用。传感器网络体系通常包括传感器节点、汇聚节点和管理节点。在不同的应用中传感器网络节点的组成不同，但传感器节点都有传感器模块、处理器模块、无线通信模块和能量供应模块，其中处理器大都选用嵌入式 CPU，通信模块采用休眠/唤醒机制。各模块由一个微型操作系统控制。

传感器网络由大量部署在监测区域内的传感器节点组成，当有目标进入监测区域时，由于目标的辐射特性(通常是红外辐射特征)、声传播特征和目标运动过程中产生的地面震动特征，传感器会探测到相应的信号。

我们假定把 N 个传感器节点部署在监控区域为 S 的区域内，网络总的延时为 T。传感器最大探测半径为 R。任一时刻 t，当有目标以速度 u 进入传感器节点探测半径内时，传感器检测为"1"；否则检测为"0"。当网络探测到目标后便开始利用特定的跟踪算法与通信方式进行目标定位跟踪。

下面定性地讨论现有的三种跟踪策略，以比较其跟踪目标的有效性、节能性以及网络寿命。

(1) 完全跟踪策略：网络内所有探测到目标的传感器节点均参与跟踪。显然，这种策略消耗的能量很大，造成了较大的资源浪费，为数据融合与消除冗余信息增加了负担，但同时这种方法提供了较高的跟踪精度。

(2) 随机跟踪策略：网络内每个节点以其概率参与跟踪，整个跟踪以平均概率进行跟踪。显然，这种策略由于参与跟踪的节点数目得到了限制，因而可以降低能量消耗，但是不能保证跟踪精度。

(3) 协作跟踪策略：网络通过一定的跟踪算法来适时启动相关节点参与跟踪。通过节点间相互协作进行跟踪，既能节约能量又能保证跟踪精度。显然，协作跟踪策略是跟踪算法的最好选择。

为了对跟踪策略有一个基本的理解，首先简单说明一个目标被跟踪的情况。假定一个物体进入了事先布置和组织好的无线传感器网络监测区域，如果感测信息超出了门限，这时每一个处于侦测状态的节点传感器都能探测到物体，然后把探测信息数据包发送给汇聚节点。汇聚节点从网络内收集到数据后对信息进行融合，得出物体是否需要被跟踪的结论，如果目标的确需要被监控，传感器网络在监测区域内将使用一个跟踪运动目标的算法，随着目标的运动，跟踪算法将及时通知合适的节点参与跟踪，简要过程如下：

(1) 网络内节点以一定的时间间隔从休眠状态转换到监测状态，侦测是否有目标出现。

(2) 传感器节点检测到目标进入探测范围后，通过操作系统唤醒通信模块并向网络内广播信息包，记录下目标进入区域所持续的时间。信息包中含有传感器节点身份号码和传感器位置坐标以及目标在探测范围内持续的时间。

(3) 当汇聚节点接收到 K 个节点发送的信息后，由目标跟踪公式计算出目标位置。

(4) 汇聚节点根据接收到的信息和融合信息，通过使用跟踪算法启动相应的节点参与跟踪。

(5) 当目标离开监测区域时，节点向汇聚节点报告自己的位置信息以及目标在节点探测范围内所持续的时间。汇聚节点综合历史数据和新信息形成目标的运动趋势。

5.1.2　无线传感器网络跟踪策略设计要考虑的问题

传感器网络跟踪目标涉及到目标探测、目标定位、通信、数据融合、跟踪算法的设计等很多方面的问题。在跟踪过程中，如果选择不合适的节点参与跟踪，不但跟踪精度较低甚至有可能丢失目标，并且会过多地消耗不必要的能量。同时算法的优劣也直接影响着跟踪的效果。衡量一个跟踪策略是否具有较好的跟踪效果，需要考虑以下问题：

(1) 跟踪精度。跟踪精度是目标跟踪中首先要考虑的一个问题，当然也并不是跟踪精度越高就越好，精度越高意味着算法融合的数据越多，这样会增加能量消耗，所以还要结合能量消耗，综合评价跟踪算法的优劣。

(2) 跟踪能量消耗。由于用无线传感器网络跟踪目标大都应用于实际环境，节点的能量消耗是一个非常关键的问题。因而要求传感器节点最好不但能储备能量(电池)，而且还要根据实际情况可以现场蓄能(太阳能)。跟踪过程中选择合适的节点参与跟踪需要考虑该节点的通信能量消耗、感测能量消耗和计算能量消耗，其中通信能量消耗是最主要的部分。在设计考虑跟踪算法时要综合衡量这几种能量消耗，找到合适的比重，以满足较低的能量消耗，从而延长节点和网络的寿命。

(3) 跟踪的可靠性。网络的可靠性对目标跟踪的质量有很大的影响。当前应用于目标跟踪的方法主要有集中式和分布式，集中式方法要求所有网络节点在探测到目标后都要向汇聚节点发回探测结果，不但引入的通信开销大，而且计算开销也增加很多，这样网络的可靠性下降很快。分布式方法是一种较好的选择，但是也要充分考虑跟踪算法的鲁棒性，能适应环境的变化，以增强网络的可靠性。

(4) 跟踪的实时性。在实际应用中跟踪的实时性是一个很重要的指标，实时性能主要由硬件性能、算法的具体设计以及网络拓扑等多方面决定，在硬件技术飞速发展的今天，算法的实时性与网络拓扑结构的选择便越发显得重要。

5.2　点目标跟踪

5.2.1　双元检测协作跟踪

传感器节点具有体积小和价格低的特点，它的传感器模块功能比较弱。下面介绍最简单的情况，即传感器节点只能进行双元检测(binary-detection)时的目标跟踪。

1. 双元检测

双元检测传感器只有两种侦测状态，即目标处在传感器侦测距离之内或者之外。图 5-1

给出了这种双元传感器的模型，其中实心点表示传感器节点。对于节点的侦测距离 R，当目标距传感器节点的距离在($R-e$)之内时总会被检测到；当目标距节点距离在($R+e$)之外时不会被检测到；当目标距节点距离在($R-e$)和($R+e$)之间时以一定的概率被检测到。通常情况下 $e = 0.1R$。

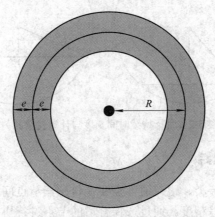

图 5-1 双元检测传感器模型

2. 基于双元检测的协作跟踪

双元检测传感器不能检测它到目标的距离，只能判断目标是否在侦测范围内。因此检测到目标的节点只能确定包含目标的圆形区域，还需要多个节点协作才能确定目标的位置信息。当目标进入侦测区域后，在节点足够密集的情况下，任何时刻都有多个节点同时侦测到目标的位置区域。这些节点侦测范围的重叠区域是一个相对较小的区域，目标就处于这个重叠区域内，这样，就能相对精确地确定目标位置。

由于目标运动具有随机性，要跟踪这样不规则的运动轨迹十分困难。在不影响跟踪结果的条件下，假设目标在节点的侦测范围内匀速运动，从而将目标运动轨迹近似为一条折线。由于单个传感器节点的侦测范围比较小，这样的假设很接近目标的真实运动轨迹。通过大量节点的协作可以进一步提高跟踪精度。双元检测协作跟踪的基本过程如下：

(1) 当节点侦测到目标进入侦测区域时，唤醒自身的通信模块并向邻居节点广播检测到目标的消息。消息中包含节点 ID 以及自身位置信息。同时该节点开始记录目标出现的持续时间。

(2) 如果节点检测到目标出现，同时接收到两个或两个以上节点发送的通告消息，则节点计算目标位置。计算时采用目标在节点侦测范围内的持续时间作为权重。

(3) 当目标离开侦测区域时，节点向汇聚节点发送自己的位置信息以及目标在自己侦测区域内的持续时间信息。汇聚节点根据已有的历史数据和当前获得的最新数据进行线性拟合，计算移动目标的运动轨迹。

双元检测传感器虽然不能确定它到目标的距离，却可确定目标在自己检测范围内的持续时间。如图 5-2 所示，假设移动目标匀速运动，则目标在监测区域内的持续时间越长，就表明它离节点越近，该节点的侦测数据也就越精确。因此检测到目标时间长的节点，它的数据应具有较大的权重。

基于双元检测的协作跟踪适用于简单低廉的传感器节点，并通过大量密集部署节点保证跟踪精度，另外，该协作跟踪需要节点间的时钟同步，并要求节点知道自身的位置信息。

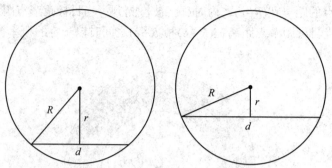

图 5-2　目标持续时间长度与计算权重的关系

5.2.2　信息驱动协作跟踪

对移动目标的侦测、分类、跟踪通常需要在传感器节点间进行协作。对节点跟踪数据的融合能够有效地提高跟踪精度。通过选择合适的节点进行协作能降低节点间的数据通信量，从而节省节点能量和通信带宽。协作跟踪的关键在于如何通过节点间交换跟踪信息实现对目标运动轨迹较为精确的跟踪，同时尽量减少节点的能量消耗。协作跟踪的关键问题包括确定让哪些节点进行跟踪，需要获取哪些侦测数据以及节点间必须交换哪些信息。根据综合考虑节点获得的跟踪信息的有效性和精确度，以及节点完成跟踪任务需要的能量代价来决定哪些传感器节点应参与跟踪过程以及跟踪节点间的协作方式。信息驱动 (information-driven)协作跟踪的核心思想就是传感器节点利用自己侦测到的信息和接收到的其他节点的侦测信息判断目标可能的运动轨迹，唤醒合适的传感器节点在下一时刻参与跟踪活动。由于使用了合适的预测机制，信息驱动的协作跟踪能够有效地减少节点间的通信量，从而节省节点有限的能量资源和通信资源。

1．信息驱动的协作跟踪方法

由于目标运动轨迹没有规律，而且目标还可能作加速或减速运动，因此通过预先选定的一些传感器节点进行目标跟踪会产生一些问题。首先是不能保证有效的跟踪，其次是跟踪效率较低，有些不在目标运动轨迹附近的节点也要参与跟踪。为此，有些学者提出了基于信息驱动的协作跟踪方法，使传感器节点能够通过交换局部信息来选择合适的节点检测目标并传递信息。

图 5-3 表示了一个信息驱动的协作跟踪实例。网络中包括两类传感器节点，分别装有角度传感器和距离传感器。图中的粗线表示目标穿过传感器网络的轨迹，虚线边界圆形区域为传感器节点的侦测范围，用户通过汇聚节点(如图 5-3 中节点 Q)查询目标跟踪信息，要求传感器网络每隔一段时间报告一次目标位置。任何时刻传感器网络中至少有一个节点处于活动状态，负责存放当前目标跟踪状态信息，这个节点称为跟踪节点。随着目标的移动，当前跟踪节点负责唤醒并将现有的跟踪信息传递给下一个跟踪节点。目标进入传感器区域时，离目标最近的节点 a 获得目标位置的初始估计值，并计算出下一时刻节点 b 进行跟踪时能够保证侦测数据的精度，使自己到节点 b 的通信代价在规定的范围内，则将获得的目标位置估计值传给节点 b。b 使用相同的标准选择下一个跟踪节点 c，这个过程不断重复直

到目标离开传感器网络侦测区域。每隔一段时间节点就将目标的位置信息返回给汇聚节点。

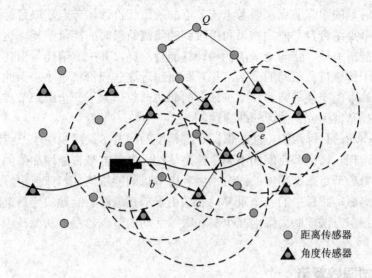

图 5-3　信息驱动的协作跟踪实例

2. 跟踪节点的选择

信息驱动的协作跟踪的核心问题是如何选择下一时刻的跟踪节点。如果选择了不合适的节点，传感器网络可能会丢失跟踪目标或者产生多余的通信代价。选取下一时刻最优跟踪节点的策略需要综合考虑该节点侦测数据对结果的影响以及当前节点到该节点的通信代价，如何以较小的能量消耗代价来提高目标位置估计的准确性。

1) 侦测精度评估

结合附近传感器节点的数据，能提高当前目标位置估计结果的精确性。传感器节点并不是都能提供可靠的信息，而且有些数据信息虽然有效，却是冗余的。因此就要寻找一个最优化的节点子集，并且确定这些节点数据加入目标位置估计过程的最佳顺序。

通过计算传感器节点到当前目标的有效估测范围的均值，可以评价节点数据的有效性。假设目标位置的估计服从高斯分布，则可以用不确定性椭圆表示。如图 5-4 所示，实线椭圆表示当前目标位置估计，虚线椭圆表示在下一时刻结合了传感器节点 S_1 或 S_2 的测量值后的目标位置估计。结合传感器节点 S_1 或 S_2 的测量值都可能提高对当前目标状态估计的精确性，但由于传感器节点 S_1，S_2 位置不同，得到的估计结果也不同。虽然分别结合这两个节点侦测数据后的估计结果都会减少不确定性椭圆的面

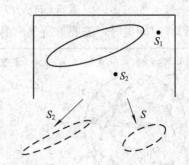

图 5-4　基于信息增益的传感器选择

积，但大小不同，选择令椭圆面积更小的节点作为下一个跟踪节点。若减少了相同面积，但如果结合节点 S_2 侦测数据后不确定性椭圆仍然有很长的长轴，而结合节点 S_1 侦测数据后椭圆的长轴大大缩短，考虑到高斯分布中不确定性椭圆的长轴越长则表示不确定性越高，因此选取 S_1 作为新的跟踪节点能够得到对目标位置更加精确的估计。

2) 代价评估

选择下一时刻的跟踪节点需要考虑该节点的通信代价、该节点获取目标位置信息的消耗代价以及该节点结合自身侦测结果和接收到的侦测结果时的能量消耗。这三部分能量消耗分别是通信能量消耗、感应能量消耗和计算能量消耗，其中通信能量消耗是主要部分。一般来说，对于传感特征相同的节点，相互距离越近这些代价将越小。因此跟踪节点选择令目标位置估计不确定性椭圆面积减少最多的邻居节点作为下一个跟踪节点，将能以较小的能量消耗来提高目标位置估计的准确性。

基于信息驱动的目标跟踪方法在保证跟踪精度的同时尽量减少由于节点间不必要的通信带来的能量消耗。衡量节点间的不确定性是估计一个节点是否能增加侦测精度的一种可行方法。而在考虑节点跟踪精度的同时也要考虑节点间能量消耗。如何更好地结合这两个因素是未来信息驱动跟踪中的一个重要问题。由于节点能够智能地决定后继跟踪节点，所以信息驱动的跟踪方法能够大幅地减少参加跟踪活动的节点数量，从而减少整个网络的能量消耗。

5.2.3　传送树跟踪算法

目前大多数传感器网络跟踪算法都是集中式的，传感器节点需要把跟踪信息传送到数据中心去进行综合处理。本节介绍的基于传送树的跟踪算法是一种分布式算法，节点只在本地收集数据并通过局部节点交换信息以完成目标跟踪。

传送树(convey tree)是一种由移动目标附近的节点组成的动态树型结构，并且会随着目标的移动，动态地添加或者删除一些节点。移动目标附近的节点通过传送树结构进行协作跟踪，在保证对目标进行高效跟踪的同时减少节点间的通信开销。

图 5-5 表示通过传送树进行目标跟踪的过程。如图 5-5(a)所示，目标进入侦测区域时，在探测到目标的传感器节点中选出一个根节点，并构造出初始传送树。传送树上每个节点周期性发出侦测信息，并传送到根节点。根节点收集传送树上所有节点的侦测报告，进行数据融合处理，并将处理结果发送到汇聚节点。随着目标的移动，传送树删除那些距离目标越来越远的节点，唤醒目标移动方向上的节点并将其加入传送树。当目标与根节点的距离超过一定阈值时，需要重新选出根节点并重新构造传送树，如图 5-5(b)所示。

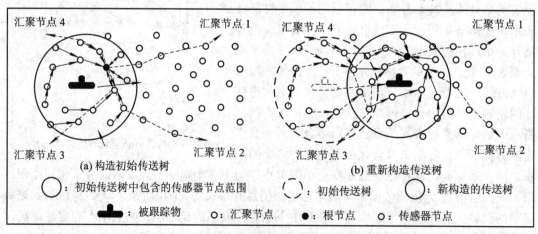

图 5-5　基于动态传送树的目标跟踪

为了节省传感器节点的能量，传感器网络采用网格状的分簇结构。簇内节点周期性地担任簇头节点。当该网格没有侦测事件发生时，只有簇头节点处于工作状态，普通节点则处于休眠状态。当移动目标进入网格时，簇头节点负责唤醒单元格中的其他节点。传送树跟踪算法包括如下 3 个关键问题：当目标第一次出现在监视区域中时，构造一棵初始传送树；随着目标的移动对传送树进行调整；当根节点距离目标超过阈值时重新选出根节点并重构传送树。

1. 初始传送树的建造

当目标第一次进入传感器网络的侦测区域时，它附近的簇头节点会探测到目标，并且立刻唤醒网格内的其他节点。被唤醒的节点相互交换自己到目标的距离，并选出当前距离目标最近的节点作为传送树的根节点。如果几个节点到目标的距离相同，就选择节点号小的节点作为根节点。

选举根节点的过程分为两个阶段：第一阶段中，每个工作节点都广播一个选举消息给所有的邻居节点，选举消息包括本节点到目标的距离以及节点号信息。如果某个节点在所有邻居节点中到目标的距离最短，则该节点成为根节点的候选者；否则，它就放弃竞选根节点并选择邻居中距离目标最近的节点作为父节点。第二阶段，每个根节点候选者向整个网络广播胜利者消息，胜利者消息仍然包括自己到目标的距离以及节点号信息。如果某个候选者收到一个胜利者消息，而且该胜利者到目标的距离比自己到目标的距离小，它就放弃竞选根节点并且选择转发胜利者消息的节点作为父节点。最终选出距离目标最近的节点成为传送树的根节点，其他能够侦测到目标的节点都连接至该传送树。

2. 传送树的调整

由于目标的移动，传送树上有些节点不再能够侦测到目标，而另外一些处于目标移动方向上的节点需要加入传送树。当传送树上的节点发现自己不能侦测到目标时，向父节点发出通告，父节点将其从传送树上删除。为了确定需要加入传送树的节点，目前提出了保守机制和预测机制两种方法。这两种方法都由根节点计算需要增加的节点。

在如图 5-6(a)所示的保守机制中，到当前目标位置的距离小于 $v_t + \beta + ds$ 的节点都将包含在传送树中。其中，v_t 是目标当前的移动速度，β 是一个全局参数，ds 是节点监控区域的半径。这个方案假设目标以小于 $v_t + \beta$ 的速度向任意方向移动。为了令下一时刻凡侦测到目标的节点都位于传送树上，参数 β 应该足够大。但如果 β 过大，传送树将包含许多冗余节点。

为减少保守机制中的冗余节点，有些学者提出了一种预测机制。该机制假设可以通过一定的方向预测技术判断出目标未来的位置。只有处在预测监控范围内的节点才能加入传送树。如图 5-6(b)所示，只有那些到目标预测位置的距离小于 ds 的节点才会加入传送树。由于目标的移动方向不会频繁的改变，所以预测机制能够在大大减少冗余节点的同时保证对目标的跟踪。

确定需要加入传送树的节点后，根节点向这些节点所在网格的簇头节点发送通告信息，并由簇头节点唤醒它们。这些节点将选择自己邻居中到目标距离最近的节点作为父节点。

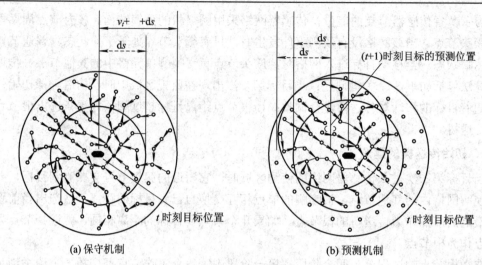

（a）保守机制　　　　　　　　　　　　　　（b）预测机制

图 5-6　基于动态传送树的目标跟踪

3. 传送树的重构

当目标到根节点的距离超过一定阈值时，需要重构传送树以保证对目标的跟踪。这个阈值为 $d_m + a + v_t$。其中 d_m 表示最小的重构距离，v_t 为 t 时刻的目标速度，a 为一个小数。

重构传送树仍旧按照上述算法选举距离目标最近的节点作为新的根节点。当新的根节点选出后，要进行根的迁移。由于当前根节点只知道新的根节点离目标较近，所以原先的根节点先寻找目标当前的单元格，然后向该单元格的头节点发送迁移请求。收到请求后，头节点把这个消息发给新的根节点。在根节点改变后，网络需要重构传送树以使收集各节点数据的能量消耗最小。新的根节点先广播一个重组消息给它的邻居。收到重组消息的节点在重组信息包中加入自身的位置信息和与根节点通信的代价信息，并继续广播。当其余任何节点收到重组消息后，都等待一定的时间以便收集所有发送给自己的重组消息。然后，每个节点选择与根节点的通信代价最小的邻居节点作为自己的父节点。这个过程将持续到监控区域内的所有节点都加入到树中为止。

传送树是传感器节点协作跟踪的一种可行方案，移动目标附近的节点通过加入传送树将侦测信息汇聚到树根节点。通过增加和删除适当的节点以及重构传送树，可以保证对目标的有效跟踪。选择距离目标最近的节点作为根节点，并且每个节点只将自己的数据传送给父节点，从而降低了数据传输的冗余性。使用分簇的拓扑结构也减少了整个网络的能量消耗。但是根节点需要进行数据融合和新节点的计算，能量消耗比较大。

5.3　面目标跟踪

传感器网络跟踪中，很多情况下需要跟踪面积较大的目标，例如森林火灾中火灾边缘的推进轨迹，台风的行进路线等。在这种情况下仅仅通过局部节点的协作无法侦测到完整的目标移动轨迹，为此有些学者提出使用对偶空间转换的方法决定由哪些节点参与跟踪，以保证对目标移动轨迹的完整侦测。

5.3.1　对偶空间转换

考虑初始二维空间的直线 $y = \alpha x + \beta$，它由 α 和 β 两个参数唯一确定，其中 α 表示斜率，β 表示截距。定义这条直线的两个参数在初始空间的对偶空间中用点 $(-\alpha,\ \beta)$ 表示。同样地，初始空间中的点 $(a,\ b)$ 定义了对偶空间中的一条直线 $\Phi = a\theta + b$。这是一个一一映射关系，如图 5-7 所示。

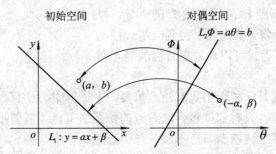

图 5-7　初始空间与对偶空间的映射关系

假设将面积较大的目标看成一个半平面，则它的边界就是一条直线。对偶空间变换就是将每个传感器节点映射为对偶空间中的一条直线，将目标的边界映射为对偶空间中的一个点。这样，在初始空间中无规律分布的传感器节点在对偶空间中便成为许多相交的直线，并将对偶空间划分为众多子区域，而跟踪目标的边界映射到对偶空间中则是一个点，并处于某个子区域中，如图 5-8 所示。这个子区域对应的几条相交直线就是离目标最近的传感器节点，再通过到初始空间的逆变换确定此时需要的跟踪节点。

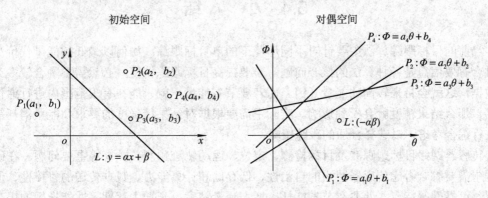

图 5-8　对偶空间映射

通过对偶跟踪的方法，跟踪问题转换为在对偶空间中寻找包括目标边界映射点的子区域。当目标移动时，映射点会进入其他子区域，这时需要唤醒新区域中的节点进行跟踪，而让原有区域中不再属于新区域的节点转入休眠状态。

5.3.2　对偶空间跟踪算法

假设传感器节点知道自己是否处于跟踪目标的半平面内，并且处于该半平面内的节点将自己标记为 0，不在该半平面内的节点将自己标记为 1。如图 5-9 所示，假设节点 P_1 坐标为 $(x_1,\ y_1)$，目标边缘 L 的方程为 $y = ax + b$，由于点 P_1 处于直线 L 上方，因此有

$$y_1 > ax_1 + b \qquad (5\text{-}1)$$

当节点 P_1 和直线 L 都映射到对偶空间后，P_1 对应直线 $y = x_1x + y_1$，对应坐标点 $(-a, b)$，因此有

$$b < (-x_1a + y_1) \qquad (5\text{-}2)$$

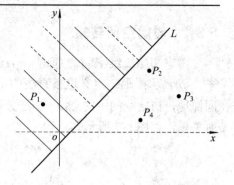

图 5-9　节点与目标边缘关系

即在对偶空间中，点 P_1 处于直线 L 的下方。每个节点都进行这样的计算，从而可以得到一组线性不等式，通过这组线性不等式可以计算出目标映射点在对偶空间中的子区域。

对偶空间跟踪算法是一种集中式算法，需要一个计算中心计算当前需要的跟踪节点，并向这些节点发出指令。只有那些包含映射点的传感器节点才需要被激活。通过数学方法可以证明，在由任意多个传感器节点形成的任何直线集合中，确定一个子区域的平均直线数量至多是 4 个。所以对偶空间跟踪算法需要较少的跟踪节点就能完成跟踪任务，从而有效地节省能量。

仅通过局部传感器节点的协作很难有效地跟踪大面积目标。通过将侦测目标转换为寻找目标边界的行进轨迹，可以有效地简化跟踪目标的难度。利用对偶空间转换，将边界变换为点，将传感器节点转换为直线，能够有效地确定跟踪节点。但是这种方法需要一个中心节点来实现算法并进行调度，增大了网络传输负载，也缺乏足够的实时性。

5.4　小　　结

当前的目标跟踪算法主要针对不同环境下的单目标跟踪。如何以最低的能量代价高效地融合有效信息是各种算法的核心问题。若要提高目标跟踪精度，必然需要融合较多节点的数据，这就会带来较高的能量开销。而若要节省能量，就只能在有限范围内进行通信和计算，那么结果精度就会受到影响。实际中需要根据对结果精确度的要求和能量消耗等方面进行综合考虑，以选择合适的跟踪策略。

传感器网络目标跟踪涉及目标检测、定位、运动轨迹预测、预警等重要问题。在研究过程中需要综合考虑传感器网络的自治性、低存储和计算能力、数据传送的鲁棒性、通信延迟、可靠性等特点，并要在节省能耗、增大测量精度、延长生存期等性能指标的提高上进行更深入的研究。

———————　习　　题　———————

1．简述无线传感器网络中的目标跟踪的概念。
2．无线传感器网络中的目标跟踪的常用方法有哪些，简述其实现思想。

第 6 章　时间同步技术

时间同步是传感器网络技术研究领域里的一个新热点，它是无线传感器网络应用的重要组成部分，很多无线传感器网络的应用都要求传感器网络节点的时钟保持同步。

在集中式管理的系统中，事件发生的顺序和时间都比较明确，没有必要进行时间同步。但在分布式系统中，不同节点都具有自己的本地时钟，由于不同节点的晶体振荡器频率存在偏差，以及受到温度变化和电磁干扰等，即使在某个时刻所有节点都达到时间同步，它们的时间也会逐渐出现偏差。在分布式系统的协同工作中，节点间的时间必须保持同步，因此时间同步机制是分布式系统中的一个关键机制。

在无线传感器网络的应用中，传感器节点将感知到的目标位置、时间等信息发送到传感器网络中的首领节点，首领节点在对不同传感器发送来的数据进行处理后便可获得目标的移动方向、速度等信息。为了能够正确地监测事件发生的次序，就必须要求传感器节点之间实现时间同步。在一些事件监测的应用中，事件自身的发生时间是相当重要的参数，这要求每个节点维持唯一的全局时间以实现整个网络的时间同步。

本章主要介绍无线传感器网络中的时间同步技术。

6.1　无线传感器网络的时间同步机制

6.1.1　影响无线传感器网络时间同步的关键因素

准确地估计消息包的传输延迟，通过偏移补偿或漂移补偿的方法对时钟进行修正，是无线传感器网络中实现时间同步的关键。目前绝大多数的时间同步算法都是对时钟偏移进行补偿，由于对漂移进行补偿的精度相对较高且比较难实现，所以对漂移进行补偿的算法相对少一些。

在无线传感器网络中，为了完成节点间的时间同步，消息包的传输是必须的。为了更好地分析包传输中的误差，可将消息包收发的时延分为以下六个部分。

(1) 发送时间(Send Time)：发送节点构造一条消息和发布发送请求到 MAC 层所需的时间，包括内核协议处理、上下文切换时间、中断处理时间和缓冲时间等，它取决于系统调用开销和处理器当前负载，可能高达几百毫秒。

(2) 访问时间(Access Time)：消息等待传输信道空闲所需的时间，即从等待信道空闲到消息发送开始时的延迟，它是消息传递中最不确定的部分，与低层 MAC 协议和网络当前的负载状况密切相关。在基于竞争的 MAC 协议如以太网中，发送节点必须等到信道空闲时才能传输数据，如果发送过程中产生冲突需要重传。无线局域网 IEEE 802.11 协议的

RTS/CTS 机制要求发送节点在数据传输之前先交换控制信息，获得对无线传输信道的使用权；TDMA 协议要求发送节点必须得到分配给它的时间槽时才能发送数据。

(3) 传输时间(Transmission Time)：发送节点在无线链路的物理层按位(bit)发射消息所需的时间，该时间比较确定，取决于消息包的大小和无线发射速率。

(4) 传播时间(Propagation Time)：消息在发送节点到接收节点的传输介质中的传播时间，该时间仅取决于节点间的距离，与其他时延相比这个时延是可以忽略的。

(5) 接收时间(Reception Time)：接收节点按位(bit)接收信息并传递给 MAC 层的时间，这个时间和传输时间相对应。

(6) 接收处理时间(Receive Time)：接收节点重新组装信息并传递至上层应用所需的时间，包括系统调用、上下文切换等时间，与发送时间类似。

6.1.2　无线传感器网络时间同步机制的基本原理

无线传感器网络中节点的本地时钟依靠对自身晶振中断计数实现，晶振的频率误差和初始计时时刻不同，使得节点之间的本地时钟不同步。若能估算出本地时钟与物理时钟的关系或者本地时钟之间的关系，就可以构造对应的逻辑时钟以达成同步。节点时钟通常用晶体振荡器脉冲来度量，所以任意一节点在物理时刻的本地时钟读数可表示为

$$c_i(t) = \frac{1}{f_0} \int_0^t f_i(\tau) \, \mathrm{d}\tau + c_i(t_0) \tag{6-1}$$

其中，$f_i(\tau)$ 是节点 i 晶振的实际频率，f_0 为节点晶振的标准频率，t_0 代表开始计时的物理时刻，$c_i(t_0)$ 代表节点 i 在 t_0 时刻的时钟读数，t 是真实时间变量。$c_i(t_0)$ 是构造的本地时钟，间隔 $c(t) - c(t_0)$ 被用来作为度量时间的依据。由于节点晶振频率短时间内相对稳定，因此节点时钟又可表示为

$$c_i(t) = a_i(t - t_0) + b_i \tag{6-2}$$

对于理想的时钟，有 $r(t) = \dfrac{\mathrm{d}c(t)}{\mathrm{d}t} = 1$，也就是说，理想时钟的变化速率 $r(t)$ 为 1，但工程实践中，因为温度、压力、电源电压等外界环境的变化往往会导致晶振频率产生波动，因此，构造理想时钟比较困难，但一般情况下，晶振频率的波动幅度并非任意的，而是局限在一定的范围之内：

$$1 - \rho \le \frac{\mathrm{d}C(t)}{\mathrm{d}t} \le 1 + \rho \tag{6-3}$$

其中，ρ 为绝对频差上界，由制造厂家标定，一般 ρ 多在 1 ppm～100 ppm 之间，即一秒钟内会偏移 1 μs～100 μs。

在无线传感器网络中主要有以下三个原因导致传感器节点间时间的差异：

(1) 节点开始计时的初始时间不同；

(2) 每个节点的石英晶体可能以不同的频率跳动，引起时钟值的逐渐偏离，这个误差称为偏差误差；

(3) 随着时间地推移，时钟老化或随着周围环境如温度的变化而导致时钟频率发生的变化，这个误差称为漂移误差。

对任何两个时钟 A 和 B，分别用 $C_A(t)$ 和 $C_B(t)$ 来表示它们在 t 时刻的时间值，那么，偏移可表示为 $C_A(t) - C_B(t)$，偏差可表示为 $\dfrac{dC_A(t)}{dt} - \dfrac{dC_B(t)}{dt}$，漂移(drift)或频率(frequency)可表示为 $\dfrac{\partial^2 C_A(t)}{\partial t^2} - \dfrac{\partial^2 C_B(t)}{\partial t^2}$。

假定 $c(t)$ 是一个理想的时钟。如果在 t 时刻，有 $c(t) = c_i(t)$，则称时钟 $c_i(t)$ 在 t 时刻是准确的；如果 $\dfrac{dc(t)}{dt} = \dfrac{dc_i(t)}{dt}$，则称时钟 $c_i(t)$ 在 t 时刻是精确的；而如果 $c_i(t) = c_k(t)$，则称时钟 $c_i(t)$ 在 t 时刻与时钟 $c_k(t)$ 是同步的。上面的定义表明：两个同步的时钟不一定是准确或精确的，时间同步与时间的准确性和精度没有必然的联系，只有实现了与理想时钟(即真实的物理时间)的完全同步之后，三者才是统一的。对于大多数的传感器网络应用而言，只需要实现网络内部节点间的时间同步，这就意味着节点上实现同步的时钟可以是不精确甚至是不准确的。

本地时钟通常由一个计数器组成，用来记录晶体振荡器产生脉冲的个数。在本地时钟的基础上，可以构造出逻辑时钟，目的是通过对本地时钟进行一定的换算以达成同步。节点的逻辑时钟是任一节点 i 在物理时刻 t 的逻辑时钟读数，可以表示为 $LC_i(t) = la_i \times C_i(t) + lb_i$，其中 $c_i(t_0)$ 为当前本地时钟读数，la_i、lb_i 分别为频率修正系数和初始偏移修正系数。采用逻辑时钟的目的是对本地任意两个节点 i 和 j 实现同步。构造逻辑时钟有以下两种途径：

一种途径是根据本地时钟与物理时钟等全局时间基准的关系进行变换。将公式(6-2)反变换可得

$$t = \frac{1}{a_i} C_i(t) + \left(t_0 - \frac{b_i}{a_i} \right) \tag{6-4}$$

将 la_i、lb_i 设为对应的系数，即可将逻辑时钟调整到物理时间基准上。

另一种途径是根据两个节点本地时钟的关系进行对应换算。由公式(6-2)可知，任意两个节点 i 和 j 的本地时钟之间的关系可表示为

$$c_j(t) = a_{ij} c_i(t) + b_{ij} \tag{6-5}$$

其中 $a_{ij} = \dfrac{a_j}{a_i}$，$b_{ij} = b_j - \dfrac{a_j}{a_i} b_i$。将 la_i、lb_i 设为对应 a_{ij}、b_{ij} 构造出的一个逻辑时钟的对应系数，即可与节点的本地时钟达成同步。

以上两种方法都估计了频率修正系数和初始偏移修正系数，精度较高；对于低精度类的应用，还可以简单地根据当前的本地时钟和物理时钟的差值或本地时钟之间的差值进行修正。

一般情况下，都采用第二种方法进行时钟间的同步，其中 a_{ij} 和 b_{ij} 分别称为相对漂移和相对偏移。公式(6-5)给出了两种基本的同步原理，即偏移补偿和漂移补偿。如果在某个时刻，通过一定的算法求得了 b_{ij}，也就意味着在该时刻实现了时钟 $c_i(t)$ 和 $c_j(t)$ 的同步。偏移补偿同步没有考虑时钟漂移，因此同步时间间隔越大，同步误差越大，为了提高精度，可

以考虑增加同步频率；另外一种解决途径是估计相对漂移量，并进行相应的修正来减小误差。可见漂移补偿是一种有效的同步手段，在同步间隔较大时效果尤其明显。当然实际的晶体振荡器很难长时间稳定地工作在同一频率上，因此，综合应用偏移补偿和漂移补偿才能实现高精度的同步算法。

6.2　现有时间同步技术分析

鉴于时间同步在无线传感器网络应用中的基础性作用，必须研究实用的无线传感器网络的时间同步算法。目前，已经有了很多此类算法的应用，根据一对节点间同步的不同实现机制将目前提出的典型的时间同步算法分为三类：基于接收者和接收者的时间同步机制、基于发送者和接收者的双向时间同步机制和基于发送者和接收者的单向时间同步机制。

6.2.1　基于接收者和接收者的时间同步机制

基于接收者和接收者的时间同步机制充分利用了无线数据链路层的广播信道特性，引入一个节点作为辅助节点，由该节点广播一个参考分组，在广播域内的一组接收节点接收到这个参考分组，通过比较各自接收到消息的本地时间，实现它们之间的时间同步。

1. RBS 时间同步机制

J.Elson 等人提出的 RBS 协议是基于接收者和接收者时间同步机制的代表协议，基本原理如图 6-1 所示。发送节点广播一个参考(reference)分组，广播域中两个节点都能够接收到这个分组，每个接收节点分别根据自己的本地时钟记录接收到参考分组的时刻，然后交换它们记录的参考分组的接收时间。两个接收时间的差值相当于两个接收节点间的时间差值，其中一个节点根据这个时间差值更改它的本地时间，从而达到两个接收节点的时间同步。

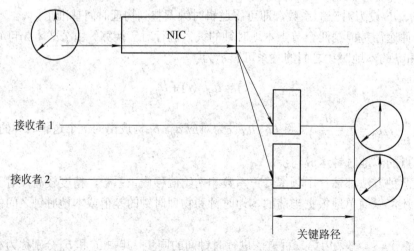

图 6-1　RBS 时间同步机制的基本原理

RBS 机制中不是通告发送节点的时间值，而是通过广播同步参考分组来实现接收节点间的相对时间同步，参考分组本身不需要携带任何时标，也不需要知道是何时发送出去的。

影响 RBS 机制性能的主要因素包括接收节点间的时钟偏差(时钟歪斜)、接收节点的非确定性因素、接收节点的个数等。为了提高时间同步的精度，RBS 机制采用了统计技术，通过多次发送参考消息，获得接收节点之间时间差异的平均值。对于时钟偏差问题，采用了最小平方的线性回归方法进行线性拟合，直线的斜率就是两个节点的时钟偏差，直线上的点则表示节点间的时间差。

无线传感器网络的范围常常比单个节点的广播范围还要大，在这种情况下，RBS 机制也能发挥作用。如图 6-2 所示，节点 A 和 B 同时发送一个同步脉冲，它们之间不能直接互相通信，但是它们都可以跟节点 4 通信，节点 4 就可以把它们的时钟信息关联起来。

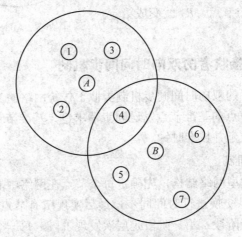

图 6-2　RBS 多跳时间同步的简单拓扑结构

2. Adaptive RBS 时间同步机制

Adaptive RBS 时间同步机制是由 Santashil PalChaudhuri 等人提出的基于 RBS 同步协议机制的自适应 RBS 时间同步协议。

自适应 RBS 时间同步协议在传感器节点启动模式下进行，需要同步的节点发送一个请求分组，该分组会广播到发送传感器节点上，此时传感器节点会启动同步机制，并周期性循环执行。该机制的具体执行过程如下：

(1) 发送节点广播 n 个参考分组，每一个分组包含两个计数器、一个记录循环次数、当前循环中参考分组的号码。

(2) 当接收节点接收到每一个参考分组时，它们根据本地时钟记录接收时间。接收节点把 n 个接收时间利用线性拟合方法拟合一条曲线。

(3) 接收节点给发送节点返回一个分组，其中包括曲线斜率和曲线上的一点。返回的分组在一定的时间间隔内抖动，这样不同接收节点返回的分组就不容易发生碰撞。

(4) 发送节点把这些斜率组合起来，然后广播包含自身和所有返回消息的接收节点之间的相对时钟歪斜斜率的分组。

(5) 每一个接收节点接收到这个分组之后，可以计算它自己在一个特殊发送节点的广播区域内相对于其他接收节点的斜率。那样，发送节点广播区域内的所有接收节点的时钟歪斜和时钟偏移量就都能得到。

Adaptive RBS 时间同步机制中的多跳同步和 RBS 机制中的不一样，它利用分层技术来实现多跳同步,不要求必须有节点存在于两个广播域的交界处。把不需要任何同步的发送节点叫做第 0 层的发送节点,一个在第 0 层发送节点广播区域内的传感器节点可以作为距离第 0 层是第二跳的需要同步的传感器节点的发送者,以此类推。如图 6-3 所示,节点 R_1、R_2、R_3 和 R_4 是在发送节点 S 的广播区域内,使用单跳协议,节点 R_1、R_2、R_3、R_4 彼此之间进行同步,假设 R_2 是第一个结束参考广播的节点,R_2 就变成第一层的发送者。

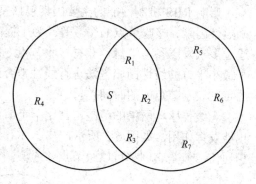

图 6-3　Adaptive RBS 多跳时间同步

6.2.2　基于发送者和接收者的双向时间同步机制

基于发送者和接收者的双向时间同步机制类似于传统网络的 NTP 协议,即基于客户机—服务器架构。待同步节点向基准节点发送同步请求包,基准节点回馈包含当前时间的同步包,待同步节点估算时延并校准时钟。

1. TPSN 时间同步机制

TPSN 协议采用层次型网络结构,先确定每个节点在网络中的级别,然后每个节点与它上一级的节点通过消息交换进行时间同步,最后实现所有节点都与根节点同步。TPSN 协议的主要思想分为两个阶段:第一阶段是层次发现阶段,每一个节点赋予一个级别,第 i 级的节点至少要能够和一个第($i-1$)级的节点通信;第二阶段是时间同步阶段,实现所有树节点的时间同步,第 i 级的节点与第($i-1$)级的一个节点同步,最终所有节点都能在时间上与根节点同步,从而实现整个网络的时间同步。

在层次发现阶段,根节点被赋予级别 0,根节点通过广播级别发现分组(level discovery packet)启动层次发现阶段(level discovery phase),其中广播的级别发现分组中包含了根节点的级别和 ID,根节点的邻节点收到这个级别发现分组(其中包含的级别为 0)之后,将分组中的级别加 1 作为自己的级别,然后继续广播带有自身级别的级别发现分组(其中包含的级别为 1),依次类推,直到网络中每一个节点都有了自己的级别。在时间同步阶段,采用双向的消息交换来实现时间同步,图 6-4 中给出了相邻节点间同步的消息交换过程。

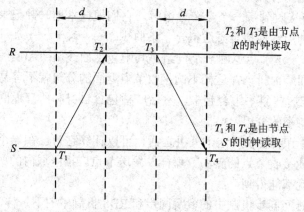

图 6-4　相邻节点 S 和 R 之间的消息交换

T_1 和 T_4 是由节点 S 的本地时钟读取的数据，T_2 和 T_3 是由节点 R 的本地时钟读取的数据。节点 S 在 T_1 时间发送同步请求分组，该分组中包含了节点 S 的级别和时间 T_1，节点 R 在 T_2 时间收到这个同步请求分组，这里 $T_2 = T_1 + \varDelta + d$，其中 $\varDelta$ 为时钟偏差，d 为消息传输延迟。节点 R 在 T_3 时间给节点 S 发送应答分组，节点 S 在 T_4 时间($T_4 = T_3 - \varDelta + d$)收到这个应答分组，由于在应答分组中包含了节点 R 的级别和时间 T_1、T_2、T_3 的信息，这样节点 A 就可以根据公式(6-6)计算出时间偏差 $\varDelta$，从而修正自己的时钟。公式(6-7)为消息传输延迟的计算公式

$$\varDelta = \frac{(T_2 - T_1) - (T_4 - T_3)}{2} \tag{6-6}$$

$$d = \frac{(T_2 - T_1) + (T_4 - T_3)}{2} \tag{6-7}$$

层次结构建立以后，根节点通过广播时间同步分组启动同步阶段，第 1 级节点收到这个分组之后，各自分别等待一段随机时间，通过与根节点交换消息从而与根节点同步，第 2 级节点侦听到第 1 级节点的交换消息之后，后退和等待一段随机时间，并与第 1 级的节点交换消息进行同步，这样每个节点和上一级的节点同步，最终所有节点都能与根节点同步。

2. LTS 时间同步机制

LTS(Lightweight tree-based Synchronization)同步机制的设计是为了在低成本、低复杂度的传感器网络中实现传感器节点的时间同步，该协议侧重最小化同步的能量开销，减少时间同步协议的复杂度。在分析单跳节点之间基于发送−接收方式的时间同步机制基础上提出了集中式和分布式两类 LTS 多跳时间同步算法。

集中式多跳时间同步算法是单跳时间同步算法的简单线性扩展，算法首先构造了一个包括所有节点具有较低深度的生成树 T，然后沿着树 T 的边进行成对同步。参考节点通过与所有它的直接孩子节点进行成对同步来初始化整个同步过程，参考节点的孩子节点又与它们自己的孩子节点进行成对同步。整个过程直到 T 的叶子节点被同步时终止，算法的运行时间与树的深度成比例。由于 LTS 算法只沿生成树的边进行成对同步，所以成对同步次数是生成树边数的线性函数，这与简单地将成对同步扩展到多跳同步的方法相比，极大地减少了成对同步的系统开销，但也在一定程度上降低了同步的精度。树的生成算法有两种：分布式深度优先搜索算法和"Echo"算法。集中式多跳 LTS 算法中参考节点就是树的根节点，如果需要可以进行"再同步"。通过假设时钟漂移被限定和给出需要的精确度，参考节点计算单个同步步骤有效的时间周期。

在分布式多跳同步算法中，任何节点需要重同步的时候都可以发起同步请求，从参考节点到需要同步的节点路径上的所有节点采用节点对的同步方式，逐跳实现与参考节点的时间同步。该算法中，每个节点决定自己同步的时间，算法中没有利用树结构。当节点 i 决定需要同步(利用预想得到的精确度与参考节点的距离和时钟漂移)，它发送一个同步请求给最近的参考节点(利用现存的路由机制)。然后，所有沿着从参考节点到节点 i 的路径的节点必须在节点 i 同步以前已经同步。这个方案的优点就是一些节点可以减少传输事件，因此可以不需要频繁的同步。所以，节点可以决定它们自己的同步，节省了不需要的同步。

另一方面，让每个节点决定再同步可以推进成对同步的数量，因为对于每个同步请求，沿着参考节点到再同步发起者的路径的所有节点都需要同步，所以为了减少开销，可以进行同步请求消息的合并。

当需要完成所有节点的时间同步时，采用集中式多跳同步算法更为有效，当部分节点需要频繁同步时，分布式机制需要相对少量的成对同步。

3. Tiny-Sync 和 Mini-Sync 时间同步机制

Tiny-Sync 算法和 Mini-Sync 算法是由 Sichitiu 和 Veerarittiphan 提出的两种用于无线传感器网络的时间同步算法。通常情况下，节点 i 的硬件时钟是时间 t 的单调非递减的函数，用来产生实时时间的晶体频率依赖于周围环境条件，在相当长一段时间内可以认为保持不变。由于节点之间时钟频偏和时钟相偏往往存在差异，但是它们的时钟频偏或相偏之间的差值在一段时间内保持不变，所以根据节点之间的线性相关性，可以得出

$$t_1(t) = a_{12}t_2(t) + b_{12} \tag{6-8}$$

其中，a_{12} 和 b_{12} 分别表示两个时钟之间的相对时钟频偏和相对时钟相偏。Tiny-Sync 算法和 Mini-Sync 算法采用传统的双向消息设计来估计节点时钟间的相对漂移和相对偏移。节点 1 给节点 2 发送探测消息，时间戳是 t_0，节点 2 在接收到消息后产生时间戳 t_b，并且立刻发送应答消息。最后节点 1 在收到应答消息时产生时间戳 t_r，利用这些时间戳的绝对顺序和公式(6-8)可以得到下面的不等式：

$$t_0(t) < a_{12}t_b(t) + b_{12} \tag{6-9}$$
$$t_r(t) > a_{12}t_b(t) + b_{12} \tag{6-10}$$

三个时间戳(t_0, t_b, t_r)叫做数据点，Tiny-Sync 算法和 Mini-Sync 算法利用这些数据点进行工作。随着数据点数目的增多，算法的精确度也不断提高。每个数据点遵循相对漂移和相对偏移的两个约束条件，图 6-5 描述了数据点加在 a_{12}、b_{12} 上的约束。Tiny-Sync 算法中每次获得新的数据点时，首先和以前的数据点比较，如果新的数据点计算出的误差大于以前数据点计算出的误差，则抛弃新的数据点，否则就采用新的数据点，而抛弃旧的数据点。这样时间同步总共只需要存储三到四个数据点，就可以实现一定精度的时间同步。

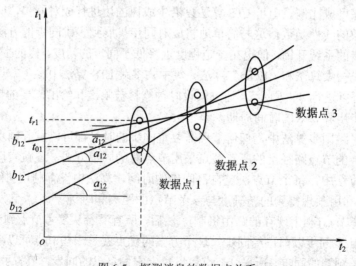

图 6-5　探测消息的数据点关系

如图 6-6 所示，在收到$(A_1，B_1)$和$(A_2，B_2)$后，计算出频偏和相偏的估计值，在收到数据点$(A_3，B_3)$之后，约束 A_1、B_1、A_3、B_3 被储存，A_2、B_2 被丢弃了。其实后来接收到的数据点$(A_4，B_4)$可以和$(A_2，B_2)$联合而构成更好的估计，但是此时$(A_2，B_2)$已经丢弃，因此只能获得次优估计。

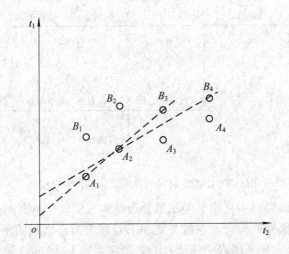

图 6-6　忽略某些数据点的情况

Mini-Sync 算法是为了克服 Tiny-Sync 算法中丢失有用数据点的缺点而提出的，该算法建立约束条件来确保仅丢掉将来不会有用的数据点，并且每次获取新的数据点后都更新约束条件。因为只要 A_j 满足 $m(A_i，A_j) > m(A_i，A_k)$，$(1 \leqslant i < j < k)$这个条件就表示这个数据点是以后有用的数据点($m(A，B)$表示通过点 A 和 B 的直线的斜率)。

6.2.3　基于发送者和接收者的单向时间同步机制

为了避免 RTT(往返传输时间)估计，减少交换消息的数量，同时兼顾可扩展性、能量消耗和估算成本，产生了基于发送者和接收者的单向时间同步机制。在基于发送者和接收者的单向时间同步机制中，基准节点广播含有节点时间的分组，待同步节点测量分组的传输延迟，并且将自己的本地时间设置为接收到的分组中包含的时间加上分组传输延迟，这样所有广播范围内的节点都可以与主节点进行同步。

1. DMTS 时间同步机制

DMTS 时间同步机制牺牲部分时间同步精度来换取较低的计算复杂度和能耗，这是一种轻量级的能量有效的时间同步机制。接收节点通过精确地测量从发送节点到接收节点的单向时间延迟，并结合发送节点中的时间戳计算出时间调整值。DMTS 机制的时间广播分组的传输过程如图 6-7 所示，DMTS 为了较准确地测量发送方到接收方的单向时间延迟，采取了以下方法：

(1) 发送方在检测到信道空闲时才给即将广播的时间分组加上时间戳 t_1，并立即发送，用来避免发送端的处理延迟和 MAC 层的访问延迟对同步精度产生的影响。

(2) DMTS 通过数据发射速率和发射数据的位数(bits)对发射延迟进行估计，发射延迟包括发射前导码和起始符的时间以及发射数据的时间，若发送的信息位数为 n，发送每比特

位所需要的时间为 t，则可以估算出发送时间为 nt。

(3) 接收方在 MAC 层给同步分组标记一个到达时间戳 t_2，并在接收处理完成时再标记一个时间戳 t_3，通过这两个时间戳的差值来估计接收处理延迟。

图 6-7　DMTS 时间同步机制分组传输过程

DMTS 协议在多跳网络中采用了层次型分级结构来实现全网范围内的时间同步。在该协议中定义了时间源级别的概念，也就是其他节点和主节点之间的距离(跳数)。主节点的时间级别是 0，主节点广播范围内的邻节点的时间级别为 1，时间级别为 1 的节点广播范围内的邻节点时间级别为 2，以此类推。为了避免冗余分组的传输，采用的方法是只接收级别比自己低的节点广播的分组。

在传感器网络中，往往需要传感器节点与外部时间进行同步，这就要求时间主节点能够与外部网络通信，从而获得世界标准时间值。通常选择基站作为默认的时间主节点，因为它能够获得更好的能源支持，并且便于与外部网络相连和通信。时间主节点选取可以采用节点 ID 最小的策略。

2. FTSP 时间同步机制

FTSP(Flooding Times Synchronization Protocol)时间同步机制由 Vanderbilt 大学的 Branislav Kusy 等人提出，它综合考虑了能量感知、可扩展性、鲁棒性、稳定性和收敛性等方面的要求。FTSP 算法也是使用单个广播消息实现发送节点与接收节点之间的时间同步的，但是算法的具体实现与 DMTS 有所不同。FTSP 算法的实现步骤如下：

(1) FTSP 算法在完成 SYNC 字节发射后给时间同步消息标记时间戳并发射出去，SYNC 字节类似 DMTS 算法中的起始符。消息数据部分的发射时间可以通过数据长度和发射速率得出。

(2) 接收节点记录 SYNC 字节最后到达的时间，并计算位偏移(bit offset)。在收到完整消息后，接收节点计算位偏移产生的时间延迟，这可以通过偏移位数与接收速率得出。

(3) 接收节点计算与发送节点间的时钟偏移量，然后调整本地时钟与发送节点时钟同步。FTSP 算法对时钟漂移和偏差进行了线性回归分析，考虑到在特定时间范围内，节点时钟晶振频率是稳定的，因此节点间时钟偏移量与时间成线性关系；通过发送节点周期性广播时间同步消息，接收节点取得多个数据对(time，offset)，并构造最佳拟合直线 L(time)。通过回归直线 L，在误差允许的时间间隔内，节点可以直接通过 L 计算某一时间点节点间的时钟偏移量而不必发送时间同步消息进行计算，从而减少了消息的发送次数。

FTSP 机制还考虑了根节点的选择、根节点和子节点的失效所造成的拓扑结构的变化以及冗余信息的处理等方面的问题。节点通过一段时间的侦听和等待，进入时间同步的初始化阶段，如果收到了同步消息，则节点用新的时间数据更新线性回归表，如果没有收到消息，该节点就宣布自己是根节点。但是这样可能会造成多个节点同时宣布自己为根节点的情况，所以 FTSP 机制中选择 ID 编号最小的节点作为根节点。如果新的全局时间和旧的全局时间存在较大的偏差，根节点的切换就存在收敛问题，这就需要潜在的新根节点收集足够多的数据来精确估计全局时间。

对于冗余消息的消除，FTSP 机制采用的方法是根节点逐个增大消息的序列号，其他节点只记录收到消息的最大序列号，并用这个序列号发送自己的消息。例如，假设节点 N 有 7 个邻居节点，这 7 个邻居节点之间能够相互通信，并且都在根节点的通信范围之内，但是 N 节点不在根节点的通信范围之内。那么根节点发送的消息就到达不了 N 节点，但是 N 节点能收到 7 个相邻节点发送的消息，如果 N 节点把 7 个节点发送的同步消息全部都接收的话，就会多余，所以节点 N 在收到一个节点发送的消息之后，记下该消息的最大序列号，并且把数据放到回归表中，同时放弃其他 6 个节点的相同序列号的同步消息。

6.3　时间同步算法设计

由于单个节点的工作能力有限，所以整个系统所要实现的功能需要网络内所有节点的相互配合才能完成。在分布式系统中，时间可分为"逻辑时间"和"物理时间"。"逻辑时间"的概念建立在 Lamport 提出的超前关系上，体现了系统内事件发生的逻辑顺序。"物理时间"用来描述在分布式系统中所传递的一定意义上的人类时间。对于直接观测物理世界现象的无线传感器网络系统来说，物理时间的地位更为重要，因为现象发生这个事件本身就是一个非常重要的信息。此外，节点间的协同信号处理、节点间通信的调度算法等对系统提出了不同精度的物理时间的同步要求。

如果将时钟偏移定义为某个时间段内两个时钟之间因为漂移而产生的时间上的差异，则分布式系统物理时钟服务定义了一个系统中所允许的时钟偏移的最大值。只要两个时钟之间的差值小于所定义的最大物理时钟偏移量，就可以认为两个时钟保持了同步。

无线传感器网络中的时间同步指使网络中部分或所有节点拥有相同的时间基准，即不同节点有着相同的时钟，或者节点可以彼此将对方的时钟转换为本地时钟，使不同的节点记录的信息就像同一个节点记录的一样。传统的时间同步协议如 NTP 协议和 GPS 授时等在有线网络中得到了普遍应用，但是由于很多原因它们不适用于无线传感器网路。无线传感器网络中的时间同步需要更新、更健壮的方法。深刻地理解无线传感器网络所面临的挑战是成功设计适合无线传感器网络同步协议的关键。下面就无线传感器网络的特点作以讨论：

(1) 有限的能量。

随着计算设备效率的迅速增长，能耗成了无线传感器网络的一个瓶颈。由于传感器节点尺寸小和廉价可用性，传感器网络可以使用大量的传感器节点，这使得不可能为每个传感器节点提供有线能源，且无人管理的操作方式也使得传感器必须由电池供电。由于传感器节点可用的能量非常有限，时间同步必须在保持节约能量的同时以有效的方式达到。

(2) 有限的带宽。

在传感器网络中处理数据的能耗远小于传输能耗。带宽限制直接影响传感器之间的消息交换，而没有消息交换同步是不可能完成的。

(3) 有限的硬件资源。

由于传感器节点的尺寸小，因而它的硬件资源是非常有限的。为了完成各种任务，无线传感器网络节点需要完成监测数据的采集和转换、数据的管理和处理、响应汇聚节点的任务请求和节点控制等多种工作。如何有效地利用有限的计算和存储资源完成同步任务也是必须要考虑的问题。

(4) 不稳定的网络连接。

无线介质容易受外界干扰而导致消息丢失率较高，且连接也受带宽和间歇性连接的限制，因而网络拓扑结构经常发生变化。

因此，在无线传感器网络中完成节点间的时间同步面临以下挑战：

(1) GPS 可以将本地时钟与 UTC(世界协调时间)同步，但由于体积、成本、能耗等方面的限制使得无线传感器网络中的绝大部分节点不具备 GPS 功能。

(2) 节点间的无线通信以多跳的方式进行数据交换，在低速带宽的条件下，同步信标传输过程中的延迟具有很大的不确定性。

(3) 底层协议的节能操作使得节点在大部分时间都处于"休眠状态"，不能在系统运行期间持续地保持时间同步。

(4) 由于环境、能量等因素的影响，使得节点易损坏，无线传感器网络拓扑结构频繁变化，这都将使节点不可能随时间基准的获取路径进行静态配置。

(5) 如果在网络规模较大的情况下实现全局时钟同步，则很难保证全局同步精度具有确定的上限。

无线传感器网络时间同步算法设计的目的是为网络中节点的本地时钟提供共同的时间戳。由于以上诸多原因，我们在设计时间同步方案时不仅要考虑到同步精度，还要考虑能量的有效性，算法的健壮性、可扩展性等。因而评价一个无线传感器网络时间同步算法的性能，也就包括网络能量效率、可扩展性、精确度、健壮性、寿命、有效范围、成本和尺寸、及时性等指标。下面分别讨论这几个指标。

(1) 能量效率。无线传感器网络的主要特点就是节点的能量受限问题，涉及的时间同步算法需要以考虑节点有效的能量资源为前提。

(2) 可扩展性。无线传感器网络需要部署大量的传感器节点，时间同步方案应该有效地扩展网络中节点的数目或者密度。

(3) 精确度。精确度的需要由于特殊的应用和时间同步的目的而有所不同，对某些应用，知道时间和消息的先后顺序就够了，而对某些其他的应用，则要求同步精确到微秒级。

(4) 健壮性。无线传感器网络可能在敌对区域长期无人管理，一旦某些节点失效，在余下的网络中，时间同步方案应该继续保持有效并且功能健全。

(5) 寿命。时间同步算法提供的同步时间可以是瞬时的，也可以和网络寿命一样长。

(6) 有效范围。时间同步方案可以给网络内的所有节点提供时间，也可以给局部区域内的部分节点提供时间。一方面，由于可扩展性的原因，全面的时间同步是有难度的，而且对于大面积的传感器网络，考虑到能量和带宽的利用，全面时间同步的代价也是非常昂贵的。另一方面，大量节点同时需要收集来自遥远节点的、用于全面同步的数据，对于大规模的无线传感器网络是很难实现的，而且也影响同步的精确度。

(7) 成本和尺寸。无线传感器网络节点非常小而且廉价。因此，在传感器网络节点上安装相对较大或者昂贵的硬件(如 GPS 接收器)是不合逻辑的，无线传感器网络的时间同步方案必须考虑有限的成本和尺寸。

(8) 及时性。某些无线传感器网络的应用，比如在紧急情况(如气体泄漏检测、入侵检测等)下，需要将发生的事情立即发送到网关，这种特性称之为"及时性"。若在事件发生后再进行同步就没有意义了，因此节点之间需要经常性的"预同步"。

6.4 小 结

时间同步是分布式系统的基础，特别是对于无线传感器网络而言。但由于传感器网络的特殊性，传统的时间同步方法需要改进以适应无线传感器网络的要求。这里使用了一个完整的、适用于无线传感器网络的时间同步方案，在拓扑建立、同步请求、同步周期确定等方面都考虑到了无线传感器网络的特殊要求，并且在同步精度方面也得到了保证。事实证明，基于层次结构的传感器网络时间同步是可行的，适用于实际应用中的无线传感器网络。

──────── 习 题 ────────

1. 简述无线传感器网络中的时钟同步的概念。
2. 简述无线传感器网络中的时钟不同步的原因。
3. 无线传感器网络中的时钟同步的算法有哪些？简述其思想。

第7章 安全技术

7.1 概　述

无线传感器网络是一种自组织网络，通过大量成本低、资源有限的传感器节点设备协同工作完成某一特定任务。无线传感器网络是信息感知和采集技术的一场革命，是21世纪最重要的技术之一。它在各种非商业应用环境如环境监测，森林防火，候鸟迁徙跟踪，气候监测，周边环境中的温度、灯光、湿度等情况的探测以及建筑的结构完整性监控，家庭环境的异常情况监控，机场或体育馆的化学、生物威胁的检测与预报等方面的应用来说，无线传感器网络的安全问题并不是最关键的，但是在另一个方面，如商业应用中的区域无线安全监控网络、战场环境下的无线传感器网络监视系统等的应用中，对于数据的采集，数据的传输，以及节点的物理布置，节点的隐蔽性、微型化等都属于保密信息，在这类应用中无线传感器网络的安全问题是非常关键的。

无线传感器网络为在复杂的环境中部署大规模的网络进行实时数据采集与处理带来了希望。但同时无线传感器网络通常部署在无人维护、不可控制的环境中，除了具有一般无线网络所面临的信息泄露、信息篡改、重放攻击、拒绝服务等多种威胁外，无线传感器网络还面临节点容易被攻击者物理操作，并获取存储在传感器节点中的所有信息，从而控制部分网络的威胁。用户不可能接受并部署一个没有解决好安全和隐私问题的传感网络，因此在进行无线传感器网络协议和软件设计时，必须充分考虑无线传感器网络可能面临的安全问题，并把安全机制集成到系统设计中去。只有这样，才能促进无线传感器网络的广泛应用，否则，传感器节点只能部署在有限、受控的环境中，这和无线传感器网络的最终目标——实现普遍性计算并成为人们生活中的一种重要方式是相违背的。

7.2　无线传感器网络中的安全问题

无线传感器网络是一种大规模的分布式网络，常常部署于无人维护、条件恶劣的环境当中，且大多数情况下传感器节点都是一次性使用，从而决定了传感器节点是价格低廉、资源极度受限的无线通信设备。大多数无线传感器网络在进行部署前，其网络拓扑是无法预知的，在部署后，整个网络拓扑、传感器节点在网络中的角色也是经常变化的，因而不像有线网、无线网那样能对网络设备进行完全配置。由于对无线传感器节点进行预配置的范围是有限的，因此很多网络参数、密钥等都是传感器节点在部署后进行协商而形成的。无线传感器网络的安全性主要源自两个方面。

1. 通信安全需求

(1) 节点的安全保证。传感器节点是构成无线传感器网络的基本单元,节点的安全性包括节点不易被发现和节点不易被篡改。无线传感器网络中由于普通传感器节点分布密度大,因此少数节点被破坏不会对网络造成太大影响;但是,一旦节点被俘获,入侵者可能从中读取密钥、程序等机密信息,甚至可以重写存储器将节点变成一个"卧底"。为了防止为敌所用,要求节点具备抗篡改能力。

(2) 被动抵御入侵能量。无线传感器网络安全系统的基本要求是,在网络局部发生入侵的情况下,保证网络的整体可用性。被动防御指的是当网络遭到入侵时,网络具备对抗外部攻击和内部攻击的能力,它对抵御网络入侵至关重要。外部攻击者是指那些没有得到密钥、无法接入网络的节点。外部攻击者虽然无法有效地注入虚假信息,但可以通过窃听、干扰、分析通信量等方式,为进一步的攻击行为收集信息,因此对抗外部攻击首先需要解决保密性问题。其次,要防范能扰乱网络正常运转的简单的网络攻击,如重放数据包等,这些攻击会造成网络性能的下降。最后,要尽量减少入侵者得到密钥的机会,防止外部攻击者演变成内部攻击者。内部攻击者是指那些获得了相关密钥,并以合法身份混入网络的攻击节点。由于无线传感器网络不可能阻止节点被篡改,而且密钥可能会被对方破解,因此总会有入侵者在取得密钥后以合法身份接入网络,同时,由于至少能取得网络中一部分节点的信任,因此内部攻击者能发动的网络攻击种类更多、危害更大、形式也更隐蔽。

(3) 主动反击入侵的能力。主动反击能力是指网络安全系统能够主动地限制甚至消灭入侵者而需要至少具备的能力,包括以下几种:

① 入侵检测能力。和传统的网络入侵检测相似,首先需要准确地识别出网络内出现的各种入侵行为并发出警报。其次,入侵检测系统还必须确定入侵节点的身份或者位置,只有这样才能随后发动有效的攻击。

② 隔离入侵者的能力。网络需要具有根据入侵检测信息调度网络的正常通信来避开入侵者,同时丢弃任何由入侵者发出的数据包的能力。这相当于把入侵者和己方网络从逻辑上隔离开来,以防止它继续危害网络的安全。

③ 消灭入侵者的能力。由于无线传感器网络的主要用途是为用户收集信息,因此让网络自主消灭入侵者是较难实现的。

2. 信息安全需求

信息安全就是要保证网络中传输信息的安全性。就无线传感器网络而言,具体的信息安全需求有:

① 数据机密性——保证网络内传输的信息不被非法窃听;

② 数据鉴别——保证用户收到的信息来自己方节点而非入侵节点;

③ 数据的完整性——保证数据在传输过程中没有被恶意篡改;

④ 数据的时效性——保证数据在时效范围内被传输给用户。

综上所述,无线传感器网络安全技术的研究内容包括两方面的内容,即通信安全和信息安全。通信安全是信息安全的基础,是保证无线传感器网络内部数据采集、融合、传输等基本功能的正常进行,是面向网络基础设施的安全性保障;信息安全侧重于保证网络中所传送消息的真实性、完整性和保密性,是面向用户应用的安全性保障。

7.3　无线传感器网络的安全性分析

7.3.1　无线传感器网络的安全挑战

　　无线传感器网络是由成百上千的传感器节点大规模随机分布而形成的具有信息收集、传输和处理功能的信息网络，通过动态自组织方式协同感知并采集网络覆盖区域内被查询对象或事件的信息，用于决策支持和监控。

　　由于无线传感器网络无中心管理点，网络拓扑结构在分布完成前是未知的；无线传感器网络一般分布于恶劣环境、无人区域或敌方阵地，无人参与值守，传感器节点的物理安全不能保证，不能够更换电池或补充能量；无线传感器网络中的传感器都使用嵌入式处理器，其计算能力十分有限；无线传感器网络一般采用低速、低功耗的无线通信技术，其通信范围、通信带宽均十分有限；传感器节点属于微元器件，有非常小的代码存放空间，因此以上这些特点对无线传感器网络的安全与实现构成了挑战。

7.3.2　无线传感器网络的安全策略

1. 物理层的安全策略

1）拥塞攻击

　　无线环境是一个开放的环境，所有无线设备共享这样一个开放的空间，所以若两个节点发射的信号在一个频段上，或者是频点很接近，则会因为彼此干扰而不能正常通信。攻击节点通过在传感器网络工作频段上不断发送无用信号，可以使在攻击节点通信半径内的传感器网络节点都不能正常工作。这种攻击节点达到一定密度时，整个无线网络将面临瘫痪。

　　拥塞攻击对单频点无线通信网络非常有效。攻击者只要获得或者检测到目标网络的通信频率的中心频率，就可以通过在这个频点附近发射无线电波进行干扰。要抵御单频点的拥塞攻击，使用宽频和跳频的方法是比较有效的。跳频是指在检测到所在空间遭受攻击以后，网络节点将通过统一的策略跳转到另外一个频率进行通信。

　　对于全频信号进行长期、持续的拥塞攻击，转换通信模式是唯一能够使用的方法。光通信和红外线等无线通信方式都是有效备选方法。全频持续拥塞攻击虽然对无线网络的安全危害非常大，但是它在实施方面有很多困难，所以一般不会被攻击者采纳。这些困难在于全频干扰① 需要有设计复杂、体积庞大的干扰设备；② 需要有持续的能量供给，这些在战场环境下很难实现；③ 要达到大范围覆盖的攻击目的，单点攻击需要强大的功率输出，多点攻击需要达到一定的覆盖密度；④ 实施地点往往是敌我双方的交叉地带，全频干扰意味着敌我双方的无线通信设备都不能正常工作。

　　鉴于攻击者一般不采用全频段持续攻击的事实，传感器网络也因此可以有一些更加积极有效的办法应对拥塞攻击：

　　① 在攻击者使用能量有限、持续的拥塞攻击时，传感器网络节点可以采用以逸待劳的策略——在被攻击的时候，不断降低自身工作的占空比。通过定期检测攻击是否存在，修

改工作策略。当感知到攻击终止以后，再恢复到正常的工作状态。

② 在攻击者为了节省能量，采用间歇式拥塞攻击方法时，节点可以利用攻击间歇进行数据转发。如果攻击者采用的是局部攻击，节点可以在间歇期间使用高优先级的数据包通知基站遭受拥塞攻击的事实。基站在接收到所有节点的拥塞报告后，在整个拓扑图中映射出受攻击地点的外部轮廓，并将拥塞区域通知到整个网络。在进行数据通信的时候，节点将拥塞区视为路由空洞，直接绕过拥塞区把数据传送到目的节点，如图 7-1 所示。

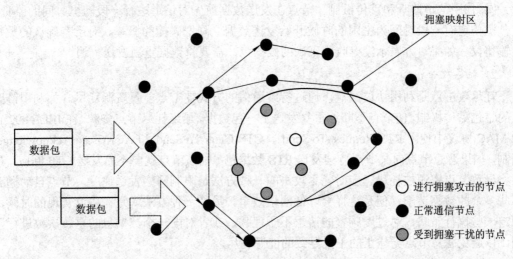

图 7-1 数据包绕过拥塞区送到基站

2) 物理破坏

因为传感器网络节点往往分布在一个很大的区域内，所以保证每个节点的物理安全是不可能的。敌方人员很可能俘获一些节点，对其进行物理上的分析和修改，并利用它干扰网络的正常功能；甚至可以通过分析其内部敏感信息和上层协议机制，破解网络的安全外壳。针对无法避免的物理破坏，需要传感器网络采用更精细的控制保护机制，如：

① 增加物理损害感知机制。节点能够根据其收发数据包的情况、外部环境的变化和一些敏感信号的变化，判断是否遭受物理侵犯。例如，当传感器节点上的位移传感器感知自身位置被移动时，可以作为判断它可能遭到物理破坏的一个要素。节点在感知到被破坏以后，就可以采用具体的策略，如销毁敏感数据、脱离网络、修改安全处理程序等。这样，敌人将不能正确地分析系统的安全机制，从而保护了网络剩余部分的节点免受安全威胁。

② 对敏感信息进行加密存储。现代安全技术依靠密钥来保护和确认信息，而不是依靠安全算法。所以对通信的加密密钥、认证密钥和各种安全启动密钥需要严密的保护。对于破坏者来说，读取系统动态内存中的信息比较困难，所以他们通常采用静态分析系统的方法来获取非易失存储器中的内容。因此，在实现的时候，敏感信息尽量存放在易失存储器上。如果不可避免地要存储在非易失存储器上，则必须首先进行加密处理。

2. 链路层的安全策略

1) 碰撞攻击

前面提到，无线网络的承载环境是开放的，如果两个设备同时进行发送，那么它们的输出信号会因为相互叠加而不能够被分离出来。任何数据包，只要有一个字节的数据在传输过程中发生了冲突，那么整个数据包都会被丢弃。这种冲突在链路层协议中称为碰撞。针对碰撞攻击，可以采用下面一些处理办法：

① 使用纠错编码。纠错码原本是为了解决低质量信道的数据通信问题，通过在通信数据包中增加冗余信息来纠正数据包中的错误位。纠错码的纠正位数与算法的复杂度以及数据信息的冗余度相关，通常使用 1 位～2 位纠错码。如果碰撞攻击者采用的是瞬间攻击，只影响个别数据位，使用纠错编码是有效的。

② 使用信道监听和重传机制。节点在发送数据前先对信道进行一段随机时间的监听，在预测信道有一段时间为空闲的时候开始发送数据，降低碰撞的概率。对于有确认的数据传输协议，如果对方表示没有收到正确的数据包，需要将数据重新发送一遍。

2) 耗尽攻击

耗尽攻击就是利用协议漏洞，通过持续通信的方式使节点能量资源耗尽。如利用链路层的错包重传机制，使节点不断地重复发送上一包数据，最终耗尽节点资源。在 IEEE 802.11 的 MAC 协议中使用 RTS(Request To Send)、CTS(Clear To Send)和 ACK(Data Acknowledge) 机制，如果恶意节点向某节点持续发送 RTS 数据包，则该节点就要不断发送 CTS 回应，最终将导致节点资源被耗尽。应对耗尽攻击的一种方法是限制网络发送速度，节点自动抛弃那些多余的数据请求，但是这样会降低网络效率。另外一种方法就是在协议实现的时候，制定一些执行策略，对过度频繁的请求不予理睬，或者对同一个数据包的重传次数进行限制，以避免恶意节点无休止的干扰导致的能源耗尽。

3) 非公平竞争

如果网络数据包在通信机制中存在优先级控制，那么恶意节点或者被俘节点可能被用来不断在网络上发送高优先级的数据包占据信道，从而导致其他节点在通信过程中处于劣势。

这是一种弱 DoS(拒绝服务)攻击方式，需要敌方完全了解传感器网络的 MAC 层协议机制，并利用 MAC 的协议来进行干扰性攻击。一种缓解的办法是采用短包策略，即在 MAC 层中不允许使用过长的数据包，这样就可以缩短每包占用信道的时间；另外一种办法就是弱化优先级之间的差异，或者不采用优先级策略，而采用竞争或者时分复用方式实现数据传输。

3. 网络层的安全策略

通常在无线传感器网络中，大量的传感器节点密集地分布在同一个区域里，消息可能需要经过若干个节点才能到达目的地，而且由于传感器网络具有动态性，没有固定的拓扑结构，所以每个节点都需要具有路由的功能。由于每个节点都是潜在的路由节点，因此更易于受到攻击。网络层的主要攻击有以下几种：

① 虚假的路由信息。通过欺骗、更改和重发路由信息，攻击者可以创建路由环，接收或者拒绝网络信息的传送，延长或者缩短路由路径，形成虚假的错误消息，分割网络，增加端到端的时延等。

② 选择性的转发(Selective forwarding)。节点收到数据包后，有选择的转发或者根本不转发收到的数据包，导致数据包不能到达目的地。

③ Sinkhole 攻击。攻击者通过声称自己电源充足、可靠而且高效等手段，吸引周围的

节点选择它作为路由路径中的点，然后和其他的攻击(如选择攻击，更改数据包的内容等)结合起来，达到攻击的目的。由于传感器网络固有的通信模式，即通常所有的数据包都发到同一个目的地，因此特别容易受到这种攻击的影响。

④ Sybil 攻击。在这种攻击中，单个节点以多个身份出现在网络中的其他节点面前，使其更容易成为路由路径中的节点，然后和其他攻击方法结合使用，达到攻击的目的。

⑤ Wormhole 攻击。如图 7-2 所示，这种攻击通常需要两个恶意节点相互串通，合谋进行攻击。一般情况下，一个恶意节点位于 sink 节点附近，另一个恶意节点离 sink 节点较远。较远的那个节点声称自己和 sink 附近的节点可以建立低时延和高带宽的链路，从而吸引周围节点将数据包发到这里。在这种情况下，远离 sink 的那个恶意节点其实也是一个Sinkhole。Wormhole 攻击可以和其他攻击(如选择转发、Sybil 攻击等)结合使用。

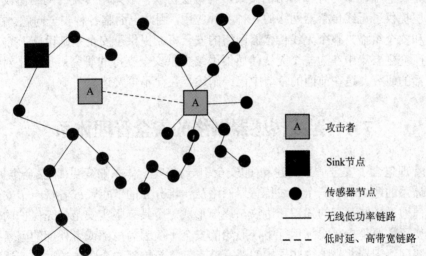

图 7-2 Wormhole 攻击

⑥ HELLO flood 攻击。很多路由协议需要传感器节点定时发送 HELLO 包，以声明自己是他们的邻居节点。但是一个较强的恶意节点以足够大的功率广播 HELLO 包时，收到HELLO 包的节点会认为这个恶意节点是它们的邻居。在以后的路由中，这些节点很可能会使用这条到恶意节点的路径，向恶意节点发送数据包。事实上，由于该节点离恶意节点距离较远，以普通的发射功率传输的数据包根本到达不了目的地。

⑦ 确认欺骗。一些传感器网络路由算法依赖于潜在的或者明确的链路层确认。由于广播媒介的内在性质，攻击者能够通过偷听通向临近节点的数据包，发送伪造的链路层确认。目标包括使发送者相信一个弱链路是健壮的或者相信一个已经失效的节点是还可以使用的。因为沿着弱连接或者失效连接发送的数据包会发生丢失，攻击者能够通过引导目标节点利用那些链路传输数据包，从而有效地使用确认欺骗进行选择性转发攻击。

以上攻击类型可能被敌方单独使用，也可能组合使用，其攻击手段通常是以恶意节点的身份充当网络中的一部分，被网络误当作正常的路由节点来使用。恶意节点在冒充数据转发节点的过程中，可能随机丢掉其中的一些数据包，或者通过修改源和目的地址，选择一条错误路径发送出去，从而破坏网络的通信秩序，导致网络的路由混乱。解决的办法之一就是使用多路径路由。这样，即使恶意节点丢弃数据包，数据包仍然可以从其他路径送到目标节点。

对于层次型路由机制，可以使用输出过滤(Egress filtering)方法，该方法用于在因特网上抵制方向误导攻击。这种方法通过认证源路由的方式确认一个数据包是否是从它的合法子节点发送过来，否则直接丢弃不能认证的数据包。这样，攻击数据包在前几级的节点转发过程中就会被丢弃，从而达到保护目标节点的目的。

4. 传输层和应用层的安全策略

传输层用于建立无线传感器网路与因特网或者其他外部网络的端到端的连接。由于无线传感器网络节点的限制，节点无法保存维持端到端连接的大量信息，而且节点发送应答消息会消耗大量能量，因此，目前关于传感器节点上传输层协议的安全性研究并不多见。Sink 节点是传感器网络与外部网络的接口，传输层协议一般采用传统的网络协议。

应用层提供了无线传感器网络的各种实际应用，因此也面临各种安全问题。在应用层，密钥管理和安全组播为整个无线传感器网络的安全机制提供了安全基础设施。就安全来说，应用层的研究主要集中在为整个无线传感器网络提供安全支持的研究，也就是对密钥管理和安全组播的研究。这在前面的章节中已经阐述，在此不再赘述。

7.4　无线传感器网络的安全管理体系

安全管理包含了安全体系的建立(即安全引导)和安全体系的变更(即安全维护)两个部分。安全体系的建立表示一个无线传感器网络从一堆分立的节点，或者说一个安全裸露的网络中如何通过一些共有的知识和协议，逐渐形成一个具有坚实安全外壳保护的网络。安全体系的变更主要是指在实际运行中，原始的安全平衡因为内部或者外部的因素被打破，无线传感器网络识别并去除这些异构的恶意节点，重新恢复安全防护的过程。这种平衡的破坏可能是由敌方在某一范围内进行拥塞攻击形成路由空洞而造成的，也可能是由敌方俘获合法的无线传感器节点造成的。还有一种变更的情况是增加新的节点到现有的网络中以延续网络生命期的网络变更。

SPINS 安全框架对安全管理没有过多的描述，只是假定节点之间以及节点和基站之间的各种安全密钥已经存在。在基本安全外壳已经具备的情况下，如何完成机密性、认证、完整性、新鲜性等安全通信机制，对传感器网络来说是不够的。试想一个由成千上万个节点组成的无线传感器网络，随机部署在一个未知的区域内，没有节点知道自己周围的节点会是谁。在这种情况下，要想预先为整个网络设置好所有可能的安全密钥是非常困难的，除非对环境因素和部署过程进行严格控制。

安全管理最核心的问题就是安全密钥的建立过程。传统解决密钥协商过程的主要方法有认证中心分配模型(Center of Authentication，CA)、自增强模型和密钥预分布模型。认证中心分配模型使用专门的服务器完成节点之间的密钥协商过程，如 Kerberos 协议；自增强模型需要非对称密码学的支持，而非对称密码学的很多算法，如 Diffie-Hellman(DH)密钥协商算法都无法在计算能力非常有限的无线传感器网络上实现；密钥预分布模型在系统布置之前完成了大部分安全基础的建立，对系统运行后的协商工作只需要很简单的协议过程，所以特别适合无线传感器网络安全引导。本节将较为详细地介绍预共享密钥模型、基本随机密钥分布模型、q-composite 随机密钥预分布模型、多路径密钥增强型和随机密钥对模型，同时简要介绍一些最新的预分布模型。

在介绍安全引导模型之前，首先引入安全连通性的概念。安全连通性是相对于通信连通性提出来的，通信连通性主要是指在无线通信环境下，各个节点与网络之间的数据的互通性；安全连通性主要是指网络建立在安全通道上的连通性。在通信连通的基础上，节点之间进行安全初始化的建立，或者说各个节点根据预共享知识建立安全通道。如果建立的安全通道能够把所有的节点连成一个网络，则认为该网络是安全连通的。图 7-3 描述了网络连通和安全连通的关系。

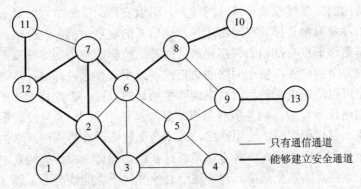

图 7-3 安全连通和网络连通对比图

图 7-3 中所有的节点都是通信连通的，但不都是安全连通的，因为节点 4 以及节点对 9 和 13 无法与它们周围通信的节点建立安全通道。有的安全引导模型从设计之初就同时保证网络的通信连通性和安全连通性，如预共享密钥模型；另外一些安全引导模型则不能同时保证通信连通性和安全连通性。有一点可以确定，安全连通网络一定是通信连通的，反过来不一定成立。

密钥的建立和管理过程是无线传感器网络安全中的首要问题，也一直是传感器网络安全中的研究热点。由于无线传感器网络自身的限制，比如节点的计算能力、电源能力有限等，使得非对称密码的很多算法，如 Diffile-Hellman 密钥协商算法，无法在无线传感器网络上实现，只能考虑使用对称密钥的协商和管理协议。除此以外，无线传感器网络在协商密钥时还应减少数据冗余等来降低密钥协商时的通信量。

无线传感器网络中的密钥管理方法根据共享密钥的节点个数可以分为对密钥管理方案和组密钥管理方案；根据密钥产生的方式又可分为预共享密钥模型和随机密钥预分布模型。此外，还有基于位置的密钥预分配模型、基于密钥分发中心的密钥分配模型等。

7.4.1 预共享密钥分配模型

预共享密钥分配模型是最简单的一种密钥建立过程。预共享密钥有几种主要的模式：

(1) 每对节点之间都共享一个主密钥，以保证每对节点之间的通信都可以直接使用这个预共享密钥衍生出来的密钥进行加密。该模式要求每个节点都存放与其他所有节点的共享密钥。这种模式的优点包括：不依赖于基站，计算复杂度低，引导成功率为 100%；任何两个节点之间的密钥是独享的，其他节点不知道，所以一个节点被俘不会泄露非直接建立的任何安全通道。但这种模式的缺点也很多：扩展性不好，无法加入新的节点，除非重建网络；对复制节点没有任何防御力；网络的免疫力很低，一旦有节点被俘，敌人将很容易通过该节点获得与其他所有节点之间的秘密并通过这些秘密攻破整个网络；支持的网络规模小。假设节点之间使用 64 位主共享密钥(8 个字节)，那么具有一千个节点规模的网络就需要每个节点都有 8K 字节的主密钥存储空间。如果考虑各种衍生密钥的存储，整个用于密钥存储的空间就是一个非常庞大的数字。一个合理的网络规模通常有几十个到上百个节点。

(2) 每个普通节点与基站之间共享一对主密钥。这样每个节点需要存储的密钥空间将非常小，计算和存储的压力全部集中在基站上。该模式的优点包括：计算复杂度低，对普通节点资源和计算能力要求不高；引导成功率高，只要节点能够连接到基站上就能够进行安全通信；支持的网络规模取决于基站的能力，可以支持上千个节点；对于异构节点基站可以进行识别，并及时将其排除在网络之外。该模式的缺点包括：过分依赖基站，如果节点被俘后，会暴露该节点与基站的共享秘密，而基站被俘则整个网络被攻破，所以要求基站被布置在物理安全的位置；整个网络的通信或多或少都要通过基站，基站可能成为通信瓶颈；如果基站可以动态更新的话，网络能够扩展新的节点，否则将无法扩展。这种模式对于收集型的网络比较有效，因为所有节点都是与基站(汇聚节点)直接联系；而对于协同型的网络，如用于目标跟踪型的应用网络，效率会比较低。在协同型网络的应用中，数据要安全地在各个节点之间通信，一种方法是通过基站，但会造成数据拥塞；另一种方法是要通过基站建立点到点的安全通道。对于通信对象变化不大的情况下，建立点到点安全通道的方式还能够正常运行；但如果通信对象频繁切换，安全通道的建立过程也会严重地影响网络运行效率。最后一个问题就是在多跳网络环境下，这种协议对于 DoS 攻击没有任何防御能力。在节点与基站之间进行通信的过程中，中间转发节点没有办法对信息包进行任何的认证判断，只能透明转发。恶意节点可以利用这一点伪造各种错误数据包发送给基站，因为中间节点是透明转发，数据包只能在到达基站以后才能够被识别出来，基站会因此而不能提供正常的服务，这是相当危险的。

预共享密钥分配模型虽然有很多不尽如人意的地方，但因其实现简单，所以在一些网络规模不大的应用中可以得到有效实施。

7.4.2　随机密钥预分配模型

解决 DoS 攻击的根本方法就是实现逐跳认证，或者对每一对相邻的通信节点之间传递的数据都能够进行有效性认证。这样，一个数据包在每对节点之间的转发都可以进行一次认证过程，恶意节点的 DoS 攻击包会在刚刚进入网络的时候就被丢弃。实现点到点安全最直接的办法就是预共享密钥模型中的点到点共享安全秘密的模式，不过这种模式对节点资源要求过高。事实上，并不需要任何两点之间都共享秘密，而是能够在直接通信的节点之间共享秘密就可以了。由于缺乏后期节点部署的先验知识，传感器网络在制作节点的时候并不知道哪些节点会与该节点直接通信，所以这种确定的预共享密钥模式就必须在任何可能建立通信的节点之间设置共享密钥。

1. 基本随机密钥预分布模型

基本随机密钥预分布模型是 Eschenauer 和 Gligor 首先提出来的，旨在保证在任意节点之间建立安全通道的前提下，尽量减少模型对节点资源的要求。它的基本思想是，有一个比较大的密钥池，任何节点都拥有密钥池中一部分密钥，只要节点之间拥有一对相同密钥就可以建立安全通道。如果节点存放密钥池的全部密钥，则基本随机密钥预分布模型就退化为点到点预共享模型。基本随机密钥预分布模型的具体实施过程如下：

① 在一个比较大的密钥空间中为一个传感器网络选择一个密钥池 S，并为每个密钥分配一个 ID。在进行节点部署前，从密钥池 S 中选择 m 个密钥存储在每个节点中。这 m 个密钥称为节点的密钥环。m 大小的选择要保证两个都拥有 m 个密钥的节点存在相同密钥的概率大于一个预先设定的概率 p。

② 节点布置好以后，节点开始进行密钥发现过程。节点广播自己密钥环中所有密钥的 ID，寻找那些和自己有共享密钥的邻居节点。不过使用 ID 的一个弊病就是敌人可以通过交换的 ID 分析出安全网络拓扑，从而对网络造成威胁。解决这个问题的一个方法就是使用 Merkle 谜题来完成密钥的发现。Merkle 谜题的技术基础是正常的节点之间解决谜题要比其他人容易。任意两个节点之间通过谜题交换密钥，它们可以很容易判断出彼此是否存在相同密钥，而中间人却无法判断这一结果，也就无法构建网络的安全拓扑。

③ 根据网络的安全拓扑，节点和那些与自己没有共享密钥的邻居节点建立安全通信密钥。节点首先确定到达该邻居节点的一条安全路径，然后通过这条安全路径与该邻居节点协商一对路径密钥。未来这两个节点之间的通信将直接通过这一对路径密钥进行，而不再需要多次的中间转发。如果安全拓扑是连通的，则任何两个节点之间的安全路径总能找到。

基本随机密钥预分布模型是一个概率模型，可能存在这样的节点，或者一组节点，它们和它们周围节点之间没有共享密钥，所以不能保证通信连通的网络一定是安全连通的。影响基本密钥预分布模型的安全连通性的因素有：密钥环的尺寸 m、密钥池 S 的大小|S|以及它们的比例、网络的部署密度(或者说是网络的通信连通度数)、布置网络的目标区域状况。$m/|S|$越大，则相邻节点之间存在相同密钥的可能性越大。但 m 太大会导致节点资源占用过多，|S|太小或者 $m/|S|$太大会导致系统变得脆弱，这是因为当一定数量的节点被俘获以后，敌方人员将获得系统中绝大部分的密钥，导致系统的秘密彻底暴露。|S|的大小与网络的规模也有紧密的关系，这里不再阐述。网络部署密度越高，则节点的邻居节点越多，能够发现具有相同密钥的概率就会比较大，整个网络的安全连通概率也会比较高。对于网络布置区域，如果存在大量物理通信障碍，不连通的概率会增大。为了解决网络安全不连通的问题，传感器节点需要完成一个范围扩张(range extension)过程。该过程可以是不连通节点通过增大信号传输功率，从而找到更多的邻居，增大与邻居节点共享密钥概率的过程；也可以是不连通节点与两跳或者多跳以外的节点进行密钥发现的过程(跳过几个没有公共密钥的节点)。范围扩张过程应该逐步增加，直到建立安全连通图为止。多跳扩张容易引入 DOS 攻击，因为无认证多跳会给敌人以可乘之机。

网络通信连通度的分析基于一个随机图 $G(n, p1)$，其中 n 为节点个数，$p1$ 是相邻节点之间能够建立安全链路的概率。根据 Erdos 和 Renyi 对于具有单调特性的图 $G(n, p1)$的分析，有可能为图中的顶点(vertices)计算出一个理想的度数 d，使得图的连通概率非常高，达到一个指定的门限 c(例如 $c = 0.999$)。Eschenauer 和 Gligor 给出规模为 n 的网络节点的理想度数 d 如下式：

$$d = \left(\frac{n-1}{n}\right) \times (\ln n - \ln(-\ln c)) \tag{7-1}$$

对于一个给定密度的传感器网络，假设 n' 是节点通信半径内邻居个数的期望值，则成功完成密钥建立阶段的概率可以表示为

$$p = \frac{d}{n'} \tag{7-2}$$

诊断网络是否连通的一个实用方法是通过检查它能不能通过多跳连接到网络中所有的基站上，如果不能，就启动范围扩张过程。

随机密钥预分布模型和基站预共享密钥相比，有很多优点，主要表现在：

(1) 节点仅存储密钥池中的部分密钥，大大降低了每个节点存放密钥的数量和空间。

(2) 更适合于解决大规模的传感器网络的安全引导，因为大网络有相对比较小的统计涨落。

(3) 点到点的安全信道通信可以独立建立，减少网络安全对基站的依赖，基站仅仅作为一个简单的消息汇聚和任务协调的节点。即使基站被俘，也不会对整个网络造成威胁。

(4) 有效地抑制 DOS 攻击。

2. q-composite 随机密钥预分布模型

在基本模型中，任何两个邻居节点的密钥环中至少有一个公共的密钥。Chan-Perring-Song 提出了 q-composite 模型。该模型将这个公共密钥的个数提高到 q，提高 q 值可以提高系统的抵抗力。攻击网络的攻击难度和共享密钥个数 q 之间呈指数关系。但是要想使安全网络中任意两点之间的安全连通度超过 q 的概率达到理想的概率值 p(预先设定)，就必须缩小整个密钥池的大小、增加节点间共享密钥的交叠度。但密钥池太小，会使敌人通过俘获少数几个节点就能获得很大的密钥空间。寻找一个最佳的密钥池的大小是本模型的实施关键。

q-composite 随机密钥预分布模型和基本模型的过程相似，只是要求相邻节点的公共密钥数要大于 q。在获得了所有共享密钥信息以后，如果两个节点之间的共享密钥数量超过 q，为 q' 个，那么就用所有 q' 个共享密钥生成一个密钥 K，$K = \text{hash}(k1 \parallel k2 \parallel \cdots \parallel kq')$，作为两个节点之间的共享主密钥。Hash 函数的自变量的密钥顺序是预先议定的规范，这样两个节点就能计算出相同的通信密钥。

q-composite 随机密钥预分布模型中密钥池的大小可以通过下面的方法获得。

假设网络的连通概率为 C，每个节点的全网连通度的期望值为 n'。根据公式(7-1)和公式(7-2)，可以得到任何给定节点的连通度期望值 d 和网络连通概率 p。设 m 为每个节点存放密钥环的大小，要找到一个最大的密钥池 S，使得从 S 的任意两次 m 个密钥的采样中，其相同密钥的个数超过 q 的概率大于 p。设任何两个节点之间共享密钥个数为 i 的概率为 $p(i)$，则任意节点从 $|S|$ 个密钥中选取 m 个密钥的方法有 $C(|S|, m)$ 种，两个节点分别选取 m 个密钥的方法数为 $C^2(|S|, m)$ 个。假设两个节点之间有 i 个共同的密钥，则有 $C(|S|, i)$ 种方法选出相同密钥，另外 $2(m-i)$ 个不同的密钥从剩下的 $|S|-i$ 个密钥中获取，方法数为 $C(|S|-i, 2(m-i))$。于是有

$$p(i) = \frac{C(|S|, i)C(|S|-i, 2(m-i))C(2(m-i), (m-i))}{C^2(|S|, m)} \tag{7-3}$$

用 p_c 表示任何两个节点之间存在至少 q 个共享密钥的概率，则有：

$$p_c = 1 - (p(0) + p(1) + p(2) + \cdots + p(q-1)) \tag{7-4}$$

根据不等式 $p_c \geq p$ 计算最大的密钥池尺寸 $|S|$。q-composite 随机密钥预分布模型相对于基本随机密钥预分布模型对节点被俘有很强的自恢复能力。规模为 n 的网络，在有 x 个节点被俘获的情况下，正常的网络节点通信信息可能被俘获的概率如公式(7-5)所示

$$P = \sum_{i=q}^{m} \left(\left(1 - \left(1 - \frac{m}{|S|} \right)^x \right)^i \times \frac{p(i)}{p} \right) \tag{7-5}$$

q-composite 随机密钥预分布模型因为没有限制节点的度数，所以不能够防止节点的复制攻击。

3. 多路径密钥增强模型

假设初始密钥建立完成(用基本模型)，很多链路通过密钥链中的共享密钥建立安全链接。密钥不能一成不变，使用了一段时间的通信密钥必须更新。密钥的更新可以在已有的安全链路上更新，但是存在危险。假设两个节点间的安全链路都是根据两个节点间的公共密钥 K 建立的，根据随机密钥分布模型的基本思想，共享密钥 K 很可能存放在其他节点的密钥池中。如果对手俘获了部分节点，获得了密钥 K，并跟踪了整个密钥建立时的所有信息，它就可以在获得密钥 K 以后解密密钥的更新信息，从而获取新的通信密钥。

为此，Anderson 和 Perring 提出多路径密钥增强的思想。多路径密钥增强模型是在多个独立的路径上进行密钥更新。假设有足够的路由信息可用，以至于节点 A 知道所有的到达 B 节点跳数小于 h 的不相交路径。设 A、N_1、N_2、$\cdots$、N_i、B 是在密钥建立之初建立的一条从 A 到 B 的路径。任何两点之间都有公共密钥，并设这样的路径存在 j 条，且任何两条之间不交叉(disjoint)。产生 j 个随机数 v_1、v_2、$\cdots$、v_j，每个随机数与加解密密钥有相同的长度。A 将这 j 个随机数通过 j 条路径发送到 B。B 接收到这 j 个随机数将它们异或之后，作为新密钥。除非对手能够掌握所有的 j 条路径才能获得密钥 K 的更新密钥。使用这种算法，路径越多则安全度越高，但路径越长安全度越差。对于任何一条路径，只要路径中的任一节点被俘获，则整条路径就等于被俘获了。考虑到长路径降低了安全性，所以一般只研究两跳的多路径密钥增强模型，即任何两个节点间更新密钥时，使用两条安全链路，且任何一条路径只有两跳的情况。此时，通信开销被降到最小，A 和 B 之间只需要交换邻居信息，并且两跳不可能存在路径交叠问题，降低了处理难度。

多路增强一般应用在直连的两个节点之间。如果用在没有共享密钥的节点之间，会大大降低因为多跳带来的安全隐患。但多路径增强密钥模型增加了通信开销，是不是划算要看具体的应用。密钥池大小对多路径增强密钥模型的影响表现在，密钥池小会削弱多路径密钥增强模型的效率，因为敌方人员容易收集到更多的密钥信息。

4. 随机密钥对模型

随机密钥对模型是 Chan-Perring-Song 等人提出共享的又一种安全引导模型。它的原型始于预共享密钥引导中的节点共享密钥模式。节点密钥模式是在一个 n 个节点的网络中，每个节点都存储与另外 $n-1$ 个节点的共享密钥，或者说任何两个节点之间都有一个独立的共享密钥。随机密钥对模型是一个概率模型，它不存储所有 $n-1$ 个密钥对，而只存储与一定数量节点之间的共享密钥对，以保证节点之间的安全连通的概率 p，进而保证网络的安全连通概率达到 c。公式(7-6)给出了节点需要存储密钥对的数量 m。从公式中可以看出，p

越小，则节点需要存储的密钥对越少。所以对于随机密钥对模型来说，要减少密钥存储给节点带来的压力，就需要在给定网络的安全连通概率 c 的前提下，计算单对节点的安全连通概率 p 的最小值。单对节点安全连通概率 p 的最小值可以通过公式(7-1)和公式(7-2)计算。

$$m = np \tag{7-6}$$

如果给定节点存储 m 个随机密钥对，则能够支持的网络大小为 $n = m/p$。根据连通度模型，p 在 n 比较大的情况下可能会增长缓慢。n 随着 m 的增大和 p 的减小而增大，增大的比率取决于网络配置模型。与上面介绍的随机密钥预分布模型不同，随机密钥对模型没有共享的密钥空间和密钥池。密钥空间存在的一个最大的问题就是节点中存放了大量使用不到的密钥信息，这些密钥信息只在建立安全通道和维护安全通道的时候用得到，而这些冗余的信息在节点被俘的时候会给攻击者提供大量的网络敏感信息，使得网络对节点被俘的抵御力非常低。密钥对模型中每个节点存放的密钥具有本地特性，也就是说所有的密钥都是为节点本身独立拥有的，这些密钥只在与其配对的节点中存在一份。这样，如果节点被俘，它只会泄露和它相关的密钥以及它直接参与的通信，不会影响到其他节点。当网络感知到节点被俘的时候，可以通知与其共享密钥对的节点将对应的密钥对从自己的密钥空间中删除。

为了配置网络的节点对，引入了节点标识符(ID)空间的概念，每个节点除了存放密钥外，还要存放与该密钥对应的节点标识符。有了节点标识符的概念，密钥对模型能够实现网络中的点到点的身份认证。任何存在密钥对的节点之间都可以直接进行身份认证，因为只有它们之间才存有这个共享密钥对。点到点的身份认证可以实现很多安全功能，如可以确认节点的唯一性，阻止复制节点加入网络。

随机密钥对模型的初始化过程如下，这里假设网络的最大容量为 n 个节点：

(1) 初始配置阶段。为可能的 n 个独立节点分配唯一节点标识符。网络的实际大小可能比 n 小。不用的节点标号在新的节点加入到网络中的时候使用，以提高网络的扩展性。每个节点标识符和另外 m 个随机选择的不同节点标识符相匹配，并且为每对节点产生一个密钥对，存储在各自的密钥环中。

(2) 密钥建立的后期配置阶段。每个节点 i 首先广播自己的 ID_i 给它的邻居，邻居节点在接收到来自 ID_i 的广播包以后，在密钥环中查看是否与这个节点共享密钥对。如果有，通过一次加密的握手过程来确认本节点确实和对方拥有共享密钥对。例如，节点 A 和 B 之间存在共享密钥，则它们之间可以通过下面的信息交换完成密钥的建立：

$$\begin{aligned}
&A \to^* : \{ID_A\} \\
&B \to^* : \{ID_B\} \\
&B \to A : \{ID_A \,|\, ID_B\}K_{AB}, \ \text{MAC}(K'_{AB}, \ ID_A \,|\, ID_B) \\
&A \to B : \{ID_B \,|\, ID_A\}K_{AB}, \ \text{MAC}(K'_{AB}, ID_B \,|\, ID_A)
\end{aligned} \tag{7-7}$$

经过握手，节点双方确认彼此之间确实拥有共同的密钥对。因为节点标识符很短，所以随机密钥对的密钥发现过程的通信开销和计算开销比前面介绍的随机密钥预分布模型小。与其他随机密钥预分布模型相同，随机密钥对模型同样存在安全拓扑图不连通的问题。这一点可以通过多跳方式扩展节点的通信范围来缓解。例如，节点在 3 跳以内的节点发现共享密钥，这样可以大大地提高有效通信距离内的安全邻居节点的个数，从而提高安全连通的概率。

通过多跳方式扩展通信范围必须小心使用，因为在中间节点转发过程中数据包没有认证和过滤。在配置阶段，攻击者如果向随机节点发送数据包，则该数据包会被当作正常的密钥协商数据包在网络中重播很多遍。这种潜在的 DOS 攻击可能会终止或者减缓密钥的建立过程，通过限定跳数可以减少这种攻击方法对网络的影响。如果系统对 DOS 攻击敏感，最好不要使用多跳特性。多跳过程在随机密钥模型的操作过程中不是必需的。

(3) 随机密钥对模型支持分布节点的撤除。节点撤除过程主要在发现失效节点、被俘节点或者被复制节点的时候使用。前面描述过如何通过基站完成对已有节点的撤除，但是因为节点和基站的通信延迟比较大，所以这种机制会降低节点撤除的速度。在撤除节点的过程中，必须在恶意节点对网络造成危害之前将它从网络中剪除，所以快速反应是非常重要的。

在随机密钥对引导模型中定义了一个投票机制来实现分布式的节点撤除过程，使它不再依靠基站。这个投票机制需要的前提是，每个节点中存在一个判断其邻居节点是否已经被俘的算法。这样，节点可以在收到这样的投票请求时，对他的邻居节点是否被俘进行投票。这个投票过程是一个公开的投票过程，不需要隐藏投票节点的节点标识符。如果在一次投票过程中，节点 A 收到弹劾节点 B 的节点数超过门限值 t 以后，节点 A 将断开与节点 B 之间的所有连接。这个撤除节点的消息将通过基站传送到网络配置机构，使后面部署的节点不再与节点 B 共享密钥。

设计一个简洁高效的分布式投票计数机制比较困难。另外，分布节点撤除的一个可能的弱点是，每个节点具有潜在能力发布投票撤除所有的 m 个邻居节点。

随机密钥对预分布模型的性能讨论如下：

(1) 提供最佳的节点俘获的恢复力。每个密钥对是唯一的，任何节点的被俘都不会向敌人透露除了其本身参与的直接通信以外的任何信息。

(2) 支持更大的网络规模。其支持的网络规模可以直接通过 $n = m / p$ 计算。在相同内存容量的情况下，随机密钥对模型可以支持更大规模的网络。

(3) 增大对撤除攻击的抵抗力。因为任何一个节点被俘获都会暴露与其直接相连的节点的安全通道，由此会造成另外一些节点因为这个被俘节点的弹劾而被排除在网络之外。在随机密钥对模型下，如果能够有效地制止节点的复制，那么一个成功的节点俘获可以让敌人撤除的节点个数的理论值是 $k-d$，其中 k 是一个小常数，d 是网络节点出度的期望值。被俘节点和普通节点一样，有期望值为 d 的出度，根据上面的公式可知由这个被俘节点导致的撤除有效节点的个数是 d 乘上一个小常数，d 随着网络规模的增加只是缓慢地增长。虽然撤除攻击在某种程度上扩大了攻击者的破坏能力，但完全控制一个节点并不等于让攻击者可以很轻松地把其他一些节点撤除出网络。如果一个攻击者只想使用 DOS 攻击的话，那么它付出的代价可能比直接物理破坏这些节点还要大。

7.4.3 基于位置的密钥预分配模型

基于位置的密钥预分配方案是对随机密钥预分布模型的一个改进。这类方案在随机密钥对模型的基础上引入了传感器节点的位置信息，每个节点都存放一个地理位置参数。基于位置的密钥预分配方案借助于位置信息，在相同网络规模、相同存储容量的条件下可以提高两个邻居节点具有相同密钥对的概率，也能够提高网络攻击节点被俘获的能力。

Liu 的方案是把传感器网络划分为大小相等的单元格，每个单元格共享一个多项式。每个节点存放节点所在单元格及相邻 4 个单元格的多项式。那么周围节点可以根据自身坐标和该节点坐标判断是否共有相同的多项式。如果有，就可以通过多项式计算出共享密钥对，建立安全通信信道；否则，可以考虑通过已有的安全通道协商共享密钥对。此方案需要部署服务器帮助确定节点的期望位置及其邻居节点，并为其配置共享多项式。

Huang 的方案是对基本的随机密钥分配方案的扩展。它把密钥池分为多个子密钥池，每个子密钥池又包含多个密钥空间，传感器网络被划分为二维单元格，每个单元格根据位置信息对应于一个子密钥池。每个单元格中的节点在对应的子密钥池中随机选择多个密钥空间。特别地，为每个节点选择其每个相邻单元格中的一个节点，并部署与其共享的秘密密钥。这样，每个单元格中的每个节点都分配了唯一的密钥，使节点具有更强的抗俘获能力。

基于对等中间节点(peer intermediary)的密钥预分配方案也是一种基于位置的密钥预分配方案。它的基本思想是把部署的网络节点划分成一个网络，每个节点分别与它同行和同列的节点共享密钥对。对于任意两个节点 A 和 B 都能够找到一个节点 C，分别和节点 A 与 B 共享秘密的会话密钥，这样通过节点 C、A 和 B 就能够建立一个安全通信信道。此方案大大减小了节点在建立共享密钥时的计算量及对存储空间的需求。

7.4.4　其他的密钥管理方案

基于 KDC 的组密钥管理主要是在逻辑层次密钥(Logical Key Hierarchy，LKH)方案上的扩展，如有 routing awared key distribution scheme 方案、ELK 方案。这些密钥管理方案对于普通的传感器节点要求的计算量比较少，而且不需要占用大量的内存空间，有效地实现了密钥的前向保密和后向保密，并且可以利用 Hash 方法减少通信开销，提高密钥更新效率。但在无线传感器网络中，KDC 的引入使网络结构异构化，增加了网络的脆弱环节。KDC 的安全性直接关系到网络的安全。另外 KDC 与节点距离甚远，节点要经过多跳才能到达 KDC，会导致大量的通信开销。一般来说，基于 KDC 的模型不是传感器网络密钥管理的理想选择。

无线传感器网络的密钥管理方案还有许多，如 multipath key reinforcement scheme、using deployment knowledge 等。通常，应根据具体的应用来选取合适的密钥管理方案。然而，目前大多数的预配置密钥管理机制的可扩展性不强，而且不支持网络的合并，网络的应用受到了局限；而且在资源受限的网络环境下，让传感器节点随机性地和其他节点预配置密钥也不是一个高能效的选择。因此，与应用相关的定向、动态的密钥预配置方案将获得更多的关注。山东大学王睿等人提出了一种基于节点位置对密钥进行预分配和动态分配相结合的密钥分配策略，通过构造一颗密钥管理树实现了分布式和集中式密钥管理的结合，应用这一策略构建的传感器网络的安全性和连通性有了明显的提高。随着新应用的出现和传感器网络中一些基础协议的研究的发展，也需要提出新的相应的密钥管理协议。因此，密钥管理仍然是传感器网络安全的一个研究热点。

7.5　无线传感器网络的入侵检测技术

7.5.1　入侵检测技术概述

入侵检测可以被定义为识别出正在发生的入侵企图或已经发生的入侵活动过程。它是无线传感器网络的安全策略之一, 传感器节点有限的内存和电池能量使得无线传感器网络并不适合使用现行的入侵检测机制。

在无线 Ad Hoc 网络入侵检测技术的研究中, Buchegger S 等人提出了 CONFIDANT 协议, 它包括监视器、信誉系统、路径管理器和可信管理机构等。其中, 监视器记录偏离正常行为的节点; 信誉系统给出参与者的信誉等级; 路径管理器根据安全级别对路径进行归类; 可信管理机构负责管理路径的可信程度。这种方案因能耗问题并不完全适合传感器网络。Srinivasan V 等人研究了 Ad Hoc 网络的用户协作机制, 通过设计一个 "允许" 算法来决定是否允许或者拒绝一个中继请求, 并且证明系统将会收敛于一个平衡点。该算法的缺陷是没有考虑到可能存在的恶意节点, 因此也不适合传感器网络。Felegyhazi M 等人分析了无线网络中存在的数据包转发协作机制, 提出了能够达到平衡的协作策略所需要的条件。这种方法并不需要每个节点记住其他节点的行为, 但前提是所有的路径都是静态的。针对无线传感器网络的入侵检测技术, Kodialam 等人提到了用于检测网络入侵的基于抽样的博弈论方法。在这个理论中, 入侵检测技术的博弈是在检测者和入侵者之间进行的。入侵者尽量使被检测到的可能性达到最小, 而检测者尽量使检测到的可能性达到最大, 通过对这二者的折中来实现入侵检测。

这里给出了三种不同的入侵检测方案, 三种方案都使用了入侵检测系统 IDS(Instrusion Detection System)。三种方案的主要思想是找出传感器网络中最易受到攻击的节点并保护它。第一个方案是基于博弈论的无线传感器网络框架, 它把攻击-防御问题视为在攻击者和传感器网络之间两个博弈者的非零和、非协作博弈问题, 由此所产生的博弈机制作为网络的防御策略, 其结果是趋于纳什平衡。第二个方案用马尔可夫判定过程来预测最脆弱的节点。第三个方案以节点流量的直观判断作为度量尺度, 保护具有最高流量值的节点。通过比较分析和仿真这三种算法最后得出的结论是, 博弈论框架大大提高了传感器网络防御入侵的成功率, 是较为高效的一种入侵检测防御策略。

7.5.2 三种入侵检测方案的工作原理

1. 博弈论框架

对于一个固定的簇 k, 攻击者有三种可能的策略:(AS_1)攻击群 k、(AS_2)不攻击群 k、(AS_3)攻击其他群。IDS 也有两种策略:(SS_1)保护簇 k 或者(SS_2)保护其他簇。考虑到这样一种情况, 在每一个时间片内 IDS 只能保护一个簇, 那么这两个博弈者的支付关系可以用一个 2×3 的矩阵表示, 矩阵 A 和 B 中的 a_{ij} 和 b_{ij} 分别表示 IDS 和攻击者的支付。此外, 还定义了以下符号:

$U(t)$——传感器网络运行期间的效用;

C_k——保护簇 k 的平均成本;

AL_k——丢掉簇 k 的平均损失;

N_k——簇 k 的节点数量。

IDS 的付出矩阵 $A = [a_{ij}]_{2 \times 3}$ 定义如下:

$$A_{ij} = \begin{bmatrix} a_{11} & a_{12} & a_{13} \\ a_{21} & a_{22} & a_{23} \end{bmatrix} \tag{7-8}$$

这里 $a_{11} = U(t) - C_k$ 表示(AS_1, SS_1)，即攻击者和 IDS 都选择同一个簇 k，因此对于 IDS，它最初的效用值 $U(t)$ 要减去它的防御成本。$a_{12} = U(t) - C_k$ 表示(AS_2, SS_1)，即攻击者并没有攻击任何簇，但是 IDS 却在保护簇 k，所以必须扣除防御成本。$a_{13} = U(t) - C_k - \sum_{i=1}^{N_k'} AL_{k'}$ 表示(AS_3, SS_1)，IDS 保护的是簇 k，但攻击者攻击的是簇 k'。在这种情况下，需要从最初的效用中减去保护一个簇所需的平均成本，另外还需要减去由于丢掉簇 k' 带来的平均损失。$a_{21} = U(t) - C_{k'} - \sum_{i=1}^{N_k} AL_k$ 表示(AS_1, SS_2)，即攻击者攻击的簇为 k，而 IDS 保护的簇为 k'。$a_{22} = U(t) - C_{k'}$ 表示(AS_2, SS_2)，即攻击者没有攻击任何簇，但 IDS 却在保护簇 k'，所以必须减去保护成本。$a_{23} = U(t) - C_{k'} - \sum_{i=1}^{N_k'} AL_{k'}$ 表示(AS_3, SS_2)，即 IDS 保护的是簇 k'，但是攻击者攻击的却是簇 k"。在这种情况下，要从最初的效用中减去防御簇 k' 的平均成本，另外还要减去丢掉簇 k" 带来的平均损失。

定义攻击者的付出矩阵 $\boldsymbol{B} = [b_{ij}]$ 如下：

$$B_{ij} = \begin{bmatrix} PI(t) - CI & CW & PI(t) - CI \\ PI(t) - CI & CW & PI(t) - CI \end{bmatrix} \tag{7-9}$$

其中，CW 为等待并决定攻击的所需成本；CI 为攻击者入侵的成本，$PI(t)$ 为每次攻击的平均收益。在上述付出矩阵中，b_{11} 和 b_{21} 表示对簇 k 的攻击，b_{13} 和 b_{23} 表示对非簇 k 的攻击，它们都为 $PI(t) - CI$，表示从攻击一个簇所获得的平均收益中减去攻击的平均成本。同样 b_{12} 和 b_{22} 表示非攻击模式，如果入侵者在这两种模式下准备发起攻击，那么 CW 就代表了因为等待攻击所付出的代价。

现在讨论博弈的平衡解问题。首先介绍博弈论中的支配策略，给定由两个 $m \times n$ 矩阵 $\boldsymbol{A}$ 和 $\boldsymbol{B}$ 定义的双博弈矩阵，$\boldsymbol{A}$ 和 $\boldsymbol{B}$ 分别代表博弈者 p1 和 p2 的支付。假定如果 $a_{ij} \geq a_{kj}, j = 1, \cdots, n$，则行 i 支配行 k，行 i 称为"p1 的支配策略"。对 p1 来说，选出支配行 i 要优于选出被支配行 k，所以行 k 实际上可以从博弈中去掉，这是因为作为一个合理的博弈者 p1 根本不会考虑这个策略。

定理 7.1　基于策略对(AS_1, SS_1)的博弈结果趋于纳什均衡。

从上面的讨论中，可以获得这样一个直觉：对于 IDS 来说，最好的策略就是选择最恰当的簇予以保护，这样就使 $U(t) - C_k$ 的值最大；对于攻击者最好的策略就是选择最合适的簇来攻击，因为 $PI - C$ 总比 CW 大，所以总是鼓励入侵者的攻击。

2. 马尔可夫判定过程(Markov Decision Process，MDP)

假设在有限值范围内存在随机过程$\{X_n, n = 0, 1, 2, \cdots\}$，如果 $X_n = i$，那么就说这个随机过程在时刻 n 的状态为 i。假定随机过程处于状态 a，那么过程在下一时刻从状态 i 转移到状态 j 的概率为 p_{ij}，这样的随机过程成为"马尔可夫链"。基于过去状态和当前状态的马尔可夫链的条件分布与过去状态无关而仅取决于当前状态。对 IDS 来说，可以给出一个奖励概念，只要正确地选出予以保护的簇，它将为此得到奖励。

马尔可夫判定过程为解决连续随机判定问题提供了一个模型，它是一个关于(S, A, R, tr)

的四元组。其中：S 是状态的集合，A 是行为的集合，R 是奖励函数，tr 是状态转移函数。状态 $s \in S$ 封装了环境状况的所有相关信息。行为会引起状态的改变，二者之间的关系由状态转移函数决定。状态转移函数定义了每一个(状态、行为)对的概率分布。因此 $tr(s, a, s')$ 表示的是当行为 a 发生时，从状态 s 转移到 s' 的概率。奖励函数为每一个(状态、行为)对定义了一个实际的值，该值表示在该状态下发生这次行为所获得的奖励(或所需要的成本)。入侵检测系统的 IDS 的 MDP 状态相当于预测模型的状态。例如，状态(x_1, x_2, x_3) 表示对 x_3 的攻击($\{x_1, x_2\}$ 表示在过去曾经遭受过攻击)。这种对应也许不是最佳的，事实上，获取更准确的对应关系需要大量的数据(比如"在线时间"等数据)。每一次 MDP 的行为相当于一个传感器节点的一次入侵检测，一个节点可以建立基于 MDP 的多个入侵检测系统，但是为了使模型简化和计算简单，这里只考虑一种入侵检测的情况，即当检测到节点 x' 遭受入侵时，MDP 要么认同这次检测，把状态从(x_1, x_2, x_3) 转移到(x_1, x_2, x')；要么否定这次检测，重新选择另外一个节点。MDP 的奖励函数把检测入侵的效用进行编码，例如状态 (x_1, x_2, x_3) 的奖励可能是维持节点 x_3 所获得的全部收益。简单地说，如果入侵被检测到，则可为奖励定义一个常量。MDP 模型的转移函数 $tr((x_1, x_2, x_3), x', (x_2, x_3, x''))$ 表示对节点 x'' 的入侵行为被检测到的概率(假定节点 x' 在过去曾经遭受过攻击)。为了方便学习，这里使用学习方式，即 Q-learning。引入这种方式的目的，是为了把获得的基于时间奖励的期望值最大化，这可以通过从学习状态到行为的随机映射来实现，例如从状态 $x \in S$ 到行为 $a \in A$ 的映射被定义成 $\Pi : S \rightarrow A$。在每一个状态中选择行为的标准是使未来的奖励值达到最大，更确切地说就是选择的每一个行为能使获得的回报期望值 $R = E\left[\sum_{i=0}^{\infty} \lambda^i \omega_i\right]$ 达到最大，其中 $\lambda \in [0, 1)$ 是一个折扣率参数，ω_i 表示第 i 步的奖励值。如果在状态 s 时的行为为 a，则折扣后的未来奖励期望值由 Q-函数定义。

如果 $Q(s_t, a_t) \leftarrow Q(s_t, a_t) + a[\omega_{t+1} + \lambda \max_{a \in A} Q(s_{t+1}, a) - Q(s_t, a)]$，那么有 $Q : S \times A \rightarrow \Re$。

一旦掌握了 Q-函数，就可以根据 Q-函数贪婪地选择行为，从而使 R 函数的值最大。这样就有了如下表示：

$$\Pi(s) = \arg\max{}_{a \in A} Q(s, a) \tag{7-10}$$

3. 依据流量的直觉判断

第三种方案通过直觉进行判断。在每一个时间片内 IDS 必须选择一个簇来进行保护。这个簇要么是前一个时间片内被保护的簇，要么重新选择一个更易受攻击的簇。我们使用通信负荷来表征每个簇的流量。IDS 根据这个参数值的大小选择需要保护的簇。所以在一个时间片内 IDS 应该保护的是具有最大流量的簇，也是最易受攻击的簇。

7.6 小 结

传感器网络的安全领域还有很多值得讨论的地方。现在虽然对于安全领域的各个方面的研究有了一些进展，但是还存在很多理论上和实际实施过程中不尽如人意的地方，例如：

(1) SPINS 框架协议虽然定义了传感器网络安全传输所需要的绝大部分的内容，但是没有考虑 Dos 攻击的可能性；

(2) SPINS 使用的安全引导协议是预共享密钥对的形式，过分依赖基站；

(3) SNEP 没有考虑通信密钥更新问题。要实现密钥的前向安全性，必须要有切实可行的密钥更新机制。

(4) 随机密钥安全引导模型虽然克服了 SPINS 协议中遇到的问题，但是它存在不完全连通的问题。为了保证安全，引导过程作了很多额外的处理，协议实现起来比较复杂。

安全引导协议仍然是一个非常活跃的研究领域，如何针对不同的应用需求设计出恰如其分的安全引导协议是一个非常有意义的课题。传感器网络的应用已经慢慢地展开了，一个直接的应用就是在智能家庭安全方面的控制。家庭环境中资源耗尽型设备的安全远程控制问题已经成为一个应用研究的热点。

—————— 习　题 ——————

1. 简述无线传感器网络中有哪些安全问题？
2. 无线传感器网络中物理层、链路层和网络层有哪些各自的安全对策？
3. 常见的密钥安全机制有几种模型，各有什么特点？
4. 简述无线传感器网络中的三种入侵检测方法的主要思想机理。

第 8 章　硬件平台设计

8.1　无线传感器网络的硬件开发概述

传感器网络具有很强的应用相关性，在不同的应用要求下需要配套不同的网络模型、软件系统和硬件平台。可以说传感器网络是在特定应用背景下，以一定的网络模型规划的一组传感器节点的集合，而传感器节点是为传感器网络特别设计的微型计算机系统。

传感器节点是无线传感器网络的基本构成单位，由其组成的硬件平台和具体的应用要求密切相关，因此节点的设计将直接影响到整个无线传感器网络的性能。无线传感器网络通常包括传感器节点、汇聚节点(sink node)、处理中心、外部网络。大量传感器节点随机部署在感知区域(Sensor field)内部或附近，能够通过自组织方式构成网络，传感器节点将采集的数据沿着其他传感器节点逐跳进行传输，在传输过程中所采集的数据可能被多个节点处理，经过多跳路由后到汇聚节点，再由汇聚节点通过外部网络把数据传送到处理中心进行集中处理。

传感器节点通常是一个微型的嵌入式系统，构成无线传感器网络的基础层支持平台，从网络功能上看，每个传感器节点兼顾传统网络节点的终端和路由器双重功能，除了进行本地信息收集和数据处理外，还要对其他节点转发来的数据进行存储、管理和融合等处理，同时与其他节点协作完成一些特定任务。汇聚节点的处理能力、存储能力和通信能力相对较弱，它连接无线传感器与互联网等外部网络，实现两种协议栈之间的通信协议转换，同时发布节点的监测任务，并把收集到的数据转发到外部网络。

8.1.1　硬件系统的设计特点与要求

传感器节点是为无线传感器网络特别设计的微型计算机系统。无线传感器网络的特点决定了传感器节点的硬件设计应该重点考虑以下几个方面的问题。

1. 微型化

微型化无线传感器节点应该在体积上足够小，保证对目标系统本身的特性不会造成影响，或者所造成的影响可忽略不计。在某些场合甚至需要目标系统能够小到不容易被人所察觉的程度，以完成一些特殊任务。

在软件方面，要求所有模块的软件模块都应该尽量精简，没有冗余代码。对不同的应用系统需要配套不同的软件代码。从操作系统到各种硬件设备的驱动模块，乃至到应用程序模块都需要仔细设计。这些限制都是由有限的硬件资源决定的。

2．低成本和低功耗

低成本是对传感器节点的基本要求。只有低成本，才能将传感器节点大量地布置在目标区域中，表现出传感器网络的各种优点。低成本对传感器各个部件都提出了苛刻的要求。首先，供电模块不能使用复杂而且昂贵的方案；其次，能源有限的限制又要求所有的器件都必须是低功耗的；最后，传感器不能使用精度太高、线性很好的部件，这样会造成传感器模块成本过高。

无线传感器网络对低功耗的要求一般都远远高于目前已有的蓝牙、WLAN 的无线网络。传感器节点的硬件设计直接决定了节点的能耗水平，还决定了各种软件通过优化(如网络各层通信协议的优化设计、功率管理策略的设计)可能达到的最低能耗水平。通过合理地设计硬件系统，可以有效地降低节点能耗。

3．扩展性和灵活性

扩展性和灵活性是指无线传感器节点需要定义统一、完整的外部接口，在需要添加新的硬件部件时可以在现有节点上直接添加，而不需要开发新的节点。同时，节点可以按照功能拆分成多个组件，各组件之间通过标准接口自由组合。在不同的应用环境下，选择不同的组件自由配置系统，这样就不必为每个应用都开发一套全新的硬件系统。当然，部件的扩展性和灵活性应该以保证系统的稳定性为前提，必须考虑连接器件的性能。软件的扩展性体现在节点上的软件不需要额外的设备就可以自动升级，最简单的方法就是通过无线接口直接进行软件的下载和升级。无线信息的光波特性可以实现多节点的同步升级，为节点软件的远程升级提供了便利的条件。软件模块同样要做到组件化和可配置化。所有的软件模块独立并且有标准的模块接口，这样不同的应用系统可以根据自身的需要配置满足要求的最小系统。

4．稳定性和安全性

传感器节点的稳定性和安全性需要结合软硬件设计来实现。稳定性设计要求节点的各个部件能够在给定的应用背景下(可能具有较强的干扰或不良的温、湿度条件)正常工作，避免由于外界干扰产生过多的错误数据。但是过于苛刻的硬件要求又会导致节点成本的提高，应在分析具体应用需求的条件下进行权衡处理。此外，关于节点的电磁兼容设计也十分重要。安全性设计主要包括代码安全和通信安全两个方面。在代码安全方面，某些应用场合可能希望保证节点的运行代码不被第三方了解。很多微处理器的存储器芯片都具有代码保护的能力。

8.1.2　硬件系统的设计内容

无线传感器节点的基本硬件功能模块组成如图 8-1 所示，主要由数据处理模块、数据采集模块、无线通信模块、电源模块和其他外围电路组成。数据处理模块是节点的核心模块，用于完成数据处理、数据存储、通信协议的执行和节点调度管理等工作；数据采集模块包括各种传感器和 A/D 转换器，用于感知数据和执行各种控制动作；无线通信模块用于完成无线通信任务；电源模块是所有电子系统的基础，电源模块的设计直接关系到节点的寿命；其他外围模块包括看门狗电路、电池电量检测模块等，也是传感器节点不可缺少的组成部分。

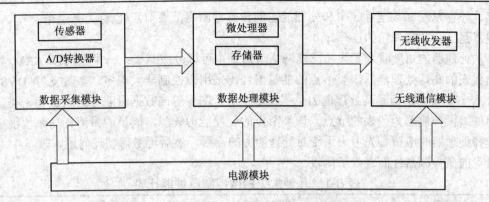

图 8-1　无线传感器节点的基本硬件功能模块组成

8.2　节点的硬件设计

8.2.1　处理器模块

处理器模块是无线传感器节点的计算核心，所有的设备控制、任务调度、能量计算和功能协调、通信协议的执行、数据整合和数据转储程序都将在这个模块的支持下完成，所以处理器的选择在传感器节点设计中是至关重要的。作为硬件平台的中心模块，除了应具备一般单片机的基本性能外还应该具有适合整个网络需要的特点：

(1) 尽可能高的集成度。受外形尺寸限制，模块必须能够集成更多的节点的关键部位。

(2) 尽可能低的能源消耗。处理器的功耗一般很大，而无线网络中没有持续的能源供给，这就要求节点的设计必须将节能作为一个重要因素来考虑。

(3) 尽量快的运行速度。网络对节点的实时性要求很高，要求处理器的实时处理能力要强。

(4) 尽可能多的 I/O 和扩展接口。多功能的传感器产品是发展的趋势，而在前期设计中，不可能把所有的功能都包括进来，这就要求系统有很强的可扩展性。

(5) 尽可能低的成本。如果传感器节点成本过高，必然会影响网络化的布局。

目前使用较多的有 ATMEL 公司的 AVR 系列单片机，Berkerly 大学研制的 Mica 系列节点大多采用 ATMEL 公司的微控制器。TI 公司的 MSP430 超低功耗系列处理器，不仅功能完整、集成度高，而且根据存储容量的多少提供多种引脚兼容的处理器，使开发者很容易根据应用对象平滑升级系统。在新一代无线传感器节点 Tolos 中使用的就是这种处理器，Motorala 公司和 Renesas 公司也有类似的产品。

ARM 处理器也可能成为下一代传感器节点设计中的考虑对象。ARM 系列处理器性能跨度比较大，低端处理器价格便宜，可以替代单片机的应用，高端处理器可以达到 Pentium 处理器和其他专业多媒体处理器的水平，甚至可在很多并行系统中实现阵列处理。ARM 处理器功耗低、处理速度快、集成度也相当高，而且地址空间非常大，可以扩展为大容量的存储器，但若在普通传感器节点中使用，其价格、功耗以及外围电路的复杂度还不十分理想。随着技术的进步，ARM 处理器将在这些方面有更加出色的表现。另外，对于需要大量内存、外存以及高数据吞吐率和处理能力的传感器网络汇聚节点(也称为基站节点)，ARM处理器是一个非常理想的选择。

从处理器的角度看，无线传感器网络节点基本可以分成两类：一类采用以 ARM 处理器为代表的高端处理器。该类节点的能量消耗比采用微控制器大得多，多数支持 DVS 或 DFS 等节能策略，但是其处理能力也强得多，适合图像等高数据量业务应用。另一类是以采用低端微控制器为代表的节点。该类节点的处理能力较弱，但是能量消耗功率也很小。在选择处理器时应该首先考虑系统对处理能力的需要，然后再考虑功耗问题。表 8-1 对几种常见的微控制器性能进行了比较。

表 8-1　几种常见的微控制器性能比较

项目 厂商	芯片型号	RAM 容量 /KB	Flash 容量 /KB	正常工作电流 /mA	休眠模式 下的电流/μA
Atmel	Mega103	4	128	5.5	1
	Mega128	4	128	8	20
	Mega165/325/645	4	64	2.5	2
Microchip	PIC16F87x	0.36	8	2	1
Intel	8051 8 位 Classic	0.5	32	30	5
	8051 16 位	1	16	45	10
Philips	80C51 16 位	2	60	15	3
Motorola	HC05	0.5	32	6.6	90
	HC08	2	32	8	100
	HCS08	4	60	6.5	1
TI	MSP430F14x16 位	2	60	1.5	1
	MSP430F16x16 位	10	48	2	1
Atmel	AT91 ARM Thumb	256	1024	38	160
Intel	XScale PXA27X	256	N/A	39	574
Samsung	S3C44B0	8	N/A	60	5

8.2.2　传感器模块

传感器在现实中的应用非常广泛，渗透在工业、医疗、军事和航天等各个领域，所以有些机构把传感器网络称为未来三大高科技产业之一。传感器网络研究的近期意义不是创造出多少新的应用，而是通过网络技术为现有的传感器应用提供新的解决办法。网络化的传感器模块相对于传统传感器的应用有如下的特点。

① 传感器模块是硬件平台中真正与外部信号量接触的模块，一般包括传感器探头和变送系统两部分。探头采集外部的温度、光照和磁场等需要传感的信息，将其送入变送系统，后者将上述物理量转化为系统可以识别的原始电信号，并且通过积分电路、放大电路整形处理，最后经过 A/D 转换器转换成数字信号送入处理器模块。

　　② 对于不同的探测物理量，传感器模块将采用不同的信号处理方式。因此，对于温度、湿度、光照、声音等不同的信号量，需要设计相应的检测与传感器电路，同时，需要预留相应的扩展接口，以便于扩展更多的物理信号量。

　　传感器种类很多，可以检测温湿度、光照、噪声、振动、磁场、加速度等物理量。美国的 Crossbow 公司基于 Mica 节点开发了一系列传感器板，采用的传感器有光敏电阻 Clairex CL94L、温敏电阻 ERTJ1VR103J(松下电子公司)、加速度传感器 ADI ADXL202、磁传感器 Honeywell HMC1002 等。

　　传感器电源的供电电路设计对传感器模块的能量消耗来说非常重要。对于小电流工作的传感器(几百微安)，可由处理器 I/O 口直接驱动；当不用该传感器时，将 I/O 口设置为输入方式。这样外部传感器没有能量输入，也就没有能量消耗，例如温度传感器 DS18B20 就可以采用这种方式。对于大电流工作的传感器模块，I/O 口不能直接驱动传感器，通常使用场效应管(如 Irlm16402)来控制后级电路的能量输入。当有多个大电流传感器接入时，通常使用集成的模拟开关芯片来实现电源控制，MAX4678 就是这样一款芯片。

8.2.3　通信模块

　　无线通信模块由无线射频电路和天线组成，目前采用的传输媒体包括无线电、红外线和光波等，它是传感器节点中最主要的耗能模块，是传感器节点的设计重点。本节主要讨论无线通信模块所采用的传输方式、选择的频段、调制方式及目前相关的协议标准。

1. 无线电传输

　　无线电波易于产生，传播距离较远，容易穿透建筑物，在通信方面没有特殊的限制，比较适合在未知环境中需求的自主通信，是目前传感器网络的主流传输方式。

　　在频率选择方面，一般选用工业、科学和医疗(ISM)频段。选用 ISM 频段的主要原因在于 ISM 频段是无需注册的公用频段，具有大范围的可选频段，没有特定标准，可灵活使用。

　　在机制选择方面，传统的无线通信系统需要考虑的重要指标包括：频谱效率、误码率、环境适应性以及实现的难度和成本。在无线传感器网络中，由于节点能量受限，需要设计以节能和低成本为主要指标的调制机制。为了实现最小化符号率和最大化数据传输率的指标，研究人员将 M-ary 调制机制应用于传感器网络，然而，简单的多相位 M-ary 信号会降低检测的敏感度，而为了恢复连接则需要增加发射功率，因此导致额外的能量浪费。为了避免该问题，准正交的差分编码位置调制方案采用四位二进制符号，每个符号被扩展为 32 位伪噪声码片序列，构成半正弦脉冲波形的交错正交相移键控(OQPSK)调制机制，仿真实验表明该方案的节能性能较好。M-ary 调制机制通过单个符号发送多位数据的方法虽然减少了发射时间，降低了发射功耗但是所采用的电路很复杂，无线收发器的功耗也比较大。如果以无线收发器的启动时间为主要条件，则 Binary 调制机制在启动时间较长的系统中更加节能有效，而 M-ary 调制机制适用于启动时间较短的系统。在参考文献给出了一种基于直接序列扩频码分多址访问(DS-CDMA)的数据编码与调制方法，该方法通过使用最小能量编码算法降低多路访问冲突，减少能量消耗。

　　另外，U.C. Berkeley 研发的 PicoRadio 项目采用了无线电唤醒装置。该装置支持休眠模式，在满占空比情况下消耗的功率也小于 1 μW。DARPA 资助的 WINS 项目研究了如何采用 CMOS 电路技术实现硬件的低成本制作。AIT 研发的 uAMPS 项目在设计物理层时考虑了无线收发器启动能量方面的问题。启动能量指无线收发器在休眠模式和工作模式之间转换时消耗的能量。研究表明，启动能量可能大于工作时消耗的能量。这是因为发送时间可能很短，而无线收发器由于受制于具体的物理层的实现，其启动时间却可能相对较长。

2. 红外线传输

红外线作为传感器网络的可选传输方式，其最大的优点是这种传输不受无线电干扰，且红外线的使用不受国家无线电管理委员会的限制。然而，红外线对非透明物体的穿透性极差，只能进行视距传输，因此只在一些特殊的应用场合下使用。

3. 光波传输

与无线电传输相比，光波传输不需要复杂的调制、解调机制，接收器的电路简单，单位数据传输功耗较小。在 Berkeley 大学的 SmartDust 项目中，研究人员开发了基于光波传输，具有传感、计算能力的自治系统，提出了两种光波传输机制即使用三面直角反光镜(CCR)的被动传输方式和使用激光二极管、易控镜的主动传输方式。对于前者，传感器节点不需要安装光源，通过配置 CCR 来完成通信；对于后者，传感器节点使用激光二极管和主控激光通信系统发送数据。光波与红外线相似，通信双方不能被非透明物体阻挡，只能进行视距传输，应用场合受限。

4. 传感器网络无线通信模块协议标准

在协议标准方面，目前传感器网络的无线通信模块设计有两个可用标准：IEEE802.15.4和 IEEE802.15.3a。IEEE802.15.3a 标准的提交者把超宽带(UWB)作为一个可行的高速率WPAN 的物理层选择方案，传感网络正是其潜在的应用对象之一。

8.2.4　电源模块

电源模块是任何电子系统的必备基础模块。对传感器节点来说，电源模块直接关系到传感器节点的寿命、成本、体积和设计复杂度。如果能够采用大容量电源，那么网络各层通信协议的设计、网络功耗管理等方面的指标都可以降低，从而降低设计难度。容量的扩大通常意味着体积和成本的增加，因此电源模块设计中必须首先合理地选择电源种类。

市电是最便宜的电源，不需要更换电池，而且不必担心电能耗尽。但在具体应用市电时，一方面因受到供电电缆的限制而削弱了无线节点的移动性和适用范围；另一方面，用于电源电压的转换电路需要额外增加成本，不利于降低节点造价。但是对于一些使用市电方便的场合，比如电灯控制系统等，仍可以考虑使用市电供电。

电池供电是目前最常见的传感器节点供电方式。原电池(如 AAA 电池)以其成本低廉、能量密度高、标准化程度高、易于购买等特点而备受青睐。虽然使用可充电的蓄电池似乎比使用原电池好，但与原电池相比蓄电池也有很多缺点，如它的能量密度有限。蓄电池的重量能量密度和体积能量密度远低于原电池，这就意味着要达到同样的容量要求，蓄电池的尺寸和重量都要大一些。此外与原电池相比，蓄电池的维护成本也不可忽略。尽管有这些缺点，蓄电池仍然有很多可取之处。蓄电池的内阻通常比原电池要低，这在要求峰值电流较高的应用中是很有好处的。

在某些情况下，传感器节点可以直接从外界的环境中获取足够的能量，包括通过光电效应、机械振动等不同方式获取能量。如果设计合理，采用能量收集技术的节点尺寸可以做得很小，因为它们不需要随身携带电池。最常见的能量收集技术包括太阳能、风能、热能、电磁能、机械能的收集等。比如，利用袖珍化的压电发生器收集机械能，利用光敏器件收集太阳能，利用微型热电发电机收集热能等。另外，Bond 等人还研究了采用微生物电池作为电源的方法，这种方法安全、环保，而且可以无限期的使用。

节点所需的电压通常不只一种，这是因为模拟电路与数字电路所要求的最优供电电压不同，非易失性存储器和压电发生器及其他的用户界面需要使用较高的电源电压。任何电压转换电路都会有固定开销(消耗在转换电路本身而不是在负载上)，对于占空比非常低的传感器节点而言，这种开销占总功率的比例可能是非常大的。

8.2.5　外围模块

前面介绍的是无线传感器节点设计中最重要的部分。除此之外，要形成一个完整的无线传感器节点并达到对扩展性、灵活性、高效性的要求，还需要一些外部支持系统，主要包括能源、外部存储器、模-数转换、外部接口。

对于低速率通信、低功耗运行、低频率使用的传感器节点来说，很多传输数据，包括自身采集的数据、从邻居节点获取的转发数据以及在一段时间内需要保存的各种路由信息，都需要一个可靠的地方存储。所以一般传感器节点还会配上一些外部存储器。为了避免这些信息受系统偶然因素的影响，一般选择非易失性存储器作为存储媒质。目前 Flash 是一种可以低电压(3 V)操作、多次写、无限次读的非易失性存储介质。配合有效的顺序读写机制，Flash 可以高效地在传感器节点中使用。现在低容量 Flash 存储器的价格不高，接口和控制电路都非常简单，品种也非常多。

另外考虑到节点的可扩展性和灵活性，在设计时需要保留一些标准接口，通常在开发时需要有 ISP 编程接口或 JTAG 编程接口，各种调试接口如串口(UART Port)、USB 接口等，以及一些标准模块之间的通信接口。这样，不同模块之间的升级和更换就比较方便独立了。

8.3　传感器节点设计实例

8.3.1　传感器节点系列简介

目前，实用化的传感器节点不多，其开发原型往往都是美国国家支持项目的附属产品，国内出现的很多传感器节点也是模仿国外的 Mote 节点开发的。下面简要介绍国外在传感器网络研究中开发出来的部分传感器节点原型。

1. Smart Dust

Smart Dust 是美国 DARPA/MTOMEMS 支持的研究项目，其目的是结合 MEMS 技术和集成电路技术，研制体积不超过 1 mm^3、使用太阳能电池、具有光通信能力的自治传感器节点。由于体积小、重量轻，该节点可以附着在其他物体上，甚至可以在空气中浮动。图8-2给出了 Smart Dust 的系统结构。

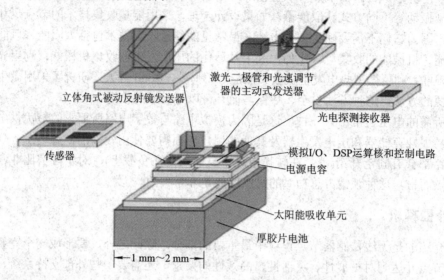

图 8-2　Smart Dust 的系统结构图

Smart Dust 节点的主要特点如下：

(1) 采用 MEMS 技术，体积微小，整个传感器节点可以控制在 $1\ mm^3$ 左右。

(2) 使用太阳能作为其工作能量的来源，具有长期工作的潜力。

(3) 采用光通信方式。一方面功耗比无线电小(如果采用被动光反射技术，则耗能更小)；另一方面不需要长长的天线，在体积上也可以做得非常小。另外，通信信道空分复用，所以基站可以同时与多个节点通信。

(4) 光通信方式降低了节点功耗，但是其传输的方向性、无视距阻碍的要求给节点的布署带来很大的挑战。

Smart Dust 有被动和主动两种通信模式。被动模式中节点本身不发光，而是通过反射来自基站收发器(Base Station Transceiver，BTS)的光完成信息传递的。这简化了节点的复杂度，而且降低了节点功耗。由于不能主动发送消息，只能等待主站查询，所以被动模式的响应速度比较慢。主动模式在节点上增加激光、校准透镜和光束调节微镜等装置，在有数据需要发送的时候可以主动向周围的节点或者主站发送，这种方式增加了节点功耗，但减少了响应延迟。

被动模式的传感器节点依赖基站完成通信，只能构建节点直接与基站通信的集中式网络；主动模式在解决多方向激光发射方面也有困难。这些技术上的难点在一定程度上限制了 Smart Dust 的应用。

2. Mica 系列节点

Mica 系列节点是加州大学伯克利分校研制的用于传感器网络研究的演示平台的试验节点。在这个演示平台中，软件和硬件是并行发展的，由于该平台的软硬件设计都是公开的，所以成为研究传感器网络最主要的试验平台。Mica 系列节点主要包括 WeC、Renee、Mica、Mica2、Mica2Dot 和 Spec。其中 Mica2 已由 Crossbow 公司包装生产。图 8-3 所示的是 Mica 系列节点实物图。

　　　　　(a) Spec 节点　　　　　　　　　　　　　　(b) Mica2 节点

图 8-3　Mica 系列节点实物图

　　Mica 系列节点使用的处理器均为 Atmel 公司的产品,而且随着 Atmel 公司产品的不断升级,后续节点使用的处理器能够提供更多的系统资源,片上 SRAM、外部 Flash 也得到了扩展。

　　Mica 系列节点使用的无线模块在发展过程中改变过一次,在 Wec、Renee、Mica 中采用 TR1000 芯片,而在其他两款节点中采用了 Chipcon 公司的 CC1000 芯片。从传输性能上讲,TR1000 芯片与 CC1000 芯片各有所长,CC1000 芯片本身支持多信道跳频,扩展了无线传感器节点的通信功能,为应用系统的设计提供了新的处理手段。

　　Mica2Dot 是 Mica2 的一个微缩版,它简化了 Mica2 的外部电路(LED 灯由 3 个减少至 1 个,外部接口由 51 个减少为 21 个并以环形方式排布,使用 4 MHz 的外部时钟),降低系统运行时的功率消耗。

　　表 8-2 列出了 Mica 系列的无线传感器节点的技术特点。

表 8-2　Mica 系列的无线传感器节点技术特点

节点类型		WeC	Renee	Mica	Mica2	Mica2Dot
开发时间/年		1998	1999	2001	2002	2002
微处理器	芯片类型	AT90LS8535	Atmega163	Atmega128		
	主频/MHz	4			7.3728	4
	程序空间/KB	8	16	128		
	RAM/KB	0.5	1	4		
节点类型		WeC	Renee	Mica	Mica2	Mica2Dot
微处理器	工作功率/mW	15			8	33
	休眠功率/μW	45		75		
	激活时间/μs	1000	36	180		
	UART 数量	1		2		
	SPI 通信接口	1				
	I^2C 串行接口	软件模块		硬件模块		
存储器	芯片类型	24LC256		AT45DB041B		
	连接类型	I^2C		SPI		
	容量/KB	32		512		

续表

节点类型		WeC	Renee	Mica	Mica2	Mica2Dot
无线通信模块	通信芯片类型	TR1000(RFM)			CC1000(Chipcon)	
	载波频率	916(单频点)			916/433(多频点)	
	调制方式	OOK		ASK	FSK	
	发送功率控制	可编程电阻分压式			CC1000 寄存器软件控制	
	传送速率/(kb/s)	10		40	38.4	
	接收功率/mW	9		12	29	
	发送功率/mW	36			42	
	编码方式	SedSeed 软件编码方式			硬件曼彻斯特编码	
功耗	最小工作电压/V	2.7				
	激活总功耗/mW	24			89	44
接口	扩展接口	无		51 脚		19 脚
	通信方式	IEEE1248(编程)RS232(硬件通信)				
	集成传感器	无				

3. Mote 系列节点

Mote 是由 Crossbow 公司基于 Mica 系列节点开发的一种无线传感器网络产品。最基本的 Mote 组件是 Mica 系列处理器/无线模块，完全符合 IEEE802.15.4 标准。最新型的 Mica2 可以工作在 868/916 MHz、433 MHz 和 315 MHz 三个频带，数据速率为 40 kb/s，通信范围可达 1000 英尺(约合 305 m)；配备了 128 KB 的编程用闪存和 512 KB 的测量用闪存，4 KB 的 EEPROM；串行通信接口为 UART 模式。

4. Telos 系列节点

Telos 系列节点是由美国国防部(DARPA)支持的 NEST 项目中的附属品，出发点是解决 Mica 系列节点能耗较大的缺点，采用了在待机时耗电较低的微处理器和无线收发 LSI 产品。微处理器和无线收发 LSI 分别采用美国德州仪器公司的 MSP430 和挪威 Chipcon 公司的 CC2420。Telos 节点在耗电量方面，待机时为 2 μW，工作时为 0.5 mW，发送无线信号时为 45 mW。从待机模式恢复到工作模式的时间(Wakeup Time)平均为 270 ns，最快仅为 6 μs。

5. Gain 系列节点

Gain 系列节点是由中科院计算所开发的一种节点。中科院计算所是国内较早涉及无线传感器网络领域的几个单位之一，其开发了可配置的无线传感器网络节点及验证环境，包括了主控模块、供电模块、通信模块、传感器模块、FPGA 支持模块等部分，各个模块从功能上相互独立，共同形成一套完整的软硬件开发环境，为后面进行功能更强大的无线传感器网络节点及相应的应用系统的开发提供了有力的保障，此外，它还可以支持无线传感器网络或其他嵌入式芯片的开发验证环境。Gain 节点目前已经推向市场，是国内第一款自主开发的无线传感器网络节点。

8.3.2　Mica 系列传感器设计分析

因为 Mica 系列节点开发较早、应用广泛、接口标准化，所以有很多传感器板与 Mica 系列节点兼容。

1. 电源供电电路

由于一些传感电路的工作电流较大，因此应该采用突发式工作的方式，即在需要采集数据时才使传感电路工作，从而降低能耗。由于一般的传感器都不具备休眠模式，因此最方便的办法是控制传感器的电源开关，实现对传感器的状态控制。

对于仅需要小电流驱动的传感器，可以考虑直接采用 MCU 的 I/O 端口作为供电电源，这种控制方式简单而灵活；对于需要大电流驱动的传感器，宜采用漏电流较小的开关场效应管控制传感器的供电；在需要控制多路电压时，还可以考虑采用 MAX4678 等集成模拟开关实现电源控制。

2. 温湿度和照度检测电路

MTS300CA 使用的温湿度和照度传感器分别是松下公司的 ERT-J1VR103J 和 Clairex 公司的 CL9P4L，参考电路如图 8-4 所示。温湿度和照度传感器封装比较小巧，而且基本上不需要额外的变送部分就可以送到处理器的 ADC 输入端进行采样。不过温湿度传感器和照度传感器本身的特性曲线一般不是线性的，用 ADC 测量后的结果需要经过器件本身提供的特性曲线进行校正。

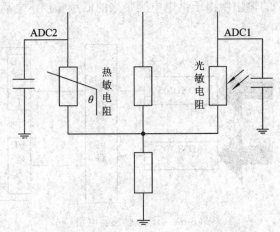

图 8-4　MTS300CA 传感器板温湿度和照度传感器原理图

3. 磁性传感器电路

磁性传感器可以测量环境的磁场强度，对于探矿或者辨别方向非常有用，在传感器网络中可以作为方向性测量的一种工具。MTS300CA 的磁性传感器的电路设计如图 8-5 所示。MTS300CA 中使用的磁性传感器是美国 Honeywell 公司的双通道磁性传感器 HMC1002。从 HMC1002 测得的场强以差分信号的形式输出，分别经过 INA2126 的两个放大器进行信号放大，放大倍数通过可变电阻调节芯片 AD5242 完成。放大后的信号送到节点平台的 ADC 控制器进行采集。

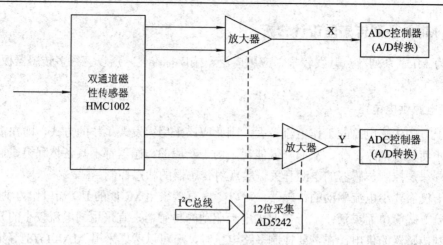

图 8-5　MTS300CA 传感器板磁性传感器电路

4．加速度传感器电路

加速度传感器可应用在手柄振动和摇晃、仪器仪表、汽车制动和启动检测，地震检测报警系统、玩具、环境监视、地质勘探、铁路、桥梁、大坝的振动测试与分析、高层建筑结构动态特性和安全保卫振动侦查上。

图 8-6 是用 Analog Device 公司的 ADXL105 设计的加速度传感器电路，用于检测二维平面上物体的振动。通过信号调理电路，完成对两个加速度传感器 ADXL105 传输信号的调理，去掉 ADXL105 的输出中由于供电电源带来的低频噪声，之后再送给 MCU 的 A/D 转换接口。

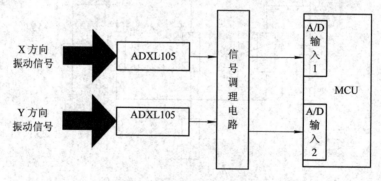

图 8-6　加速度传感器电路

8.4　小　　结

Mica 系列节点的发展贯穿传感器网络发展的全过程，形成了系列化、多功能的传感器网络试验平台，为传感器网络的发展起到了积极的推动作用。但是，Mica 系列节点毕竟是实验室产品，其体积还比较大，能量供应方式上还只局限于电池方式。传感器网络是应用相关的，不同的应用需要使用不同的软硬件技术和不同的封装方法。从技术角度来看，无线传感器节点的硬件会随同下列技术的进步而发展：

(1) 更低功耗、更小体积的处理器。目前已经面世的处理器，如 Atmega256，可以工作在 1.8 V 电压以下，具有更低的功耗。但是为了减小电路的复杂度，需要其他模块也都有能够工作在如此低的电压下的集成电路芯片才行。TI 公司的 MSP430 的表现也非常卓越，它可以更细致地配置工作频率，从而把功耗降低到非常小，这种低速运行对于慢速传感器的采集非常有效，即以非常低的功耗等待目标传感器的采集工作。当然，还有更多优秀的处理器正在开发，所以也必然会有更优秀的节点系统被开发出来。

(2) 更有效的传感器系统。对于温湿度传感器或者照度传感器，其体积做小的空间还非常大，而对于其他类型的传感器，如磁性传感器、加速度传感器、化学传感器，如果其体积能够做小、采样速度能够提高，对扩展传感器网络的应用范围会起到很大的推动作用。

(3) 更有效的通信技术。目前在传感器网络中采用的无线通信技术手段更倾向于无线电通信技术。如果无线电通信在降低功耗(微瓦级)、缩小体积(天线)、抗干扰(高频信号泄漏而造成的内部串扰)等方面随着工艺加工技术、材料科学以及无线电通信技术本身的发展能够有所突破，从而实现微空间超低功耗的无线通信模块，那么传感器网络技术必然可以得到更大的推进。

(4) 更高的集成技术。把多种不同技术要求的模块集成在一起，实现集成化单体无线传感器节点，是无线传感器节点的最终目标。MEMS 技术的发展会把传感器网络的发展推向一个更高的水平。加州大学伯克利分校与 DARPA 的联合开发项目 SPEC 目前已经完成。该项目设计的集成化无线传感器节点非常小。该产品内嵌传感器、处理器和无线电通信模块。其通信频点为 902 MHz，通信距离达到 40 英尺(12 m)，数据传输速率为 19200 b/s。该产品被称为 Smart Dust 和 TinyOS 项目的一个重要的里程碑，对未来传感器网络的发展将起到重大的推动作用。

传感器网络是发展中的技术，其发展方向和前景非常好。从目前的发展趋势上看，实现微型化(灰尘大小)、网络化(成千上万个节点)、能量可持续(利用太阳能、振动甚至地热资源)、材料可回收、价格低廉都是传感器网络发展的必然趋势。通过不断的研究和拓展应用，传感器网络必定会成为人类认识和改造世界最有力的工具之一。

习　　题

1．请介绍国内外几个典型 WSN 节点的型号以及电流消耗在 1 μA 或以下的微处理器芯片。

2．无线传感器网络中，一般节点所使用的控制器有哪些，网关节点有哪些？

3．无线传感器网络外围电路模块如何选型和设计？

4．以家庭安防为例，设计一个基于无线传感网络技术的系统，包括系统方案、功能描述、器件选型以及软件实现和调试平台等。

第9章　无线传感器网络工程实验指导

9.1　CC2530 芯片简介

　　TI 公司的 CC2530 系统芯片，具备高速低功耗 8051 内核、大容量 Flash 存储器、8 KB 的 RAM 及丰富强大的外设资源，如 DMA、定时/计数器、看门狗计数器、AES-128 协处理器、8 位～14 位 ADC、USART、睡眠模式定时器、上电复位、掉电检测、21 个可编程的 I/O 口等。具有卓越的射频性能，包括超低功耗、高灵敏度、出众的抗噪声及抗干扰能力。在接收机传输模式下，电流消耗分别为 24 mA 和 29 mA。CC2530 的休眠模式与其工作模式间的超短激活时间，使得此射频 IC 可以成为针对超长电池使用寿命应用的理想解决方案。

　　CC2530 支持专有的 IEEE 802.15.4 市场以及 ZigBee2006、ZigBee PRO 和 ZigBee RF4CE 标准，还可以配备 TI 的一个标准兼容或专有的网络协议栈(RemoTI、Z-Stack 或 SimpliciTI) 来简化开发。CC2530 可以应用于包括远程控制、消费型电子、家庭控制、计量和智能能源、楼宇自动化、医疗以及更多领域。

9.1.1　芯片内部框架结构

　　CC2530 芯片内部框架结构如图 9-1 所示。

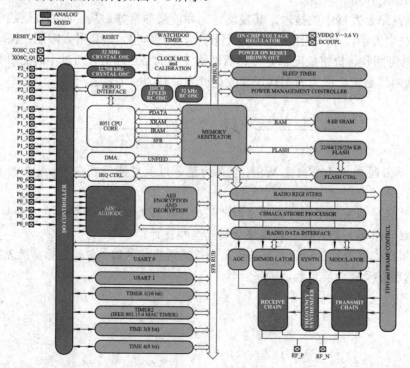

图 9-1　CC2530 芯片内部框架图

9.1.2　芯片引脚和 I/O 端口配置

CC2530 芯片引脚和 I/O 端口配置如图 9-2 所示。

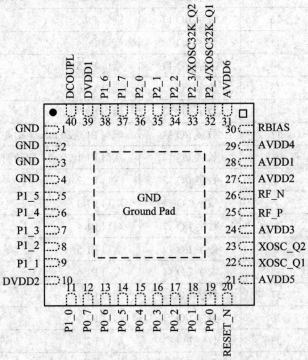

图 9-2　CC2530 芯片引脚和 I/O 端口配置

CC2530 芯片引脚对应的功能如表 9-1 所示。

表 9-1　CC2530 芯片引脚对应的功能表

引脚名称	引脚号	引脚类型	描　述
AVDD1	28	电源(模拟)	2.0 V～3.6 V 模拟电源供电
AVDD2	27	电源(模拟)	2.0 V～3.6 V 模拟电源供电
AVDD3	24	电源(模拟)	2.0 V～3.6 V 模拟电源供电
AVDD4	29	电源(模拟)	2.0 V～3.6 V 模拟电源供电
AVDD5	21	电源(模拟)	2.0 V～3.6 V 模拟电源供电
AVDD6	31	电源(模拟)	2.0 V～3.6 V 模拟电源供电
DCOUPL	40	电源(数字)	1.8 V 数字电源供电退耦,不使用外部电路供应
DVDD1	39	电源(数字)	2.0 V～3.6 V 数字电源供电
DVDD2	10	电源(数字)	2.0 V～3.6 V 数字电源供电
GND	—	地	芯片底部焊盘必须连接到 PCB 的接地层
GND	1、2、3、4	未使用	连接到地
P0_0	19	数字 I/O 口	端口 P0.0
P0_1	18	数字 I/O 口	端口 P0.1

引脚名称	引脚号	引脚类型	描　述
P0_2	17	数字 I/O 口	端口 P0.2
P0_3	16	数字 I/O 口	端口 P0.3
P0_4	15	数字 I/O 口	端口 P0.4
P0_5	14	数字 I/O 口	端口 P0.5
P0_6	13	数字 I/O 口	端口 P0.6
P0_7	12	数字 I/O 口	端口 P0.7
P1_0	11	数字 I/O 口	端口 P1.0(20 mA 驱动能力)
P1_1	9	数字 I/O 口	端口 P1.1(20 mA 驱动能力)
P1_2	8	数字 I/O 口	端口 P1.2
P1_3	7	数字 I/O 口	端口 P1.3
P1_4	6	数字 I/O 口	端口 P1.4
P1_5	5	数字 I/O 口	端口 P1.5
P1_6	38	数字 I/O 口	端口 P1.6
P1_7	37	数字 I/O 口	端口 P1.7
P2_0	36	数字 I/O 口	端口 P2.0
P2_1	35	数字 I/O 口	端口 P2.1
P2_2	34	数字 I/O 口	端口 P2.2
P2_3/XOSC32K_Q2	33	模拟/数字 I/O 口	端口 P2.3/32.768KHz XOSC
P2_4/XOSC32K_Q1	32	模拟/数字 I/O 口	端口 P2.4/32.768KHz XOSC
RBIAS	30	模拟 I/O 口	用于参考电流的外部精密偏置电阻
RESET_N	20	数字输入	复位，低电平有效
RF_N	26	射频 I/O 口	RF 接收期间负 RF 输入信号到 LNA，发送期间负 RF 从 PA 输出信号
RF_P	25	射频 I/O 口	RF 接收期间正 RF 输入信号到 LNA，发送期间正 RF 从 PA 输出信号
XOSC_Q1	22	模拟 I/O 口	32 MHz 晶体振荡器引脚 1 或外部时钟输入
XOSC_Q2	23	模拟 I/O 口	32 MHz 晶体振荡器引脚 2

9.1.3　特殊功能寄存器

　　CC2530 的特殊功能寄存器(SFR)用来控制 8051CPU 核及外设 I/O 端口。其中一部分特殊功能寄存器与标准 51 系列的单片机的功能相同，而另一部分特殊功能寄存器不同于标准 51 系列的单片机，是用来控制外设单元及 RF 收发器。

　　其特殊功能寄存器如表 9-2 所示，XREG 寄存器如表 9-3 所示。

表 9-2　特殊功能寄存器

寄存器名称	SFR 地址	模块	描　　述
ADCCON1	0xB4	ADC	模/数转换控制 1
ADCCON2	0xB5	ADC	模/数转换控制 2
ADCCON3	0xB6	ADC	模/数转换控制 3
ADCL	0xBA	ADC	ADC 低位数据
ADCH	0xBB	ADC	ADC 高位数据
RNDL	0xBC	ADC	随机数发生器低位数据
RNDH	0xBD	ADC	随机数发生器高位数据
ENCDI	0xB1	AES	加密/解密输入数据
ENCDO	0xB2	AES	加密/解密输出数据
ENCCS	0xB3	AES	加密/解密控制和状态
P0	0x80	CPU	端口 0，能够从 XDATA(0x7080)读取
SP	0x81	CPU	堆栈指针
DPL0	0x82	CPU	数据指针 0 低位
DPH0	0x83	CPU	数据指针 0 高位
DPL1	0x84	CPU	数据指针 1 低位
DPH1	0x85	CPU	数据指针 1 高位
PCON	0x87	CPU	功耗模式控制
TCON	0x88	CPU	中断标志
P1	0x90	CPU	端口 1，能够从 XDATA(0x7090)读取
DPS	0x92	CPU	数据指针选择
S0CON	0x98	CPU	中断标志 2
IEN2	0x9A	CPU	中断使能 2
S1CON	0x9B	CPU	中断使能 3
P2	0xA0	CPU	端口 2，能够从 XDATA(0x70A0)读取
INE0	0xA8	CPU	中断使能 0
IP0	0xA9	CPU	中断优先级 0
IEN1	0xB8	CPU	中断使能 1
IP1	0xB9	CPU	中断优先级 1
IRCON	0xC0	CPU	中断标志 4
PSW	0xD0	CPU	程序状态字
ACC	0xE0	CPU	累加器
IRCON2	0xE8	CPU	中断标志 5

续表一

寄存器名称	SFR 地址	模块	描　述
B	0xF0	CPU	B 寄存器
DMAIRQ	0xD1	DMA	DMA 中断标志
DMAA1CFGL	0xD2	DMA	DMA 中断通道 1~4，配置低位地址
DMAA1CFGH	0xD3	DMA	DMA 中断通道 1~4，配置高位地址
DMAA0CFGL	0xD4	DMA	DMA 中断通道 0，配置低位地址
DMAA0CFGH	0xD5	DMA	DMA 中断通道 0，配置高位地址
DMAARM	0xD6	DMA	DMA 通道有保护
DMAREQ	0xD7	DMA	DMA 通道开始请求和状态
—	0xAA	—	预留
—	0x8E	—	预留
—	0x99	—	预留
—	0xB0	—	预留
—	0xB7	—	预留
—	0xC8	—	预留
P0IFG	0x89	IOC	端口 0 中断状态标志
P1IFG	0x8A	IOC	端口 1 中断状态标志
P2IFG	0x8B	IOC	端口 2 中断状态标志
PICTL	0x8C	IOC	端口管脚中断屏蔽和边沿
P0IEN	0xAB	IOC	端口 0 中断屏蔽
P1IEN	0x8D	IOC	端口 1 中断屏蔽
P2IEN	0xAC	IOC	端口 2 中断屏蔽
P0INP	0x8F	IOC	端口 0 输入模式
PERCFG	0xF1	IOC	外设 I/O 控制
APCFG	0xF2	IOC	模拟外设 I/O 配置
P0SEL	0xF3	IOC	端口 0 功能选择
P1SEL	0xF4	IOC	端口 1 功能选择
P2SEL	0xF5	IOC	端口 2 功能选择
P1INP	0xF6	IOC	端口 1 输入模式
P2INP	0xF7	IOC	端口 2 输入模式
P0DIR	0xFD	IOC	端口 0 方向
P1DIR	0xFE	IOC	端口 1 方向
P2DIR	0xFF	IOC	端口 2 方向

寄存器名称	SFR 地址	模块	描　　述
PMUX	0xAE	IOC	掉电信号
MEMCTR	0xC7	MEMORY	内存系统控制
FMAP	0x9F	MEMORY	Flash 存储块映射
RFIRQF1	0x91	RF	RF 中断标志位高字节
RFD	0xD9	RF	RF 数据
RFST	0xE1	RF	RF 命令过滤
RFORQF0	0xE9	RF	RF 中断标志位低字节
RFERRF	0xBF	RF	RF 错误中断标志
ST0	0x95	ST	睡眠定时器 0
ST1	0x96	ST	睡眠定时器 1
ST2	0x97	ST	睡眠定时器 2
STLOAD	0xAD	ST	睡眠定时器加载状态
SLEEPCMD	0xBE	PMC	睡眠模式控制命令
CLEEPSTA	0x9D	PMC	睡眠模式控制状态
CLKCONCMD	0xC6	PMC	时钟控制命令
CLKCONSTA	0x9E	PMC	时钟控制状态
T1CC0L	0xDA	定时器 1	定时器 0 通道 0 捕获/比较低位值
T1CC0H	0xDB	定时器 1	定时器 0 通道 0 捕获/比较高位值
T1CC1L	0xDC	定时器 1	定时器 1 通道 1 捕获/比较低位值
T1CC1H	0xDD	定时器 1	定时器 1 通道 1 捕获/比较高位值
T1CC2L	0xDE	定时器 1	定时器 1 通道 2 捕获/比较低位值
T1CC2H	0xDF	定时器 1	定时器 1 通道 2 捕获/比较高位值
T1CNTL	0xE2	定时器 1	定时器 1 低计数器
T1CNTH	0xE3	定时器 1	定时器 1 高计数器
T1CTL	0xE4	定时器 1	定时器 1 控制和状态
T1CCTL0	0xE5	定时器 1	定时器 1 通道 0 捕获/比较控制
T1CCTL1	0xE6	定时器 1	定时器 1 通道 1 捕获/比较控制
T1CCTL2	0xE7	定时器 1	定时器 1 通道 2 捕获/比较控制
T1STAT	0xAF	定时器 1	定时器 1 状态
T2CTRL	0x94	定时器 2	定时器 2 控制
T2EVTCFG	0x9C	定时器 2	定时器 2 时间配置
T2IRQF	0xA1	定时器 2	定时器 2 中断标志

寄存器名称	SFR 地址	模块	描　述
T2M0	0xA2	定时器 2	定时器 2 多路选择寄存器 0
T2M1	0xA3	定时器 2	定时器 2 多路选择寄存器 1
T2MOVF0	0xA4	定时器 2	定时器 2 多路选择溢出寄存器 0
T2MOVF1	0xA5	定时器 2	定时器 2 多路选择溢出寄存器 1
T2MOVF2	0xA6	定时器 2	定时器 2 多路选择溢出寄存器 2
T2IRQM	0xA7	定时器 2	定时器 2 中断屏蔽
T2MSEL	0xC3	定时器 2	定时器 2 多路选择
T3CNT	0xCA	定时器 3	定时器 3 计数器
T3CTL	0xCB	定时器 3	定时器 3 控制
T3CCTL0	0xCC	定时器 3	定时器 3 通道 0 比较控制
T3CC0	0xCD	定时器 3	定时器 3 通道 0 比较值
T3CCTL1	0xCE	定时器 3	定时器 3 通道 1 比较控制
T3CC1	0xCF	定时器 3	定时器 3 通道 1 比较值
T4CNT	0xEA	定时器 4	定时器 4 计数器
T4CTL	0xEB	定时器 4	定时器 4 控制
T4CCTL0	0xEC	定时器 4	定时器 4 通道 0 比较控制
T4CC0	0xED	定时器 4	定时器 4 通道 0 比较值
T4CCTL1	0xEE	定时器 4	定时器 4 通道 1 比较控制
T4CC1	0xEF	定时器 4	定时器 4 通道 1 比较值
TIMIF	0xD8	定时器中断	定时器 1、3、4 共同中断屏蔽/标志
U0CSR	0x86	串行通信 0	串行通信 0 控制和状态
U0DBUF	0xC1	串行通信 0	串行通信 0 接收/发送数据缓冲区
U0BAUD	0xC2	串行通信 0	串行通信 0 波特率控制
U0UCR	0Xc4	串行通信 0	串行通信 0 UART 控制
U0GCR	0xC5	串行通信 0	串行通信 0 通用控制
U1CSR	0xF8	串行通信 1	串行通信 1 控制和状态
U1DBUF	0xF9	串行通信 1	串行通信 1 接收/发送数据缓冲区
U1BAUD	0xFA	串行通信 1	串行通信 1 波特率控制
U1UCR	0xFB	串行通信 1	串行通信 1 UART 控制
U1GCR	0xFC	串行通信 1	串行通信 1 通用控制
WDCTL	0xC9	看门狗	看门狗定时器控制

表 9-3 XREG 寄存器

XDATA 地址	寄存器名称	描 述
0x6000~0x61FF	—	无线电寄存器
0x6200~0x62BB	—	USB 寄存器
0x6249	CHVER	芯片版本
0x624A	CHIPID	芯片 ID
0x6260	DBGDATA	调试接口写程序
0x6270	FCTL	Flash 控制
0x6271	FADDRL	Flash 地址低
0x6272	FADDRH	Flash 地址高
0x6273	FWDATA	Flash 写数据
0x6276	CHIPINFO0	芯片信息字节 0
0x6277	CHIPINFO1	芯片信息字节 1
0x6290	CLD	时钟丢失检测
0x62A0	T1CCTL0	定时器 1 通道 0 捕获/比较控制(SFR 映射寄存器)
0x62A1	T1CCTL1	定时器 1 通道 1 捕获/比较控制(SFR 映射寄存器)
0x62A2	T1CCTL2	定时器 1 通道 2 捕获/比较控制(SFR 映射寄存器)
0x62A3	T1CCTL3	定时器 1 通道 3 捕获/比较控制
0x62A4	T1CCTL4	定时器 1 通道 4 捕获/比较控制
0x62A6	T1CC0L	定时器 1 通道 0 捕获/比较值低位(SFR 映射寄存器)
0x62A7	T1CC0H	定时器 1 通道 0 捕获/比较值高位(SFR 映射寄存器)
0x62A8	T1CC1L	定时器 1 通道 1 捕获/比较值低位(SFR 映射寄存器)
0x62A9	T1CC1H	定时器 1 通道 1 捕获/比较值高位(SFR 映射寄存器)
0x62AA	T1CC2L	定时器 1 通道 2 捕获/比较值低位(SFR 映射寄存器)
0x62AB	T1CC2H	定时器 1 通道 2 捕获/比较值高位(SFR 映射寄存器)
0x62AC	T1CC3L	定时器 1 通道 3 捕获/比较值低位
0x62AD	T1CC3H	定时器 1 通道 3 捕获/比较值高位
0x62AE	T1CC4L	定时器 1 通道 4 捕获/比较值低位
0x62AF	T1CC4H	定时器 1 通道 4 捕获/比较值高位
0x62B0	STCC	睡眠定时器捕获控制
0x62B1	STCS	睡眠定时器捕获状态
0x62B2	STCV0	睡眠定时器捕获值字节 0
0x62B3	STCV1	睡眠定时器捕获值字节 1
0x62B4	STCV2	睡眠定时器捕获值字节 2

9.1.4 中断简介

CC2530 芯片共有 18 个中断源,每个中断源都有自己的中断请求标志。本小节主要说明中断优先级的问题,关于中断的具体应用,可参考后面的相关中断实验。

1. 中断屏蔽

每个中断请求都可以通过设置特殊寄存器的特定位 IEN0、IEN1 和 IEN2,设置中断使能或禁止。表 9-4~表 9-6 分别为中断使能 0~2 的设置。

表 9-4　中断使能 0

位	名称	复位	读/写	描　述
7	EAL	0	R/W	禁止所有中断。 0：禁止总中断； 1：使能总中断
6	—	0	R0	未使用，读取为 0
5	STIE	0	R/W	睡眠计时器中断使能。 0：中断禁止； 1：中断使能
4	ENCIE	0	R/W	AES 加密/解密中断使能。 0：中断禁止； 1：中断使能
3	URX1IE	0	R/W	USART1 RX 接收中断使能。 0：中断禁止； 1：中断使能
2	URX0IE	0	R/W	USART0 RX 接收中断使能。 0：中断禁止； 1：中断使能
1	ADCIE	0	R/W	ADC 中断使能。 0：中断禁止； 1：中断使能
0	RFERRIE	0	R/W	RF TX/RX FIFO 中断使能。 0：中断禁止； 1：中断使能

表 9-5　中断使能 1

位	名称	复位	读/写	描　述
7:6	—	00	R0	未使用，读取为 0
5	P0IE	0	R/W	端口 0 中断使能。 0：中断禁止； 1：中断使能
4	T4IE	0	R/W	计时器 4 中断使能。 0：中断禁止； 1：中断使能
3	T3IE	0	R/W	计时器 3 中断使能。 0：中断禁止； 1：中断使能
2	T2IE	0	R/W	计时器 2 中断使能。 0：中断禁止； 1：中断使能
1	T1IE	0	R/W	计时器 1 中断使能。 0：中断禁止； 1：中断使能
0	DMAIE	0	R/W	DMA 传输中断使能。 0：中断禁止； 1：中断使能

表 9-6　中断使能 2

位	名称	复位	读/写	描　述
7:6	—	00	R0	未使用，读取为 0
5	WDTIE	0	R/W	看门狗定时器中断使能。 　0：中断禁止； 　1：中断使能
4	P1IE	0	R/W	端口 1 中断使能。 　0：中断禁止； 　1：中断使能
3	UTX1IE	0	R/W	USART1 TX 发送中断使能。 　0：中断禁止； 　1：中断使能
2	UTX0IE	0	R/W	USART0 TX 发送中断使能。 　0：中断禁止； 　1：中断使能
1	P2IE	0	R/W	端口 2 中断使能。 　0：中断禁止； 　1：中断使能
0	RFIE	0	R/W	RF 通用中断使能。 　0：中断禁止； 　1：中断使能

其中，表头为 IEN2(0x9A——中断使能 2)

若要使用 CC2530 的中断功能，应当执行如下步骤：

(1) 设置 IEN0 中的 EAL 总中断为 1；

(2) 设置寄存器 IEN0、IEN1 和 IEN2 中对应的各中断使能位为 1；

(3) 如果有必要，则还需要设置特殊功能寄存器中对应的各中断使能位为 1；

(4) 在该中断对应的向量地址上，运行该中断服务程序。

2．中断优先级

中断组合成 6 个优先级，每组的优先级可以通过设置寄存器 IP0 和 IP1 来实现。为了实现中断(注意：是它所在的组)，应先设置优先级，即需要设置 IP0 和 IP1 的对应值，如表 9-7、表 9-8 和表 9-9 所示。

表 9-7　优先级的设置

IP1_×	IP0_×	优先级
0	0	0(最低)
0	1	1
1	0	2
1	1	3(最高)

表 9-8　中断优先级 IP0

位	名称	复位	读/写	描　　述
		IP0(0xA9——中断优先级 0)		
7:6	—	00	R0	未使用
5	IP0_5	0	R/W	中断第 5 组，优先级控制位 0。如表 9-7 所示
4	IP0_4	0	R/W	中断第 4 组，优先级控制位 0。如表 9-7 所示
3	IP0_3	0	R/W	中断第 3 组，优先级控制位 0。如表 9-7 所示
2	IP0_2	0	R/W	中断第 2 组，优先级控制位 0。如表 9-7 所示
1	IP0_1	0	R/W	中断第 1 组，优先级控制位 0。如表 9-7 所示
0	IP0_0	0	R/W	中断第 0 组，优先级控制位 0。如表 9-7 所示

表 9-9　中断优先级 IP1

位	名称	复位	读/写	描　　述
		IP1(0xA9——中断优先级 0)		
7:6	—	00	R0	未使用
5	IP1_5	0	R/W	中断第 5 组，优先级控制位 1。如表 9-7 所示
4	IP1_4	0	R/W	中断第 4 组，优先级控制位 1。如表 9-7 所示
3	IP1_3	0	R/W	中断第 3 组，优先级控制位 1。如表 9-7 所示
2	IP1_2	0	R/W	中断第 2 组，优先级控制位 1。如表 9-7 所示
1	IP1_1	0	R/W	中断第 1 组，优先级控制位 1。如表 9-7 所示
0	IP1_0	0	R/W	中断第 0 组，优先级控制位 1。如表 9-7 所示

中断优先级及其赋值的中断源如表 9-10 所示。每组赋值为 4 个中断优先级之一(00、01、10 和 11)。

表 9-10　中断优先级组

组	中　　断		
IPG0	RFERR	RF	DMA
IPG1	ADC	T1	P2INT
IPG2	URX0	T2	UTX0
IPG3	URX1	T3	UTX1
IPG4	ENC	T4	P1INT
IPG5	ST	P0INT	WDT

当中断请求时，不允许被同级或者较低级别的中断打断。当具有相同优先级别的中断发生时，则按如表 9-11 所示的顺序进行处理。

表 9-11　中断优先级一览表

中断向量号	中断源名称	检测顺序
0	RFEER	
16	RF	
8	DMA	
1	ADC	
9	T1	
2	URX0	
10	T2	
3	URX1	
11	T3	
4	ENC	
12	T4	
5	ST	
13	P0INT	
6	P2INT	
7	UTX0	
14	UTX1	
15	P1INT	
17	WDT	

9.2　建立一个简单的实验工程

9.2.1　实验目的

通过本实验的学习，熟悉如何使用 CC2530 芯片的软件开发环境 IAR Embedded Workbench for MCS-51 V7.51A 来新建一个工程以完成自己的设计和调试。

注意：本实验不是 IAR 开发环境的详细使用手册，关于 IAR 的详细说明请浏览 IAR 官方网站或 IAR 软件安装文件夹下的支持文档。

9.2.2　实验内容

使 WSN500-CC2530BB 上的用户指示灯 D101(LED_G)闪烁。

9.2.3　实验条件

(1) 在用户 PC(带有 Microsoft Windows XP 以上系统平台)上正确安装 IAR Embedded Workbench for MCS-51 V7.51A 集成开发环境；

(2) WSN500-CC2530BB 节点 1 个(插有 WSN500-CC2530EM 模块)；

(3) WSN500-CC Debugger 多功能仿真器/调试器 1 个；

(4) USB 电缆两条。

9.2.4　实验原理

由WSN500-CC2530BB原理图可知,出厂默认设置D101(LED_G)用户指示灯由CC2530的 P1.0 引脚控制。P1.0 输出高电平时 LED1(LED_G)点亮,输出低电平时 LED1(LED_G)熄灭。

9.2.5　实验步骤

1. 建立一个新工程

运行 IAR 开发环境,显示如图 9-3 所示的窗口,选择 "Creat new project in current workspace" 选项后会显示建立新工程对话框,如图 9-4 所示。在[Tool chain]栏选择 8051,在[Project templates]栏选择[Empty project],然后单击下方的 "OK" 按钮。根据需要选择工程保存的位置,更改工程名称,如 "LEDTest",然后单击 "保存" 按钮,如图 9-5 所示。这样便建立了一个空的工程。

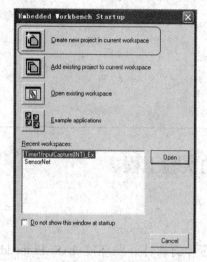

图 9-3　在当前工作区创建一个新工程

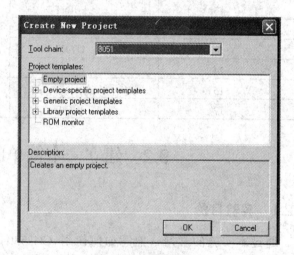

图 9-4　创建新工程

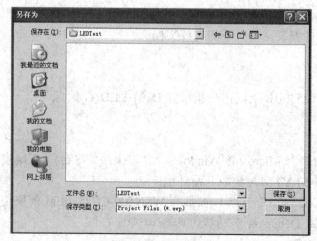

图 9-5　保存新工程

IAR 产生两个创建配置：调试(Debug)和发布(Release)，图 9-6 所示为在工作区窗口中的工程。本实验只使用 Debug 配置。单击菜单栏上的 按钮保存工作区文件，并指定工作区文件名和存放路径，本实验把它放到新建的工程目录下，然后单击"保存"按钮，如图 9-7 所示。

图 9-6 工作区窗口中的工程

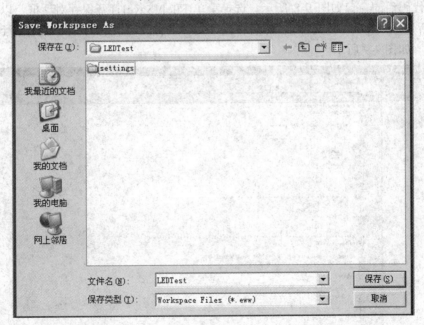

图 9-7 保存工作区

2. 添加或新建程序文件

前面建立好了一个空的工程，现在可以向该工程添加程序文件。如果用户有现成的程序文件，那么可以选择菜单[Project]\[Add Files…]来添加现有的程序文件；也可以在工作区窗口中单击鼠标右键，在弹出的快捷菜单中选择[Add]\[Add Files…]来添加现有的程序文件。如果用户没有现成的新建程序文件，那么可以单击工具栏上的"新建"按钮或选择菜单[File]\[New]\[File]来新建一个空的文本文件，然后向该文件里添加如下代码。

```
/* 包含头文件*/
/************************************************/
#include  "ioCC2530.h"    //引用头文件
/************************************************/


void main(void)
{
  P1SEL &=  ～(0x01 << 0);     // 设置 P1.0 为普通 I/O 口
  P1DIR |= 0x01 << 0;         // 设置为输出

  while(1)
  {
    P1_0 ^= 1;
    delay();
  }
}
```

添加代码后的窗口如图 9-8 所示。选择菜单[File]\[Save]打开保存对话框，以便保存程序文件。新建一个"source"文件夹，然后将程序文件名称改为"LEDTest.c"后保存到"source"文件夹下，如图 9-9 所示。

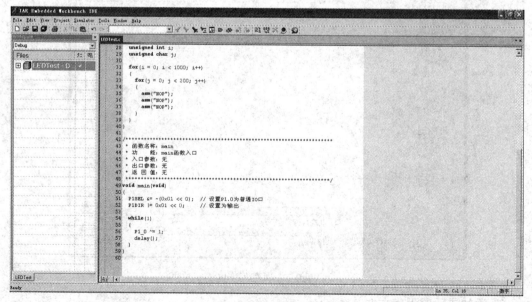

图 9-8　添加代码

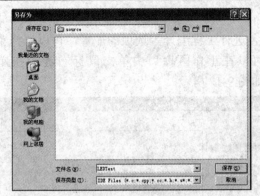

图 9-9　保存程序文件

通过鼠标右键点击[Workspace]中的[LEDTest]工程名来添加工程文件，如图 9-10 所示。或者用户可以通过点击[Add]\[Add Files]，在弹出的对话框窗体中，指定上述保存的"LEDTest.c"文件，添加完工程文件后的 IAR 编译环境界面如图 9-11 所示。

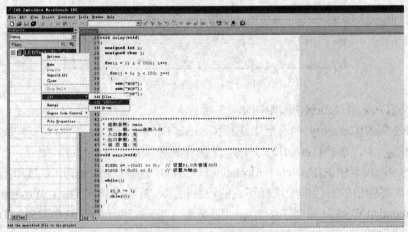

图 9-10　添加程序文件

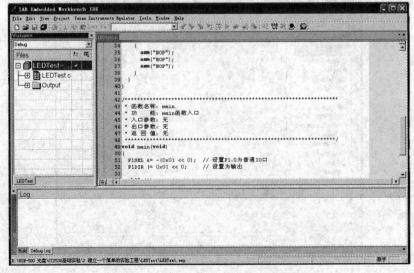

图 9-11　添加完工程文件后的 IAR 界面

3. 配置工程设置

添加完工程文件后，进行工程编译等选项的配置。可以选择菜单[Project]\[Options…]对工程进行配置，也可以在工作区窗口中单击鼠标右键，在弹出的快捷菜单中选择[Options…]实现配置，如图 9-12 所示。

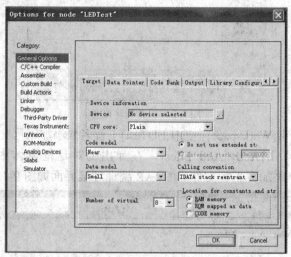

图 9-12　工程编译选项

(1) 设置[General Options]选项中的相关项目。

在窗口左侧的[Category]列表框中选择[General Options]选项，在窗口右侧将会显示出该选项相应的选项卡，选择[Terget]选项卡，设置有关选项。

在[Terget]选项卡中的[Device information]对话框中选择[Device]为[CC2530]设备(还可点击右端按钮，在弹出的对话框中选择正确的设备信息，其标准路径为：C:\Program Files\IAR Systems\Embedded Workbench 5.3\8051\config\devices\Texas Instruments\ CC2530.i51。

其他选项保持不变，如图 9-13 所示。

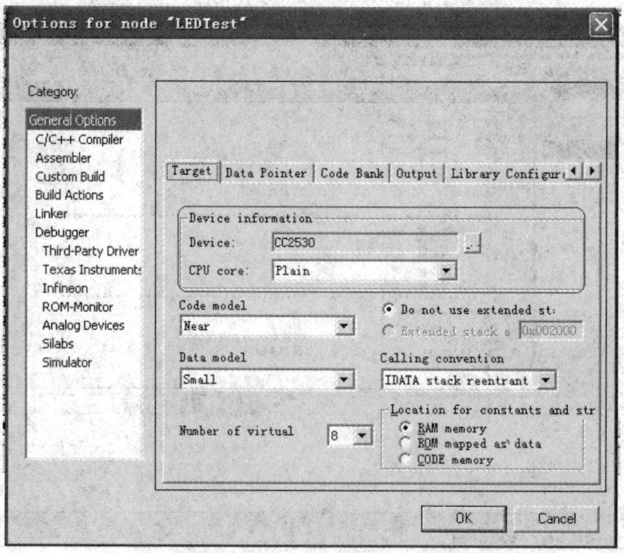

图 9-13　General Options 选项

(2) 设置[Linker]选项中的相关项目。

选择[Output]选项卡，设置有关选项。

在[Linker]选项下的[Output]选项卡中，若选择使用 WSN500-CC Debugger 在 IAR 下在线下载和调试程序，默认设置即可，如图 9-14 所示。若只生成"*.hex"文件，则需要勾选[Output file]对话框中的[Override default]选项，在[Format]对话框中点选[Other]项，其中[Output]项设置为[intel-extended]，[Format variant]项设置为[None]，[Module-local]项设置为[Incule all]，如图 9-15 所示。

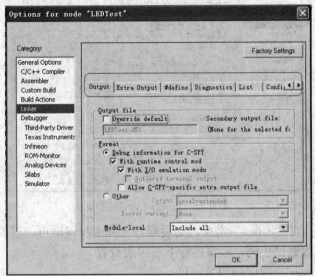

图 9-14　在 IAR 下在线下载和调试程序设置

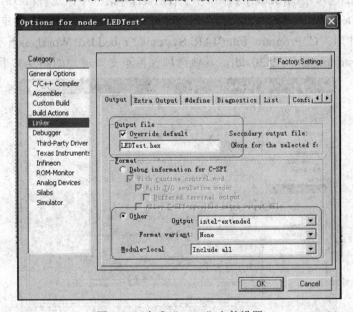

图 9-15　生成"*.hex"文件设置

选择"Config"选项卡，设置有关选项。

在[Linker]选项下的[Config]选项卡的[Linker command file]对话框中，勾选[Override default]选项，使下拉菜单有效，并选择[$TOOLKIT_DIR$\config\lnk51ew_cc2530b.xcl](其有效路径为：C:\Program Files\IAR Systems\Embedded Workbench 5.3\8051\config\ lnk51ew_cc2530b.xcl)，如图 9-16 所示。

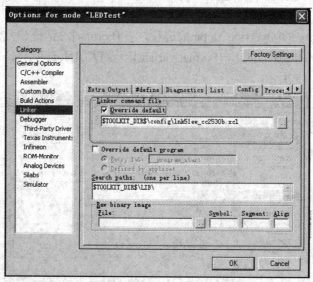

图 9-16　Linker-Config 选项

若使用 IAR 仅产生"*.hex"文件，则设置以上几个步骤即可，若要使用 WSN500-CC Debugger 仿真器在线调试代码，则需进行下一步的设置。

(3) 设置[Debugger]选项中的相关项目。

在[Degugger]选项下的[Setup]选项卡中的[Driver]对话框中，选择[Texas Instruments]，并且在[Device Description file]对话框中勾选[Overide default]选项，然后指定设备描述文件，标准路径及文件为：C:\Program Files\IAR Systems\Embedded Workbench 5.3\8051\config\ devices\Texas Instruments\CC2530.ddf，其他选项保持不变即可，如图 9-17 所示。

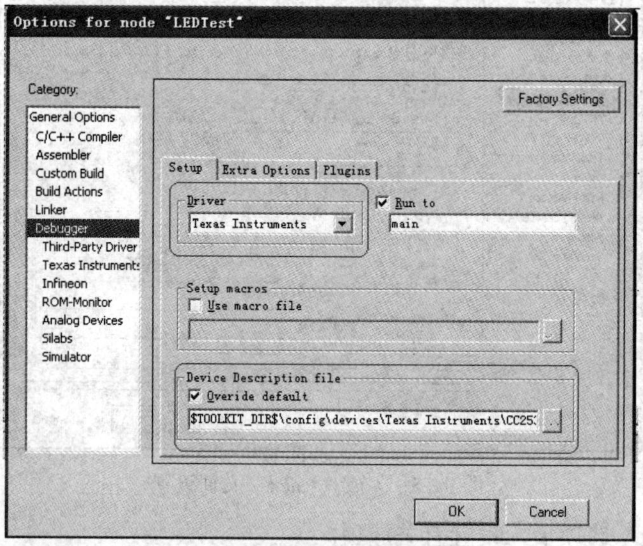

图 9-17　Debugger-Setup 选项

若用户第一次使用 CC2530 芯片，则需要在[Texas Instruments]选项中的[Download]选项卡中，勾选[Erase Flash]选项，如图 9-18 所示。

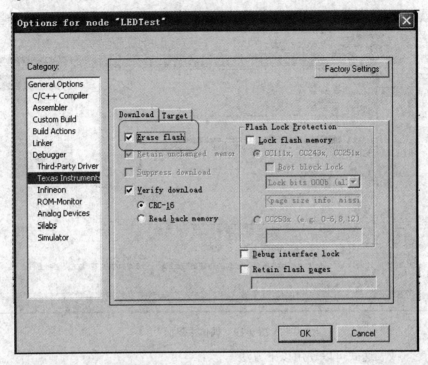

图 9-18　Texas Instruments-Download 选项

注意，以上每个步骤设置完毕后，均需要通过点击[OK]按钮来保存设置。

4. 下载程序到 CC2530 芯片

通过以上正确的设置后，用户可以通过以下两种方法将程序下载到 CC2530 芯片中，以便运行程序及观察实验现象是否正确。

注意，将程序下载到 CC2530 芯片之前，首先需要确保硬件连接正确，即使用 USB 电缆和 10PIN 扁平电缆将 WSN500-CC Debugger 分别连接至用户 PC 机和 WSN500-CC2530BB，并确保 WSN500-CC Debugger 多功能仿真器驱动安装正确。

(1) 方法一　在线调试工程代码。

若用户需要在线调试代码，则可以通过点击[Project]\[Debug]或者使用快捷键[Ctrl]+[D]来进入调试主界面，调试主界面如图 9-19 所示。

可以使用图 9-19 中的调试工具栏　所对应的各项对程序进行如下多种方式的调试。

　　：复位；

　　：每步执行一个函数调用；

　　：进入内部函数或子进程；

　　：从内部函数或子进程跳出；

　　：每次执行一个语句；

　　：运行到光标处；

![image]: 全速运行；

![image]: 停止调试。

图 9-19　调试主界面

查看变量或表达式可以使用以下方法。

① 使用自动窗口。

选择[View]\[Auto]菜单打开自动窗口，如图 9-20 所示。

图 9-20　自动窗口界面

用户可以连续点击 按钮，然后在自动窗口中观察相应变量或表达式值的变化情况。

② 设置监控点。

选择[View]\[Watch]菜单打开监控窗口，如图9-21所示。

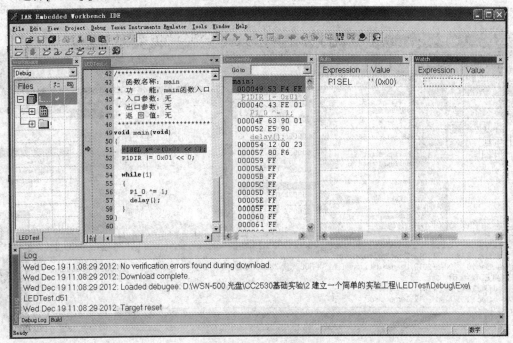

图 9-21 监控窗口界面

单击监控窗口中的虚线框，出现输入光标时键入"j"并回车。用户可以连续点击 按钮，然后在监控窗口中观察变量j的值的变化情况，如图9-22所示。

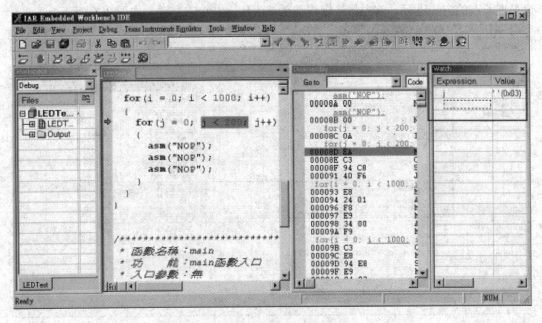

图 9-22 监控窗口查看变量界面

如果要在监控窗口中删除一个变量，则先选中该变量，然后按键盘上的 Delete 键或鼠标右键单击该变量，在弹出的菜单中选择"Remove"项。

默认情况下，变量的值以十六进制方式显示，我们还可以选择其他进制方式显示，通过鼠标右键单击变量，在弹出的菜单中选择所期望的显示格式，如图 9-23 所示。

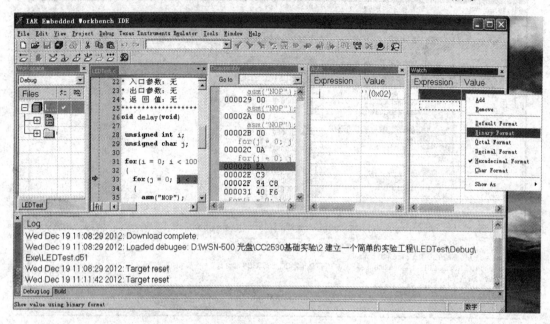

图 9-23　改变变量显示方式界面

调试可采用以下方法插入/删除断点。

比如要使程序运行到 delay 函数的 for 循环的第 2 个 asm("NOP")语句终止，可以通过设置断点的方法进行。首先将光标移动至该语句上并点击左键，如图 9-24 所示。

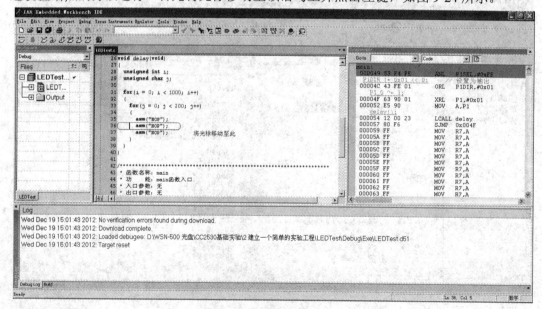

图 9-24　设置断点的界面

其次点击"设置"/"取消断点"按钮，如图 9-25 所示。

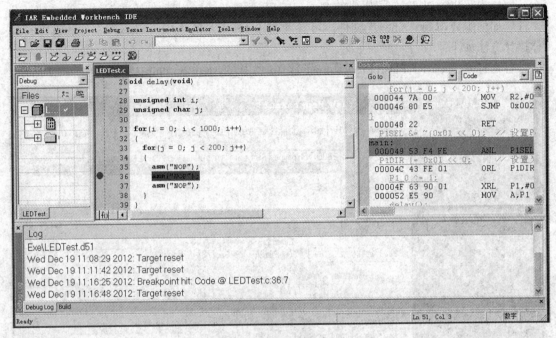

图 9-25 设置取消断点的界面

最后通过点击"全速运行"按钮使程序运行，但是由于事先人为地设置了断点，则程序运行到该断点时，观察到变量 j 的值为 0x00，如图 9-26 所示。

用户继续点击"全速运行"按钮，我们可以观察到的现象为 j 值依次递增。

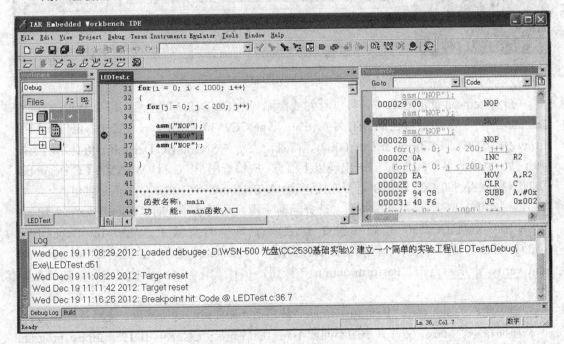

图 9-26 程序运行到断点时的界面

(2) 方法二 通过第三方软件下载代码。

用户也可以通过 TI 公司提供的 SmartRF Flash Programmer 软件下载编译后的"*.hex"文件。如何编译得到"*.hex"文件，可参考图 9-15 所示的生成"*.hex"文件的设置。具体操作方法如下：

首先打开 SmartRF Flash Programmer 软件，选择[System-on-chip]栏目，如图 9-27 所示。

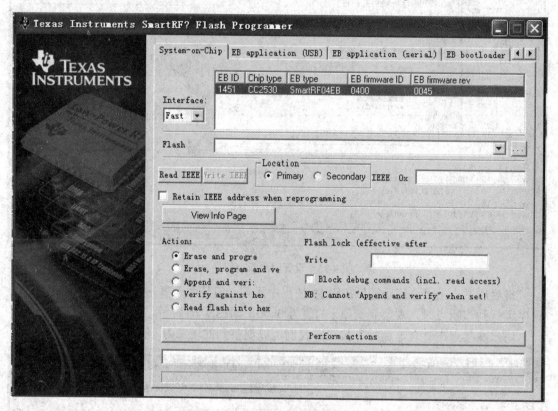

图 9-27　SmartRF Flash Programmer 软件界面

在[System-on-chip]栏目中，可以看到被检测到的 EBID(1234)(注意：每个 WSN500-CC Degubber 仿真器都有自己的 ID 号)、Chip type(CC2530)、EB type(CC Degubber)、EB firmware(05CC)、EB firmware rev(0009)等信息，表示 WSN500-CC Degubber 仿真器已经找到了片上系统设备 CC2530。若未出现以上信息，应检查用户 PC 机、WSN500-CC Degubber 仿真器与 WSN500-CC2530BB 是否连接正确；WSN500-CC2530BB 是否正常供电。

点击"Flash"右端"…"按钮，选择当前工程目录下编译好的"*.hex"文件。(比如：WSN-500 光盘\CC2530 基础实验\2 建立一个简单的实验工程\LEDTest\Debug\Exe\LEDTest.hex，用户应根据工程所在目录选择)。在"Actions"选项中点选"Erase, program and verify"，最后点击"Perform actions"按钮，执行下载命令，成功完成后，如图 9-28 所示。

值得注意的是，点击"Perform actions"按钮后，需要耐心等待擦除、烧写及校验完成，所需时间根据"*.hex"文件大小的不同而不同。最后提示"CC2530–ID1234: Erase, program and verify OK"语句，说明烧写并校验成功。

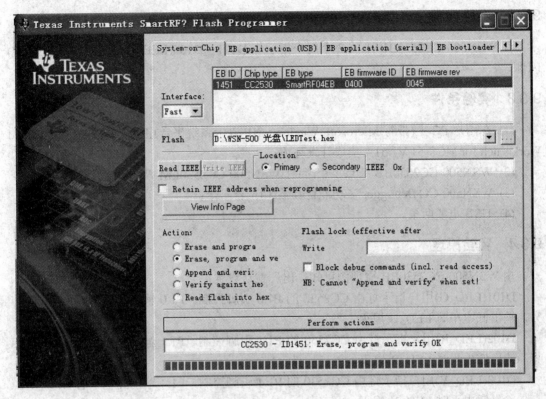

图 9-28　执行下载完成界面

注意事项：

(1) 不论采取何种方式对 CC2530 芯片进行烧入程序，在操作执行完毕后，为了避免影响实验的最终结果，务必将 WSN500-CC2530BB 电池底板上 JTAG 座的 10PIN 扁平电缆取下后，方能进行实验演示或观测(下同)。

(2) 对于所有实验"*.hex"文件的烧入，使用 SmartRF Flash Programmer 软件时，我们仅能使用[System-on-Chip]选项栏对 CC2530 进行 Flash 擦除或者写入。若使用其他选项栏且操作不当时，会损坏 WSN500-CC Debugger 仿真器固件，因此一定要在[System-on-Chip]选项栏下进行操作。

9.2.6　实验结果

通过本实验，用户可以观察到 D101(LED_G)指示灯亮、灭交替进行。

9.3　实验二　通用 I/O 实验

9.3.1　实验目的

通过本实验的学习，熟悉 CC2530 芯片通用数字 I/O 口的配置和使用。

9.3.2　实验内容

使 WSN500-CC2530BB 上的 3 个用户指示灯 D101～D103(LED_G、LED_R、LED_Y)闪烁。

9.3.3　实验条件

(1) 在用户 PC 上(带有 Microsoft Windows XP 以上系统平台)正确安装 IAR Embedded Workbench for MCS-51 V7.51A 集成开发环境；

(2) WSN500-CC2530BB 节点 1 个(拥有 WSN500-CC2530EM 模块)；

(3) WSN500-CC Debugger 多功能仿真器/调试器 1 个；

(4) USB 电缆两条。

9.3.4　实验原理

由 WSN500-CC2530BB 原理图可知，出厂默认设置：

D101(LED_G)用户指示灯由 CC2530 的 P1.0 引脚控制。P1.0 输出高电平时 LED_G 点亮，输出低电平时 LED_G 熄灭。

D102(LED_R)用户指示灯由 CC2530 的 P1.1 引脚控制。P1.1 输出高电平时 LED_R 点亮，输出低电平时 LED_R 熄灭。

D103(LED_Y)用户指示灯由 CC2530 的 P1.4 引脚控制。P1.4 输出高电平时 LED_Y 点亮，输出低电平时 LED_Y 熄灭。

本实验涉及 CC2530 的通用输入/输出接口(GPI/O)的配置及操作。由于 CC2530 的 21 个数字 I/O 口具有可编程功能，可通过设置相关寄存器配置为通用数字 I/O 口和用于连接 ADC、定时/计数器或者 USART 等片内外设的特殊功能 I/O 口。这些特殊功能 I/O 口的用途，通过配置一系列的寄存器，用软件加以实现。这些特殊功能，我们将在以后的基础实验中讲述，表 9-12～表 9-15 中列出了本实验用到的有关 I/O 寄存器的设置。

表 9-12　I/O 端口名称

位	名称	复位	读/写	描述
P0 口，P1 口，P2 口				
P0(0x80——P0 口)				
7:0	P0[7:0]	0xFF	R/W	Port0.GPIO 口或者外设 I/O，可位寻址
P1(0x90——P1 口)				
7:0	P1[7:0]	0xFF	R/W	Port1.GPIO 口或者外设 I/O，可位寻址
P2(0xA0——P2 口)				
7:5	—	0	R0	未使用
4:0	P1[4:0]	0x1F	R/W	Port2.GPIO 口或者外设 I/O，可位寻址 P2_0～P2_4

表 9-13　I/O 接口功能选择

位	名称	复位	读/写	描述
P0 口、P1 口和 P2 口功能选择				
POSEL(0xF3——P0 口功能选择)				
7:0	SELP0[7:0]	0x00	R/W	P0_7～P0_0 功能选择。 0：GPIO； 1：外设
P1SEL(0xF4——P1 口功能选择)				
7:0	SELP1[7:0]	0x00	R/W	P1_7～P1_0 功能选择。 0：GPIO； 1：外设
P2SEL(0xF5——P2 口功能选择)				
7	—	0	R0	不使用
6	PRI3P1	0	R/W	P1 口外设优先级控制。当 PERCFG 同时分配给 USART0 和 USART1 到同一引脚时，该位将决定其优先级顺序。0：USART0 优先；1：USART1 优先
5	PRI2P1	0	R/W	P1 口外设优先级控制。当 PERCFG 同时分配给 USART1 和 Timer3 到同一引脚时，该位将决定其优先级顺序。0：USART1 优先；1：Timer3 优先
4	PRI1P1	0	R/W	P1 口外设优先级控制。当 PERCFG 同时分配给 Timer1 和 Timer4 到同一引脚时，该位将决定其优先级顺序。0：Timer1 优先；1：Timer4 优先
3	PRI0P1	0	R/W	P1 口外设优先级控制。当 PERCFG 同时分配给 USART0 和 Timer1 到同一引脚时，该位将决定其优先级顺序。0：USART0 优先；1：Timer1 优先
2	SELP2_4	0	R/W	P2_4 功能选择。 0：GPIO； 1：外设
1	SELP2_3	0	R/W	P2_3 功能选择。 0：GPIO； 1：外设
0	SELP2_0	0	R/W	P2_0 功能选择。 0：GPIO； 1：外设

表 9-14 I/O 接口方向选择

位	名称	复位	读/写	描述
P0 口、P1 口和 P2 口方向				
P0DIR(0xFD——P0 口方向)				
7:0	MDP0[7:0]	0x00	R/W	P0_7～P0_0 I/O 方向选择。 0：输入； 1：输出
P1DIR(0xFE——P1 口方向)				
7:0	MDP1[7:0]	0x00	R/W	P1_7～P1_0 I/O 方向选择。 0：输入； 1：输出
P2DIR(0xFF——P2 口方向)				
7:6	PRIP0	00	R/W	P0 口外设优先级控制。当 PERCFG 同时分配给几个外设到同一引脚时，该两位将决定其优先级顺序。 00： 第 1 高优先级：USART0； 第 2 高优先级：USART1； 第 3 高优先级：Timer1 01： 第 1 高优先级：USART1； 第 2 高优先级：USART0； 第 3 高优先级：Timer1 10： 第 1 高优先级：Timer1 通道 0、1； 第 2 高优先级：USART1； 第 3 高优先级：USART0； 第 4 高优先级：Timer1 通道 2、3 11： 第 1 高优先级：Timer1 通道 2、3； 第 2 高优先级：USART0； 第 3 高优先级：USART1； 第 4 高优先级：Timer1 通道 0、1
5	—	0	R0	未使用
4:0	DIRP2_[4:0]	00000	R/W	P2_4～P2_0 I/O 方向选择。 0：输入； 1：输出

表 9-15　I/O 接口输入模式选择

位	名称	复位	读/写	描　　述
P0 口、P1 口和 P2 口输入模式				
P0INP(0x8F——P0 口输入模式)				
7:0	MDP0[7:0]	0x00	R/W	P0_7～P0_0 输入模式。 0：上拉/下拉；1：三态
P1INP(0xF6——P1 口输入模式)				
7:0	MDP1[7:0]	0x00	R/W	P1_7～P1_0 输入模式。 0：上拉/下拉；1：三态
P2INP(0xF7——P2 口输入模式)				
7	PRIP2	0	R/W	P2 口上拉/下拉选择，对所有 P2 口引脚设置为上拉/下拉输入。 0：上拉；1：下拉
6	PRIP1	0	R/W	P1 口上拉/下拉选择，对所有 P1 口引脚设置为上拉/下拉输入。 0：上拉；1：下拉
5	PRIP0	0	R/W	P0 口上拉/下拉选择，对所有 P0 口引脚设置为上拉/下拉输入。 0：上拉；1：下拉
4:0	MDP2_[4:0]	00000	R/W	P2_4～P2_0 输入模式。 0：上拉/下拉； 1：三态

　　由上述几个表可知，当用作通用 I/O 时，引脚可以组成 3 个 8 位口，分别定义为 P0 口、P1 口和 P2 口。其中，P0 口和 P1 口是完全 8 位口，而 P2 口仅 5 位可寻址。所有 I/O 口均可以位寻址，或通过特殊功能寄存器由 P0、P1 和 P2 字节寻址。每个口可以单独设置为通用 I/O 口或外设特殊功能 I/O 口。所有的 I/O 口用于输出时，均具备 4 mA 的驱动能力，除了两个高输出口 P1_0 和 P1_1 外，它们均具备 20 mA 的驱动能力。

　　寄存器 P×SEL(其中×为 I/O 口标号，其值为 0～2)，用来设置 I/O 口为 8 位通用 I/O 口或者是外部设备特殊功能 I/O 口。任何一个 I/O 口在使用之前，必须首先对其寄存器 P×SEL 赋值。默认情况下，每当复位以后，所有的 I/O 引脚都设置为通用 I/O，且均为输入。

　　在任何时候，若要改变 I/O 的方向，只需设置寄存器 P×DIR 即可。设置 P×DIR 中的指定位为 1，那么其对应的引脚就被设置为输出；为 0，则其对应的引脚被设置为输入。当使用输入时，每个通用 I/O 引脚可以设置为上拉、下拉或者三态模式。作为缺省模式，复位之后，所有口均为上拉输入模式。要取消上拉或者下拉模式，就要将 P×INP 中的对应位设置为 1。

　　本实验中，为了驱动 3 个 LED 灯的亮灭，需要将相应的 I/O 口设为输入模式，并使相应的 I/O 口输出"1"或"0"来切换 LED 的亮灭状态。在亮灭之间，插入一定时间的延时，才能保证肉眼看到闪烁的效果。

9.3.5　实验步骤

(1) 建立一个新工程。

(2) 添加或新建程序文件。

本实验关键代码如下：

```
/* 配置 P1.0、P1.1 和 P1.4 的方向为输出 */
P1DIR |= 0x13;      // 0x13 = 0B00010011

/* 控制 LED1(绿色)、LED2(红色) 和 LED3(黄色)闪烁*/
while(1)
{   /* 熄灭 LED1(绿色)、LED2(红色) 和 LED3(黄色)*/
  P1_0 = 0;         // P1.0 输出低电平熄灭其所控制的 LED1(绿色)
  P1_1 = 0;         // P1.1 输出低电平熄灭其所控制的 LED2(红色)
  P1_4 = 0;         // P1.4 输出低电平熄灭其所控制的 LED3(黄色)

  delay();          // 延时

  /* 点亮 LED1(绿色)、LED2(红色) 和 LED3(黄色) */
  P1_0 = 1;         // P1.0 输出高电平点亮其所控制的 LED1(绿色)
  P1_1 = 1;         // P1.1 输出高电平点亮其所控制的 LED2(红色)
  P1_4 = 1;         // P1.4 输出高电平点亮其所控制的 LED3(黄色)

  delay();          // 延时
}
```

(3) 配置工程设置。

(4) 下载程序到 CC2530 芯片中。

(以上四步请参考 9.2 节内容，这里不再赘述。)

9.3.6　实验结果

通过以上几个步骤，最终下载正确的程序到 CC2530 芯片后，用户可以观察到 D101～D103 三个 LED 同时点亮，同时熄灭，并交替闪烁。

9.4　实验三　系统时钟源(主时钟源)的选择

9.4.1　实验目的

通过本实验的学习，熟悉 CC2530 芯片系统时钟源(主时钟源)的选择，并掌握高速晶体振荡器或 RC 振荡器的配置和使用。

9.4.2　实验内容

通过配置 WSN500-CC2530BB 上的 CC2530 芯片的主时钟频率，从而改变用户指示灯 D101～D103(LED_G、LED_R、LED_Y)的闪烁频率。

9.4.3　实验条件

(1) 在用户 PC 上(带有 Microsoft Windows XP 以上系统平台)正确安装 IAR Embedded Workbench for MCS-51 V7.51A 集成开发环境；

(2) WSN500-CC2530BB 节点 1 个(拥有 WSN500-CC2530EM 模块)；

(3) WSN500-CC Debugger 多功能仿真器/调试器 1 个；

(4) USB 电缆两条。

9.4.4　实验原理

在 PM0 功耗模式下，可配置 32 MHz 晶体振荡器或者 16 MHz RC 振荡器作为系统时钟(关于 PM0 功耗模式，我们将在下面的实验中讲解)。

设置系统时钟需要操作两个寄存器 CLKCONCMD(时钟控制寄存器)和 SLEEPCMD(休眠模式控制寄存器)，这两个寄存器的功能设置分别如表 9-16 和表 9-17 所示。

表 9-16　CLKCONCMD 时钟控制寄存器

CLKCONCMD(0xC6——时钟控制寄存器)				
位	名称	复位	读/写	描　述
7	OSC32K	1	R/W	32 kHz 时钟振荡频率选择。设置该位仅初始化该时钟源。CLKCONSTA.OSC32K 指示当前设置。当改变本位时，16 kHz RC 振荡器必须被选择为系统时钟。 0: 32 kHz 晶体振荡器；1: 32 kHz RC 振荡器
6	OSC	1	R/W	主时钟振荡频率选择。设置该位仅初始化该时钟源。CLKCONSTA.OSC 指示当前设置。 0: 32 MHz 晶体振荡器；1: 16 MHz 高速 RC 振荡器
5:3	TICKSPD[2:0]	001	R/W	时间片输出设置，不能高于通过 OS 位设置的系统时钟设置。 000: 32 MHz 振荡器；　001: 16 MHz 振荡器； 010: 8 MHz 振荡器；　011: 4 MHz 振荡器； 100: 2 MHz 振荡器；　101: 1 MHz 振荡器； 110: 500 KHz 振荡器；　111: 250 KHz 振荡器
2:0	CLKSPD	001	R/W	时钟速率。不能比通过设置 OSC 位设定的系统时钟高。指示当前系统时钟频率。 000: 32 MHz；　001: 16 MHz；　010: 8 MHz； 011: 4 MHz；　100: 2 MHz；　101: 1 MHz； 110: 500 KHz；　111: 250 KHz

说明：(1) CLKCONCMD.TICKSPD 能够被设置成任何值，但是最终的结果被

CLKCONCMD.OSC 设置所限制。比如，如果 CLKCONCMD.OSC = 1 并且 CLKCONCMD.TICKSPD = 000，那么 CLKCONCMD.TICKSPD 被读为 001，TICKSPD 的实际值为 16 MHz。

(2) CLKCONCMD.CLKSPD 能够被设置成任何值，但是最终的结果被 CLKCONCMD.OSC 设置所限制。比如，如果 CLKCONCMD.OSC = 1 并且 CLKCONCMD.CLKSPD = 000，那么 CLKCONCMD.CLKSPD 被读为 001，TICKSPD 的实际值为 16 MHz。

表 9-17　SLEEPCMD 休眠模式控制器

SLEEPCMD(0xBE——休眠模式控制器)				
位	名称	复位	读/写	描　　述
7	OSC32K_CALDIS	0	R/W	0：允许 32 kHz RC 振荡器校正； 1：不允许 32 kHz RC 振荡器校正。 该设置能在任何时刻都可以写入，但是在芯片以 16 MHz 高速 RC 振荡器工作之前无效
6:3	—	0000	R0	预留
2	—	1	R/W	预留，写入总为 1
1:0	P2[4:0]	00	R/W	功耗模式设置。 00：运行/空闲模式；　01：功耗模式 1； 10：功耗模式 2；　　　11：功耗模式 3

高速时钟系统如图 9-29 所示，CLKCONCMD.OSC 用于选择系统时钟为 XTAL 或 RC，SLEEPCMD.MODE[1:0] 设置系统功耗模式为 0。

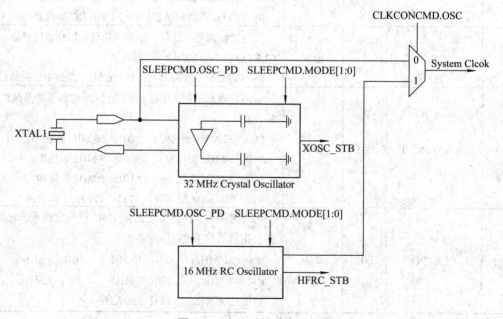

图 9-29　高速时钟系统示意图

9.4.5　实验步骤

(1) 建立一个新工程。

(2) 添加或新建程序文件。

本实验关键代码如下：

```
void SystemClockSourceSelect(enum SYSCLK_SRC source)
{ unsigned char osc32k_bm = CLKCONCMD & 0x80;
    unsigned char __clkconcmd,__clkconsta;
```

/* 系统时钟源(主时钟源)选择 16 MHz RC 振荡器，定时器 tick 设置为 16 MHz，时钟速度设置为 16 MHz

　　　CLKCONCMD.OSC32K[b7]不改变　　　32 kHz 时钟源选择保持先前设置

　　　CLKCONCMD.OSC[b6] = 1　　　　　　系统时钟源(主时钟源)选择 16 MHz RC 振荡器

　　　CLKCONCMD.TICKSPD[b5...b3] = 001　定时器 tick 设置为 16 MHz

　　　CLKCONCMD.CLKSPD[b2...b0] = 001　时钟速度设置为 16 MHz

*/

```
    if(source == RC_16MHz)
    {               /* CLKCONCMD.OSC32K[b7] */
        CLKCONCMD = ((osc32k_bm) | \
                    /* CLKCONCMD.OSC[b6] = 1 */
                    (0x01 << 6) | \
                    /* CLKCONCMD.TICKSPD[b5...b3] = 001 */
                    (0x01 << 3) | \
                    /* CLKCONCMD.CLKSPD[b2...b0] = 001 */
                    (0x01 << 0));
    }
```

/* 系统时钟源(主时钟源)选择 32 MHz 晶体振荡器，定时器 tick 设置为 32 MHz，时钟速度设置为 32 MHz

　　　CLKCONCMD.OSC32K[b7]不改变　　　32 kHz 时钟源选择保持先前设置

　　　CLKCONCMD.OSC[b6] = 0　　　　　　系统时钟源(主时钟源)选择 32 MHz 晶体振荡器

　　　CLKCONCMD.TICKSPD[b5...b3] = 000　定时器 tick 设置为 32 MHz

　　　CLKCONCMD.CLKSPD[b2...b0] = 000　时钟速度设置为 32 MHz

*/

```
    else if(source == XOSC_32MHz)
    {
        CLKCONCMD = (osc32k_bm /*| (0x00<<6) | (0x00<<3) | (0x00 << 0)*/);
    }
```

```
/* 等待所选择的系统时钟源(主时钟源)稳定 */
__clkconcmd = CLKCONCMD;           // 读取时钟控制寄存器 CLKCONCMD
do
{
    __clkconsta = CLKCONSTA;       // 读取时钟状态寄存器 CLKCONSTA
}while(__clkconsta != __clkconcmd); // 直到 CLKCONSTA 寄存器的值与 CLKCONCMD 寄存
                                   // 器的值一致，说明所选择的系统时钟源(主时钟源)
                                   // 已经稳定
}
```

(3) 配置工程设置。

(4) 下载程序到 CC2530 芯片中。

(以上四步请参考 9.2 节内容，这里不再赘述。)

9.4.6　实验结果

主函数将不断切换 32 MHz 晶体振荡器或者 16 MHz RC 振荡器作为系统时钟源(主时钟源)，并在中间插入 LED 的闪烁函数，由于系统时钟的改变，导致 LED 闪烁的频率发生变化。

通过以上几个步骤，最终在 CC2530 芯片中下载正确的程序后，用户可以观察到，D101~D103 三个 LED 随着时钟速率的改变，闪烁频率也跟着发生变化。

9.5　实验四　UART 串口通信实验

9.5.1　实验目的

通过本实验的学习，熟悉 CC2530 芯片硬件 USART0 串行总线接口 UART 模式的配置和使用。本实验中将采用查询方式发送数据，终端方式接收数据。

9.5.2　实验内容

本实验使用 WSN500-CC2530 节点上 WSN500-CC2530EM 系统的 CC2530 的 UART 功能，通过串口超级终端与 PC 机进行通信，并在串口终端上显示相关信息。

9.5.3　实验条件

(1) 在用户 PC 上(带有 Microsoft Windows XP 以上系统平台)正确安装 IAR Embedded Workbench for MCS-51 V7.51A 集成开发环境；

(2) 串口调试助手；

(3) WSN500-CC2530BB 节点 1 个(插有 WSN500-CC2530EM 模块)；

(4) WSN500-CC Debugger 多功能仿真器/调试器 1 个；

(5) USB 电缆两条；

(6) USB Converter USB 串口转换板。

9.5.4　实验原理

CC2530 芯片上有两个串行通信接口 USART0 和 USART1。两个串行口既可以工作于 UART(异步通信)模式，也可以工作于 SPI(同步通信)模式，模式的选择由串口控制和状态寄存器的 UxCSR.MODE 决定。本实验采用 USART0 串口 UART 模式。

UART 模式可以选择两线连接(TXD 和 RXD)或四线连接(TXD、RXD、CTS 和 RTS)，其中 RTS 和 CTS 用于硬件流控制。UART 模式提供全双工传送，接收器中的位同步不影响发送功能。传送一个 UART 字节包含 1 个起始位、8 个数据位、1 个可选项的第 9 位数据或奇偶校验位再加上 1 个(或 2 个)停止位。

注意：虽然真实数据包含 8 位或 9 位，但是数据传送只涉及一个字节。

UART 操作由 USART0 控制和状态寄存器 U0CSR 及 UART 控制寄存器控制。当 U0CSR.MODE 设置为 1 时，即选择了 UART 模式。

本实验使用 CC2530 芯片的 USART0 串行总线接口 alt2 异步 UART 模式。根据外设 I/O 引脚映射表(如表 9-18 所示)，可以得到 UART 与 CC2530 芯片连接的关系如表 9-19 所示。

表 9-18　外设 I/O 引脚映射

外设功能	P0								P1								P2				
	7	6	5	4	3	2	1	0	7	6	5	4	3	2	1	0	4	3	2	1	0
ADC	A7	A6	A5	A4	A3	A2	A1	A0													T
USAR0 SPI alt2			C	SS	M0	M1					M0	MI	C	SS							
USAR0 UARTa2			RT	CT	TX	RX					TX	RX	RT	CT							
USAR1 SPI alt2			MI	M0	C	SS					MI	M0	C	SS							
USAR1 UARTa2			RX	TX	RT	CT					RX	TX	RT	CT							
Timer1		4	3	2	1	0															
alt2	3	4											0	1	2						
Timer3												1	0								
alt2														1	0						
Timer4														1	0						
alt2																		1			0
32kxosc																	Q1	Q2			
DEBUG																			DC	DD	

表 9-19　UART 与 CC2530 连接关系表

UART 引脚	CC2530
RXD	P0.2
TXD	P0.3
CTS	P0.4
RTS	P0.5

　　由于目前市面上的 PC 主板及大部分的笔记本电脑都没有标准 UART(DB9)通信接口，为了不影响用户正常使用 WSN500-CC2530 节点上 WSN500-CC2530EM 模块的 UART 通信功能，我们为此设计了一款 USB 转串口模块，采用 CP2102 转换芯片，该芯片能将 USB 通信模式数据转换成标准串口格式数据，解决了用户无串口的烦恼，其原理连接图如图 9-30 所示。

　　首次使用该模块时，请安装附录 1 的 USB 转串口模块驱动安装说明，安装该 USB 转串口模块的驱动程序。

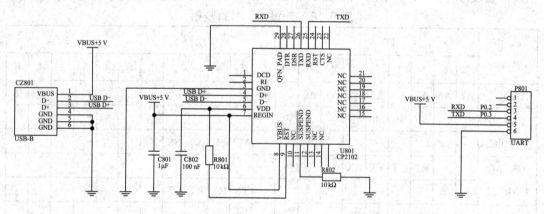

图 9-30　USB 转串口模块电路原理图

　　注意：若 WSN500-CC2530 节点使用 2 节 AA 电池，为了减少 PC 板的功耗，在不需要使用 USB 转串口时，应取下该 USB 转串口模块。

1. UART 初始化

　　在对 UART 操作之前，必须先对 UART 的相关寄存器进行初始化操作。首先配置 P0.2 和 P0.3 两个 I/O 口为片内外设 I/O，并且设置为 UART 模式，然后设置波特率为 57600，最后清除发送或者接收中断标志位，则初始化完毕。

2. UART 发送

　　当寄存器 U0BUF 写入字节后，该字节被发送到输出引脚 TXD0。当传送开始时，U0CSR.ACTIVE 位变高，而传送结束后 U0CSR.ACTIVE 位变低。当传送结束时，TX_BYTE 位和 RX_BYTE 位都设置为 1。当 USART 接收和发送数据寄存器 U0BUF 收到新数据准备就绪时，就产生了一个中断。该中断在传送开始之后立刻发生，因此，当字节正在发送时，新的字节能够装入数据缓冲器。

本实验采用查询方式发送字符串 "www.weii.com.cn"，为了增强程序演示效果，在发送字符串之前点亮 LED，发送完毕后熄灭 LED。

3. UART 接收

当 U0CER.RE 位写入 1 时，开始在 UART 上接收数据。USART 会在输入引脚 RXD0 中寻找有效起始位，并且设置 U0CER.ACTIVE 位为 1。当检测到有效起始位时，收到的字节就传入接收寄存器，U0CSR.RX_BYTE 位设置为 1。该操作完成时，产生接收中断，寄存器 U0BUF 提供接收到的数据字节。当 U0BUF 读出时，U0CSR.RX_BYTE 位由硬件清 0。

在接收实验的中断服务程序中，将统计两个变量：rcv_count 和 rcv_charA_count。每接收到一个字符，rcv_count 就增加 1，若接收的字符中包含 "A"，那么 rcv_charA_count 增加 1。

4. UART 硬件控制流

当 U0CSR.FLOW 设置为 1，使能硬件流控制。当接收寄存器为空且接收使能时，RTS 输出变低。在 CTS 输入变低之前，不会发生字节传送。注意：本实验不采用硬件流控制。

5. UART 特征格式

如果寄存器 U0CSR 中的 BIT9 和奇偶检验位设置为 1，那么奇偶检验产生而且使能，奇偶检验作为第 9 位传送。在接收字符期间，奇偶检验位计算出来并且与接收到的第 9 位进行比较。如果奇偶检验出错，则 U0CSR.ERR 被设置为 1。当 U0CSR 读取时，U0CSR.ERR 位清 0。

对于 USART0 串行总线接口 UART 模式，相关寄存器描述如表 9-20～表 9-24 所示。

表 9-20　外 设 控 制

位	名称	复位	读/写	描　　　述
\multicolumn{5}{c}{PERCFG(0xF1——PERCFG UART 控制)}
7	—	0	R0	未使用
6	T1CFG	0	R/W	计时器 1 的 I/O 位置。 　0：选择到位置 1；　　1：选择到位置 2
5	T3CFG	0	R/W	计时器 3 的 I/O 位置。 　0：选择到位置 1；　　1：选择到位置 2
4	T4CFG	0	R/W	计时器 4 的 I/O 位置。 　0：选择到位置 1；　　1：选择到位置 2
3:2	—	0	R0	未使用
1	U1CFG	0	R/W	USART1 的 I/O 位置。 　0：选择到位置 1；　　1：选择到位置 2
0	U0CFG	0	R/W	USART0 的 I/O 位置。 　0：选择到位置 1；　　1：选择到位置 2

表 9-21　USART0 控制和状态

位	名称	复位	读/写	描　　述
				U0CSR(0xF6——USART0 控制和状态)
7	MODE	0	R/W	USART 模式选择。 　0：SPI 模式；　　　　1：UART 模式
6	RE	0	R/W	启动 UART 接收器。 　0：禁用接收器；　　　1：使能接受器
5	SLAVE	0	R/W	SPI 主或者从模式选择。 　0：SPI 主模式；　　　1：SPI 从模式
4	FE	0	R/W0	UART 帧错误状态； 　0：无帧错误检测；　1：字节收到不正确停止位级别
3	ERR	0	R/W0	UART 奇偶校验错误状态。 　0：无奇偶错误检测；　1：字节收到奇偶错误
2	RX_BYTE	0	R/W0	收到字节状态。 　0：没有收到字节；　　1：收到字节就绪
1	TX_BYTE	0	R/W0	传送字节状态。 　0：字节没有传送； 　1：写到数据缓存寄存器的最后字节已经传送
0	ACTIVE	0	R	USART 传送/接受主动状态。 　0：USART 空闲； 　1：USART 在传送或者接收模式忙碌

表 9-22　USART0 UART 控制

位	名称	复位	读/写	描　　述
				U0UCR(0xC4——USART0 UART 控制)
7	FLUSH	0	R/W1	清除单元。当设置为 1 时，该事件立即停止当前操作，返回空闲状态
6	FLOW	0	R/W	UART 硬件流控制使能。选择硬件流来控制引脚 CTS 和 RTS 　0：禁用流控制；　　　1：使能流控制
5	D9	0	R/W	UART 数据位 9 的内容。使用该位传送数值使能。当奇偶校验禁止而数据位 9 使能时，写入 D9 的数值就像数据位 9 那样传送。当奇偶校验使能，则用该位设置奇偶校验 　0：奇校验；　　　　1：偶校验
4	BIT9	0	R/W	UART9 位数据使能。当 BIT9 为 1 时，数据位为 9 位，而且数据位 9 的内容和 PARITY 给出。 　0：8 位传送；　　　1：9 位传送
3	PARITY	0	R/W	UART 奇偶校验使能。 　0：奇偶校验禁止；　1：奇偶校验使能
2	SPB	0	R/W	UART 停止位数量。 　0：1 个停止位；　　　1：2 个停止位
1	STOP	0	R/W	UART 停止位电平。 　0：停止位电平低；　1：停止位电平高
0	START	0	R/W	UART 起始位电平。 　0：起始位电平低；　1：起始位电平高

表 9-23　USART0 通用控制

位	名称	复位	读/写	描　述
				U0GCR(0xC5——USART0 通用控制)
7	CPOL	0	R/W	SPI 时钟极性。 0：负时钟极性； 1：正时钟极性
6	CPHA	0	R/W	SPI 时钟相位。 0：当 SCK 从 CPOL 倒置到 CPOL 时数据输出到 MOSI，当 SCK 从 CPOL 倒置到 CPOL 时数据输入抽样到 MISO 1：当 SCK 从 CPOL 倒置到 CPOL 时数据输出到 MOSI，并且当 SCK 从 CPOL 倒置到 CPOL 时数据输入抽样到 MISO
5	ORDER	0	R/W	传送位顺序。 0：LSB 先传送； 1：MSB 先传送
4：0	BAUD_E[4:0]	0x00	R/W	波特率整数值。BAUD_E 和 BAUD_M 决定了 UART 波特率和 SPI 的主 SCK 时钟频率

表 9-24　USART0 波特率控制

位	名称	复位	读/写	描　述
				U0BAUD(0xC2——USART0 波特率控制)
7：0	BAUD_M[7:0]	0x00	R/W	波特率小数部分的值。BAUD_E 和 BAUD_M 决定了 UART 的波特率和 SPI 的主 SCK 时钟频率

9.5.5　实验步骤

(1) 建立一个新工程。

(2) 添加或新建程序文件。

本实验关键代码如下：

```
void InitUART0(void)
{
/*片内外设引脚位置采用上电复位默认值，即 PERCFG 寄存器采用默认值*/
/*  P0.2    RX
    P0.3    TX
    P0.4    CT
    P0.5    RT
*/

/*UART0 相关引脚初始化*/
P0SEL |= ((0x01<<2)|(0x01<<3));    //P0.2 和 P0.3 作为片内外设 I/O

/*P0 口外设优先级采用上电复位默认值，即 P2DIR 寄存器采用默认值*/
```

```
/*
        第一优先级：USART0
        第二优先级：USART1
        第三优先级：Timer1
*/


/*UART0 波特率设置 */
/*波特率： 57600
    当使用 32MHz 晶体振荡器作为系统时钟时，要获得 57600 波特率需要如下设置：
        UxBAUD.BAUD_M=216
        UxGCR.BAUD_E=10
    该设置误差为 0.03%
*/
U0BAUD=216;
U0GCR=10;
    /*USART 模式选择*/
    U0CSR |=Ox80;                //UART 模式


    /*UART0 配置*/
    U0UCR |=Ox80;                //进行 USART 清除
/*
        以下配置参数采用上电复位默认值：
            硬件流控制：无
            奇偶校验位(第 9 位)：奇校验
            第 9 位数据使能：否
            奇偶校验使能：否
            停止位：1 个
            停止位电平：高电平
            起始位电平：低电平
*/

    /*用于发送的位顺序采用上电复位默认值，即 U0GCR 寄存器采用上电复位默认值*/
    /*LSB 先发送*/

    UTX0IF=0;                    //清零 UART0 TX 中断标志
}
```

接收初始化在上述发送初始化的基础上再增加以下两行代码：

```
U0CSR |=(Ox01<<6);              //使能接收器
URX0IE=1;                       //使能 UART0 RX 中断
```

(3) 配置工程设置。

(4) 下载程序到 CC2530 芯片中。

(以上四步请参考 9.2 节内容，这里不再赘述。)

9.5.6　实验结果

1. 查询方式发送

通过以上几个步骤，最终下载正确的程序(串口查询发送)到 CC2530 芯片后，打开串口终端，用户可以观察到如图 9-31 中所示的信息，且 LED1(绿色 LED)闪烁。

注意的是，串口终端软件 PortHelper.exe 在"WSN-500 光盘\开发工具\单片机多功能调试助手\"文件夹中。

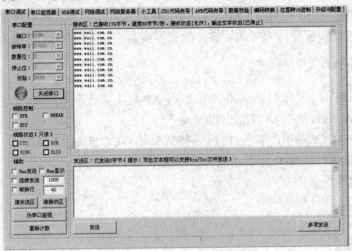

图 9-31　查询方式发送下的结果

2. 中断方式接收

中断方式接收的结果如图 9-32 所示。

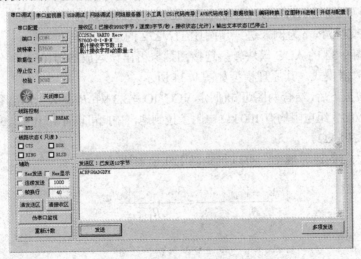

图 9-32　中断方式接收的结果

9.6　实验五　ADC(单次转换)

9.6.1　实验目的

通过本实验的学习，熟悉 CC2530 芯片 ADC 模/数转换的配置和使用方法。

9.6.2　实验内容

将 WSN500-CC2530BB 节点上的上(UP)、下(DOWN)、左(LEFT)、右(RIGHT) 4 个方向键通过运放处理后，得到的模拟电压作为输入信号。使用 ADC 通道(P0.6)进行单次采样，将采集的 ADC 电压值(0 V～3.3 V)及其对应的 ADC 采样值显示在串口终端上。

注意：CENTER 按键并未接入运放，故在本实验中按 CENTER 键视为无效处理。

9.6.3　实验条件

(1) 在用户 PC 上(带有 Microsoft Windows XP 以上系统平台)正确安装 IAR Embedded Workbench for MCS-51 V7.51A 集成开发环境；

(2) WSN500-CC2530BB 节点 1 个(插有 WSN500-CC2530EM 模块)；

(3) WSN500-CC Debugger 多功能仿真器/调试器 1 个；

(4) USB 电缆两条。

9.6.4　实验原理

1. 硬件原理

由 WSN500-CC2530BB 节点原理图可知，出厂默认设置键盘的 ADC 引脚与 CC2530 的 P0.6 相连接，其中 ADC 部分原理图如图 9-33 所示。

如图 9-33 所示，UP、DOWN、LEFT、RIGHT 四个按键分别通过电阻串入 U103A-TLV272 运放，经过计算后通过 JOY-LEVEL 输出到 ADC 转换口(P0.6)。

下面以 UP 键被按下为例，进一步阐述 TLV272 的运放原理。

首先，由图 9-33 的 ADC 模块转换连接图抽象得出该运放的 U103A 部分，该部分运放工作于差动放大器模式，其原理模型如图 9-34 所示。

当 UP 键被按下后，结合两图可知(假定 VCC_IO = 3.3 V)：R_f 由 $R_{140}//R_{141}$ 得到，为 50 kΩ；其他按键所对应的 3 组电阻均有 100 kΩ 电阻下拉到地，由此可以计算出 $R_x = 300$ kΩ // 500 kΩ // 760 kΩ = 150.395 kΩ。

由差动放大器的运算规则，可以得到以下几个表达式：

$$\frac{V_n - V_{\text{out}}}{R_f} + \frac{V_n}{R_x} = \frac{V_{\text{CC\_IO}} - V_n}{R_{130}} \tag{1}$$

$$\frac{V_{\text{CC\_IO}} - V_p}{R_{131}} = \frac{V_p}{R_{132}} \tag{2}$$

$$V_p = V_n \tag{3}$$

联合以上 3 个表达式，再由公式(2)可知

$$V_n = 0.3125\ V_{CC\_IO} \tag{4}$$

将公式(3)和公式(4)代入公式(1)，就可以简化得到

$$V_{\text{out}} = \frac{100V_{CC\_IO}R_xR_{130} + 100V_{CC\_IO}R_fR_{130} - 220V_{CC-IO}R_fR_x}{320R_xR_6} \tag{5}$$

分别将上述已知值代入公式(5)，可知 $V_{\text{out}} = 0.24$ V。

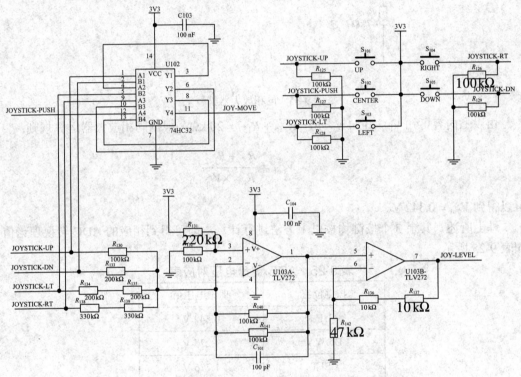

图 9-33　ADC 模/数转换连接图

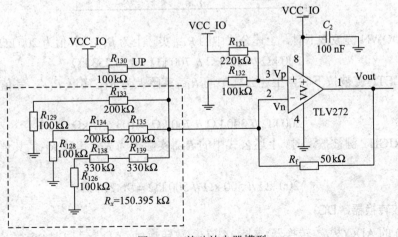

图 9-34　差动放大器模型

　　由运放 U103B-TLV272 可知，该运放工作于同相放大器模式，其原理模型如图 9-35 所示。

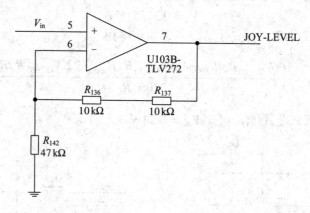

图 9-35　同相放大器模型

　　由以上内容可知 $V_{in} = 0.24$ V，$R_f = R_{136} + R_{137} = 20$ kΩ，根据同相放大器运算规则：

$$V_{out} = \frac{R_f + R_{142}}{R_{142} \times V_{in}}$$

可以得到 $V_{out} = 0.342$ V。

　　综上所述，其余 3 个按键均按以上方法进行计算，即可得到相应的 ADC 转换理论值，如表 9-25 所示。

表 9-25　ADC 键盘电压对应表

按键位置	理论电压值
UP	0.342 V
DOWN	1.273 V
LEFT	1.775 V
RIGHT	1.985 V

注意：

① 当 DOWN 键被按下时，上述公式中的 R_{130} 实际上为 R_{133}，其值为 200 kΩ，而 R_x 为

200 kΩ // 500 kΩ // 760 kΩ = 120.253 kΩ

② 当 LETF 键被按下时，上述公式中的 R_{130} 实际上为 R_{134} 串联 R_{135}，其值为 400 kΩ，而 R_x 为

200 kΩ // 300 kΩ // 760 kΩ = 103.637 kΩ

③ 当 RIGHT 键被按下时，上述公式中的 R_{130} 实际上为 R_{138} 串联 R_{139}，其值为 660 kΩ，而 R_x 为

200 kΩ // 500 kΩ // 500 kΩ = 96.774 kΩ

2. 模/数转换器(ADC)

CC2530 的 ADC(模/数转换器)支持 14 位模/数转换。该 ADC 包括 1 个参考电压发生器、

8 个可独立配置通道、电压发生器和通过 DMA 模式把转换结果写入内存的控制器。ADC 框图如图 9-36 所示。

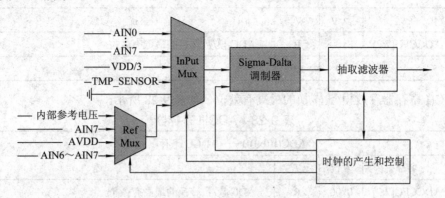

图 9-36　ADC 框图

CC2530 的 ADC 具有以下特征：

- ADC 转换位可选，8 位～14 位；(本实验使用 8 位模式)
- 8 个可独立配置输入通道；
- 参考电压发生器可作为内/外部单一参考电路、外部差动电路或 AVDD_SoC；
- 产生中断；
- 转换完成触发 DMA；
- 温度传感输入；
- 电池电压检测。

当使用 ADC 时，P0 口必须配置成 ADC 输入。把 P0 相应的引脚当做 ADC 输入时，寄存器 ADCCFG 相应的位设置为 1，否则寄存器 ADDCFG 的各位初始值为 0，则不能当作 ADC 输入使用。

ADC 完成顺序模/数转换以及把结果送至内存(使用 DMA 模式)而不需要 CPU 干预，ADC 寄存器包括 ADCCFG(ADC 输入配置寄存器)、ADCL(ADCL 数据低位)、ADCH(ADCL 数据高位)、ADCCON1(ADCL 控制寄存器 1)、ADCCON2(ADCL 控制寄存器 2)、ADCCON3(ADCL 控制寄存器 3)。

3. 相关寄存器

ADCCFG 是 ADC 的输入配置寄存器，用于配置 ADC 的输入通道，如表 9-26 所示。

表 9-26　ADC 输入配置寄存器

ADCCFG(0xF2——ADC 输入配置寄存器)				
位	名称	复位	读/写	描　　述
7:0	ADCCFG[7:0]	0x00	R/W	ADCCFG[7:0]选择 P0_7～P0_0 作为 ADC 的输入 AIN7～AIN0 0：ADC 输入禁止； 1：ADC 输入使能

ADCL 寄存器存放模/数转换的最低有效位，如表 9-27 所示。

表 9-27　ADCL 寄存器

位	名称	复位	读/写	描　述
ADCL(0xBA——ADCL 寄存器)				
7:2	ADCCFG[7:2]	0x00	R	ADC 模/数转换的最低有效位
1:0	—	00	R0	预留

ADCH 寄存器存放模/数转换的最高有效位，如表 9-28 所示。

表 9-28　ADCH 寄存器

位	名称	复位	读/写	描　述
ADCH(0xBB——ADCH 寄存器)				
7:0	ADCCFG[7:0]	0x00	R	ADC 模/数转换的最高有效位

ADC 的工作由三个特殊功能寄存器 ADCCON1、ADCCON2 和 ADCCON3 控制，这三个寄存器的功能如表 9-29～表 9-31 所示。

表 9-29　ADCCON1 寄存器

位	名称	复位	读/写	描　述
ADCCON1(0xB4——ADCCON1 寄存器)				
7	EOC	0	RH0	ADC 模/数转换结束标志。 0：转换未完成； 1：转换完成
6	ST	0	R/W1	启动模/数转换。 0：当前没有转换； 1：如果 ADCCON1.STSEL=11 且没有 AD 连续转换，则启动转换
5:4	STSEL[1:0]	11	R/W	AD 转换的启动方式。 00：来自 P2 口的外部触发； 01：全部转换，不需触发； 10：T1 通道 0 比较触发； 11：手动触发，ADCCON1.ST=1
3:2	RCTRL[1:0]	00	R/W	16 位随机数发生器控制位(若写入 01，设置会在执行完毕后自动返回 00)。 00：普通模式； 01：开启 LFSE 时钟一次； 10：预留； 11：关闭随机数发生器
1:0	—	11	R/W	预留

表 9-30　ADCCON2 寄存器

位	名称	复位	读/写	描　述
		ADCCON2(0xB5——ADCCON2 寄存器)		
7:6	SREF[1:0]	00	R/W	选择连续模/数转换的参考电压。 00：内部 1.25 V 参考电压； 01：AIN7 引脚上的外部参考电压； 10：AVDD_SoC； 11：AIN6 ～AIN7 的外部电压差
5:4	SDIV[1:0]	01	R/W	选择连续模/数转换的分辨率。 00：7 比特； 01：9 比特； 10：10 比特； 11：12 比特
3:0	SCH[3:0]	0000	R/W	连续模/数转换通道。 0000：AIN0； 0001：AIN1； 0010：AIN2； 0011：AIN3； 0100：AIN4； 0101：AIN5； 0110：AIN6； 0111：AIN7； 1000：AIN0～AIN1； 1001：AIN2～AIN3； 1010：AIN4～AIN5； 1011：AIN6～AIN7； 1100：GND； 1101：预留； 1110：温度传感器； 1111：VDD/3

表 9-31　ADCCON3 寄存器

位	名称	复位	读/写	描　　述
ADCCON3(0xB6——ADCCON3 寄存器)				
7:6	EREF[1:0]	00	R/W	选择单次模/数转换的参考电压。 00：内部 1.25 V 参考电压； 01：AIN7 引脚上的外部参考电压； 10：AVDD_SoC； 11：AIN6～AIN7 的外部电压差
5:4	EDIV[1:0]	01	R/W	选择单次模/数转换的分辨率。 00：7 比特； 01：9 比特； 10：10 比特； 11：12 比特
3:0	SCH[3:0]	0000	R/W	单次模/数转换通道。 0000：AIN0； 0001：AIN1； 0010：AIN2； 0011：AIN3； 0100：AIN4； 0101：AIN5； 0110：AIN6； 0111：AIN7； 1000：AIN0～AIN1； 1001：AIN2～AIN3； 1010：AIN4～AIN5； 1011：AIN6～AIN7； 1100：GND； 1101：预留； 1110：温度传感器； 1111：VDD/3

4. 实验程序流程

本实验主要通过设置 ADCCFG、ADCCON3 以及 ADCCON1 等寄存器来完成输出电压的采样。其基本流程为，首先初始化本实验硬件外设，设置 ADC 单次采样配置后开始启动采样，采样后完成量化，最后送串口终端显示，显示结束后返回开始处，以此类推。

初始化工作即对串口终端的初始化和 ADC 采样通道的初始化。ADC 单次采样配置的任务主要是配置 ADC 通道的基本参数值。ADCCFG| = adcChannel 语句实现了 ADC 通道的使能，本实验为通道 6。

另外本实验选择 AVDD5 引脚上的电压作为参考电压，选择 12 位比特精度。

开始采样后，先通过获取 ADCH 寄存器值来得到采样电压的 ADC 值，再通过量化计算得到实际的电压值，最后通过串口终端显示得到 ADC 采样值以及相应的电压值。

9.6.5　实验步骤

(1) 建立一个新工程。

(2) 添加或新建程序文件。

本实验关键代码如下：

```
SystemClockSourceSelect(XOSC_32MHz);      // 选择 32 MHz 晶体振荡器作为系统时钟源(主时钟源)
InitUART0();      // UART0 初始化


/* 设置 P2.0 为下拉 */
P2INP |= 0x80;
/* 配置 P2 口的中断边沿为上升沿时产生中断 */
PICTL &= ～ 0x08;
/* 使能 P2.0 中断 */
P2IEN |= 0x01;
/* 使能 P2 口中断 */
IEN2 |= 0x02;
/* 使能全局中断 */
EA = 1;
/* 使能 P0.6 为模拟输入引脚 */
APCFG |= (0x01 << 6);
/*
    系统上电复位后，第一次从 ADC 读取的转换值总被认为是 GND 电平，我们执行下面的
代码来绕过这个 BUG
 */
/* 读取 ADCL、ADCH 的值对 ADCCON1.EOC 清 0*/
tmp = ADCL;
tmp = ADCH;
/* 进行两次单次采样以绕过 BUG */
for(n=0; n<2; n++)
{
    /* 设置基准电压、抽取率和单端输入通道 */
    ADCCON3 = ((0x02 << 6) |      // 采用 AVDD5 引脚上的电压为基准电压
               (0x00 << 4) |      // 抽取率为 64，相应的有效位为 7 位(最高位为符号位)
               (0x0C << 0));      // 选择单端输入通道 12(GND)

    /* 等待转换完成 */
    while ((ADCCON1 & 0x80) != 0x80);
```

```
        /* 读取 ADCL、ADCH 的值对 ADCCON1.EOC 清 0 */
        tmp = ADCL;
        tmp = ADCH;
    }

/* 循环采样 P0.6 引脚上的电压,并将 ADC 转换值和相应的电压换算值显示在串口终端上 */
while(1)
{
    if(flag)
    {

        /* 设置基准电压、抽取率和单端输入通道 */
        ADCCON3 = ((0x02 << 6) |        // 采用 AVDD5 引脚上的电压为基准电压
                    (0x03 << 4) |        // 抽取率为 512,相应的有效位为 12 位(最高位为符号位)
                    (0x06 << 0));        // 选择单端输入通道 6(P0.6)

        /* 等待转换完成 */
        while ((ADCCON1 & 0x80) != 0x80);

        /* 从 ADCL、ADCH 读取转换值,此操作还对 ADCCON1.EOC 清 0 */
        adcvalue = (signed short)ADCL;
        adcvalue |= (signed short)(ADCH << 8);

        /* 若 adcvalue 小于 0,就认为它为 0 */
        if(adcvalue < 0) adcvalue = 0;

        adcvalue >>= 4;    // 取出 12 位有效位

        /* 将转换值换算为实际电压值 */
        voltagevalue = (adcvalue * 3.3) / 2047;    // 2047 是模拟输入达到 VREF 时的满量程值
                                                    // 由于有效位是 12 位(最高位为符号位),
                                                    // 所以正的满量程值为 2047
                                                    // 此处,VREF = 3.3V

        /* 显示 ADC 采样值 */
        UART0SendString("ADC 采样值:");
        sprintf(s,(char *)"%d",adcvalue);
        UART0SendString(( unsigned char *)s);
        UART0SendString("\n");
```

```
    /* 显示相应的电压值 */
    UART0SendString("相应的电压值:");
    sprintf(s,(char *)"%.3f V",voltagevalue);
    UART0SendString(( unsigned char *)s);
    UART0SendString("\n");
    delay(10);
    flag = 0;
  }
}
```

(3) 配置工程设置。

(4) 下载程序到 CC2530 芯片中。

9.6.6　实验结果

通过以上几个步骤，最终在 CC2530 芯片中下载了正确的程序后，用户可以通过按动 WSN500-CC2530 节点上的上、下、左、右方向键来观察串口终端上的变化。

按键与 A/D 的对应关系如表 9-32 所示。

表 9-32　按键与 A/D 的对应关系

按下的键	采样值	实际电压值
UP	212	0.342 V
DOWN	791	1.275 V
LEFT	1104	1.780 V
RIGHT	1234	1.989 V
CENTER	1446	2.331 V

注意：考虑到电阻、运放等精度关系，表 9-32(实际电压值)与表 9-25(理论电压值)中的值可能存在出入；CENTER 键只引起中断，实现 ADC 采集功能。

9.7　实验六　定时器 1 定时的配置和使用

9.7.1　实验目的

通过本实验的学习，熟悉 CC2530 芯片定时器 1 定时的配置和使用方法。

9.7.2　实验内容

利用 CC2530 芯片上的定时器 1 在自由计数、正计数/倒计数模式下，采用查询或者中断的方式来实现定时。

(1) 让定时器 1 工作在自由计数模式，选择合适的 Timer Tick 以及分频，使其一个自由计数过程(从 0x0000～0xFFFF)的时长大约为 0.5 s。采用查询和中断两种方式，每次完成一个自由计数过程就切换一次 LED1(绿色)、LED2(红色)和 LED3(黄色)的亮灭状态。

(2) 让定时器 1 工作在正计数/倒计数模式，选择合适的 Timer Tick 以及分频，使其一个正计数/倒计数过程(从 0x0000～T1CC0，再从 T1CC0～0x0000)的时长大约为 0.5 s。采用查询和中断两种方式，每次完成一个正计数/倒计数过程就切换一次 LED1(绿色)、LED2(红色)和 LED3(黄色)的亮灭状态。

9.7.3　实验条件

同实验五。

9.7.4　实验原理

CC2530 芯片上有 4 个定时器，分别为定时器 1、定时器 2、定时器 3 和定时器 4。

定时器 1 是一个独立的 16 位定时器，支持典型的定时/计数器功能，如输入捕获、输出比较和 PWM 功能。该定时器具有 5 个独立的捕获/比较通道，每个通道使用一个 I/O 引脚。该定时器广泛应用于控制盒的测量；具有 5 通道的正计数/倒计数模式将允许诸如电机控制应用等的实现。

定时器 1 的特性如下：

- 5 个捕获/比较通道；
- 上升沿、下降沿或任何边沿的输入捕获；
- 置位、清 0 或切换输出比较；
- 自由计数模式、模模式或正计数/倒计数模式；
- 可被 1、8、32 或 128 整除的时钟分频器；
- 在每个捕获/比较和最终计数上产生中断请求；
- DMA 触发功能。

定时器 2 为 16 位定时/计数器，在 ZigBee 协议栈中，一般被用于给 802.15.4MAC 底层提供时钟源。

定时器 3/4 为 8 位定时/计数器，支持输出比较和 PWM 输出。定时器 3/4 有两个输出比较通道，每个通道对应一个 I/O 口。

1. 定时器 1 的操作模式

定时器 1 的操作模式有三种：自由计数(free-running)模式、模(module)模式和正计数/倒计数(up-down)模式。

1) 自由计数(free-running)模式

计数器从 0x0000 开始计数，当计数值达到 0xFFFF 时溢出，此时，IRCON.T1IF 和 T1STAT.OVFIF 将被置 1。如果 TIMIF.OVFIF 被置 1，就会产生中断请求，此时计数器复位为 0x0000，重新开始计数，如图 9-37 所示。

2) 模(module)模式

计数器从 0x0000 开始计数，当计数值达到最大值 TICCO 时溢出，此时，IRCON.T1IF 和 T1STAT.OVFIF 将被置 1。如果 TIMIF.OVFIF 被置 1，就会产生中断请求，此时计数器复位为 0x0000，重新开始计数，如图 9-38 所示。

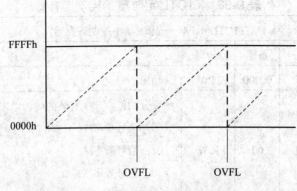

图 9-37　自由计数(free-running)模式

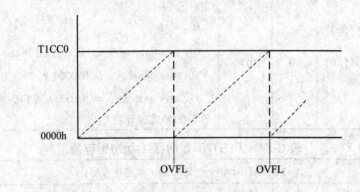

图 9-38　模(module)模式

3)　正计数/倒计数(up-down)模式

定时器从 0x0000 开始计数,当计数值达到最大值 T1CC0 时,计数值开始递减至 0x0000,此时,IRCON.T1IF 和 T1STAT.OVFIF 将被置 1。如果 TIME.OVFIF 被置 1,就会产生中断请求,此时定时器重置为 0x0000,重新开始计数,此时如图 9-39 所示。

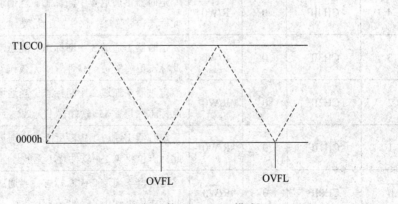

图 9-39　正计数/倒计数(up - down)模式

定时器操作模式通过 T1CTL 控制寄存器和 T1STAT 状态寄存器设置,如表 9-33 和表 9-34 所示。

表 9-33 T1CTL 定时器 1 控制寄存器

位	名称	重置	读/写	描 述
7:4	—	00000	R0	预留
3:2	DIV[1:0]	00	R/W	预置分频值。产生有效的时钟沿来更新计数值。 00：信号频率/1； 01：信号频率/8； 10：信号频率/32； 11：信号频率/128
1:0	MODE[1:0]	00	R/W	定时器 1 模式选择。 00：保留； 01：free-running 模式，从 0x0000 到 0xFFFF 重复计数； 10：modulo 模式，从 0x0000 到 T1CC0 重复计数； 11：up-down 模式，从 0x0000 到 T1CC0，再从 T1CC0 到 0x0000 重复计数

表头：T1CTL(0xE4——定时器 1 控制寄存器)

表 9-34 T1STAT 定时器 1 状态寄存器

位	名称	重置	读/写	描 述
7:6	—	0	R0	预留
5	OVFIF	0	R/W0	定时器 1 计数溢出中断标志。计数器达到溢出值 (free-running 或 modulo 模式)或(up-down 模式)到达 0 时置 1，软件置 1 无效
4	CH4IF	0	R/W0	定时器 1 通道 4 中断标志。当通道 4 中断条件发生时，此标志位将置 1；软件置 1 无效
3	CH3IF	0	R/W0	定时器 1 通道 3 中断标志。当通道 3 中断条件发生时，此标志位将置 1；软件置 1 无效
2	CH2IF	0	R/W0	定时器 1 通道 2 中断标志。当通道 2 中断条件发生时，此标志位将置 1；软件置 1 无效
1	CH1IF	0	R/W0	定时器 1 通道 1 中断标志。当通道 1 中断条件发生时，此标志位将置 1；软件置 1 无效
0	CH0IF	0	R/W0	定时器 1 通道 0 中断标志。当通道 0 中断条件发生时，此标志位将置 1；软件置 1 无效

表头：T1STAT(0xAF——定时器 1 状态寄存器)

2. 定时器 1 的时钟频率设置

定时器 1 包含一个 16 位计数器，该计数器在每个有效的时钟边沿递增或递减。有效的时钟边沿周期(或定时器 1 使用的时钟频率)是由图 9-40 所示的两个不同的寄存器位域共同决定的。

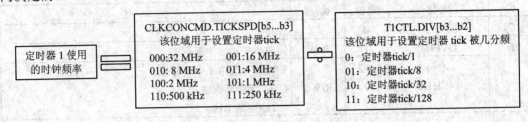

图 9-40　定时器 1 的时钟频率

当系统时钟源使用 32 MHz 晶体振荡器时，定时器 1 可用的最高时钟频率为 32 MHz，最低时钟频率为 1953.125 Hz；当系统时钟源使用 16 MHz RC 振荡器时，定时器 1 可用的最高时钟频率为 16 MHz，最低时钟频率也为 1953.125 Hz。

3. 16 位计数器的计数值

6 位计数器的 16 位计数值储存在 T1CNTH 和 T1CNTL 寄存器中，其中 T1CNTH 寄存器中储存 16 位计数值的高 8 位，T1CNTL 寄存器中储存 16 位计数值的低 8 位。

当 T1CNTL 寄存器被读取时，计数器的高字节被缓冲到 T1CNTH 寄存器中，以便高字节可以从 T1CHTH 寄存器中读出。因此 T1CHTL 寄存器总是在 T1CHTH 寄存器被读取前先被读取。

对 T1CNTL 寄存器的所有写入访问将复位 16 位计数器。

当达到最终计数值(溢出)时，计数器产生一个中断请求。通过对 T1CTL 寄存器进行设置可以启动或暂停计数器。

4. 定时器中断

定时器被分配了一个中断矢量，中断请求既可以在计数值溢出时产生，也可以由输入捕获、输出比较事件触发。在定时器 1 中断允许的情况下，如果中断标志(T1CCTL0.IM、T1CCTL1.IM、T1CCTL2.IM、T1CCTL3.IM、T1CCTL4.IM 和 TIMIF.OVFIM)被置 1，就会产生中断请求，中断标志需要软件清除。定时器中断配置的基本步骤如下：

(1) 初始化所有相关寄存器，包括 T1CTL(定时器 1 控制寄存器)、T1STAT(定时器 1 状态寄存器)、T1CCTL0(定时器 1 的 0 通道捕获/比较控制寄存器)、T1CCTL1(定时器 1 的 1 通道捕获/比较控制寄存器)、T1CCTL2(定时器 1 的 2 通道捕获/比较控制寄存器)、T1CCTL3(定时器 1 的 3 通道捕获/比较控制寄存器)、T1CCTL4(定时器 1 的 4 通道捕获/比较控制寄存器)、TIMIF(中断标志寄存器)等。TIMIF 中断标志寄存器的设置如表 9-35 所示。

(2) 设置定时周期。

(3) 定时器中断使能。

(4) 启动定时器。

在定时器 1 中断方式实验中，程序进入中断服务程序后，必须先将全局中断允许位置 0，然后清除中断标志位，执行完中断服务程序(切换 LED1、LED2 和 LED3 亮灭状态)后使总中断使能。

表 9-35　TIMIF 中断标志寄存器

位	名称	复位	读/写	描　　述
		TIMIF(0xD8——中断标志寄存器)		
7	—	0	R0	保留
6	OVFIM	1	R/W	定时器 1 溢出中断标志
5	T4CH1IF	0	R/W0	定时器 4 通道 1 中断标志。 　0：无中断未决； 　1：中断未决
4	T4CH0IF	0	R/W0	定时器 4 通道 0 中断标志。 　0：无中断未决； 　1：中断未决
3	T4OVFIF	0	R/W0	定时器 4 溢出中断标志位。 　0：无中断未决； 　1：中断未决
2	T3CH1IF	0	R/W0	定时器 3 通道 1 中断标志。 　0：无中断未决； 　1：中断未决
1	T3CH0IF	0	R/W0	定时器 3 通道 0 中断标志。 　0：无中断未决； 　1：中断未决
0	T3OVFIF	0	R/W0	定时器 3 溢出中断标志。 　0：无中断未决； 　1：中断未决

9.7.5　实验步骤

(1) 建立一个新工程。

(2) 添加或新建程序文件。

(3) 配置工程设置。

(4) 下载程序到 CC2530 芯片中。

(以上四步请参考 9.2 节内容，这里不再赘述。)

9.7.6　实验结果

在自由计数器模式或者正计数/倒计数模式下，每完成一个自由计数过程或者一个正计数/倒计数过程就切换一次 LED1(绿色)、LED2(红色)和 LED3(黄色)的亮灭状态。

9.8　实验七　定时器 1 输入捕获与输出比较

9.8.1　实验目的

通过本实验的学习，熟悉 CC2530 芯片的定时器 1 输入捕获和输出比较的应用配置及使用方法。

9.8.2　实验内容

定时器 1 具有 5 个捕获/比较通道，对于每个通道的通道模式控制可以使用相应的通道控制和状态寄存器 T1CCTLn。

定时器 1 的通道模式有输入捕获、输出比较两种模式。

(1) 输入捕获模式。将输入捕获通道所对应的 I/O 接口设置为输入状态。定时器启动后，来自该输入接口的边沿信号(上升沿或下降沿)将触发当前计数器值储存到相应的采集寄存器中。因此，可以在某一外部事件发生时采集到当前的时间。

(2) 输出比较模式。将输出比较通道所对应的 I/O 接口设置为输出状态。当计数器值等于通道比较寄存器中的值 T1CCnH：T1CCnL 时，输出接口会由 T1CCTLn.CMP 所设置的输出比较模式进行置 1、清 0 或电位切换。

定时器的通道模式通过 T1CCTLn(通道捕获/比较控制寄存器)设置。通过不同的操作模式和通道模式的配合使用可以实现 PWM 的输出。

9.8.3　实验条件

同实验五。

9.8.4　实验原理

1. 输入捕获

当一个通道被设置为输入捕获通道时，该通道相应的 I/O 接口必须被设置为输入。在定时器 1 被启动后，输入接口的一个上升沿、下降沿或任意边沿都将触发一个捕获，即把16 位计数器的内容捕获到相应的捕获寄存器中。因此，定时器 1 可用于捕获一个外部事件发生的时间。

注意：通道相应的 I/O 接口必须被设置为定时器 1 的片内外部设备 I/O。

通道输入接口与内部系统时钟是同步的。因此输入接口的脉冲的最小持续时间必须大于系统的时钟周期。

16 位捕获寄存器的内容从寄存器 T1CCnH:T1CCnL 中读出。

当捕获发生时 IRCON.T1IF 和 T1STAT.CHnIF(n 为通道号)被 CPU 置 1。若 T1CCTLn.IM = 1 且 IEN1.T1EN = 1 且 IEN0.EA = 1，则产生中断请求。

2. 输出比较

当一个通道被设置为输出比较通道时，该通道相应的 I/O 接口必须被设置为输出。在定时器 1 被启动后，计数器的内容将与该通道相应的比较寄存器 T1CCnH:T1CCnL 的内容相比较。如果比较寄存器的内容等于计数器的内容，输出接口将根据 T1CCTLn.CMP 位域的设置进行相应的置 1、清 0 或切换。写入比较寄存器 T1CCnL 将被缓冲，这样写入到 T1CCnL 的值不起作用，直到相应的高位寄存器 T1CCnH 被写入。当定时器的计数值没回到 0x00 时，写入比较寄存器 T1CCnH:T1CCnL 的比较值不起作用。

注意：通道 0 的输出比较模式较少，因为在模式 6 和模式 7 下，T1CC0H:T1CC0L 有特殊的功能，这意味着在模式 6 和模式 7 下，通道 0 的输出比较是不能使用的。

当输出比较发生时，IRCON.T1IF 和 T1STAT.CHnIF(n 为通道号)被 CPU 置 1。若 T1CCTLn.IM = 1 且 IEN1.T1EN = 1 且 IEN0.EA = 1，则产生中断请求。

3．几个输出 PWM 信号的例子

[例 1]　在自由运行模式下，输出比较模式采用模式 6，设置 T1CCTLn.CMP[2:0]=101，即当计数值等于 T1CCn 时，相应通道置 1；当计数值等于 T1CC0 时，相应通道清 0。

此模式下的输出波形如图 9-41 所示。

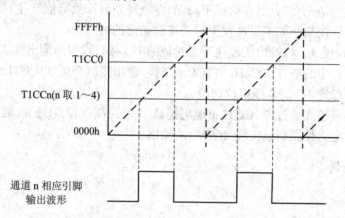

图 9-41　例 1 对应的图

注意：在输出比较模式 6 下，相应通道的初始输出为 0。

[例 2]　在自由运行模式下，输出比较模式采用模式 7，设置 T1CCTLn.CMP[2:0] = 110，即当计数值等于 T1CCn 时，相应通道清 0；当计数值等于 T1CC0 时，相应通道置 1。

此模式下的输出波形如图 9-42 所示。

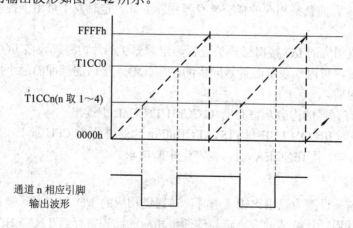

图 9-42　例 2 对应的图

注意：在输出比较模式 7 下，相应通道的初始输出为 1。

[例 3]　在模模式下，输出比较模式采用模式 6，设置 T1CCTLn.CMP[2:0] = 101，即当计数值等于 T1CCn 时，相应通道置 1；当计数值等于 T1CC0 时，相应通道清 0。

此模式下的输出波形如图 9-43 所示。

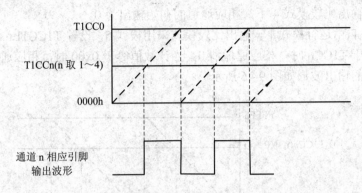

图 9-43　例 3 对应的图

注意：在输出比较模式 6 下，相应通道的初始输出为 0。

[例 4]　在模模式下，输出比较模式采用模式 7，设置 T1CCTLn.CMP[2:0] = 110，即当计数值等于 T1CCn 时，相应通道清 0；当计数值等于 T1CC0 时，相应通道置 1。

此模式下的输出波形如图 9-44 所示。

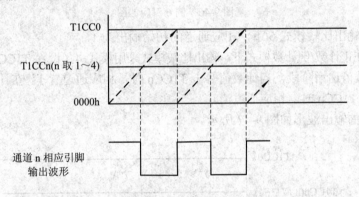

图 9-44　例 4 对应的图

注意：在输出比较模式 7 下，相应通道的初始输出为 1。

[例 5]　在模模式下，输出比较模式采用模式 4，设置 T1CCTLn.CMP[2:0] = 011，即当计数值等于 T1CCn 时，相应通道置 1；当计数值等于 0x00 时，相应通道清 0。

此模式下的输出波形如图 9-45 所示。

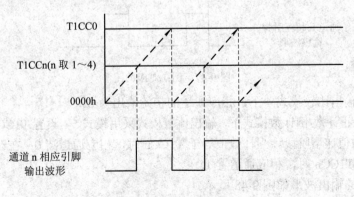

图 9-45　例 5 对应的图

注意：在输出比较模式 4 下，相应通道的初始输出为 0。

[例6] 在自由运行模式下，输出比较模式采用模式 5，设置 T1CCTLn.CMP[2:0]=100，即当计数值等于 T1CCn 时，相应通道清 0；当计数值等于 0x00 时，相应通道置 1。

此模式下的输出波形如图 9-46 所示。

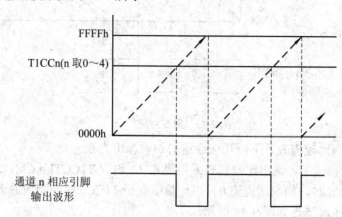

图 9-46　例 6 对应的图

注意：在输出比较模式 5 下，相应通道的初始输出为 1。

[例7] 在正计数/倒计数模式下，输出比较模式采用模式 4，设置 T1CCTLn.CMP[2:0] = 011，即在计数值递增阶段，当计数值等于 T1CCn 时，相应通道置 1；在计数值递减阶段，当计数值等于 T1CCn 时，相应通道清 0。

此模式下的输出波形如图 9-47 所示。

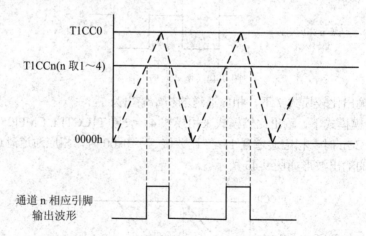

图 9-47　例 7 对应的图

注意：在输出比较模式 4 下，相应通道的初始输出为 0。

[例8] 在正计数/倒计数模式下，输出比较模式采用模式 5，设置 T1CCTLn.CMP[2:0] = 100，即在计数值递增阶段，当计数值等于 T1CCn 时，相应通道清 0；在计数值递减阶段，当计数值等于 T1CCn 时，相应通道置 1。

此模式下的输出波形如图 9-48 所示。

注意：在输出比较模式 5 下，相应通道的初始输出为 1。

在例 1~例 6 中，我们采用边沿对齐的方法来调制 PWM 输出信号。

在例 7 和例 8 中，我们采用中心对齐的方法来调制 PWM 输出信号。在某些类型的马达驱动应用中，需要中心对齐的 PWM 模式。

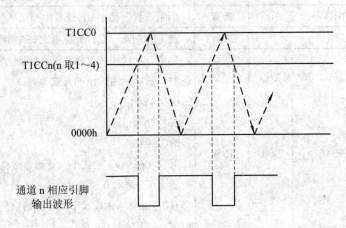

图 9-48　例 8 对应的图

在一些类型的应用中，需要在输出之间定义一个延迟或停止时间。典型的例子是用于输出驱动一个 H 桥配置，以避免 H 桥的一边交叉传导失控。延迟或停止时间可以通过使用 T1CCn 在 PWM 输出中获得，比如，假定通道 1 和通道 2 使用定时器正计数/倒计数模式用于输出比较，且这两个通道分别使用输出比较模式 4 和模式 5，则 PWM 信号的周期是 $t_P = T1CC0 \times 2$，停止时间即两个输出都为低电位的时间是 $t_D = T1CC1 - T1CC2$。

表 9-36~表 9-47 列出了 T1CCnH、T1CCnL 及定时器 1 各通道捕获/比较控制器的位设置。

表 9-36　T1CC0H 定时器 1 通道 0 捕获/比较值高位

位	名称	复位	读/写	描　　述
\multicolumn{5}{c}{T1CC0H(0xDB——定时器 1 通道 0 捕获/比较值高位)}
7:0	T1CC0[15:8]	0x00	R/W	计时器 1 通道 0 捕获/比较值高位组。当 T1CCTL0.MODE=1(比较模式)时写入该暂存器，导致在 T1CNT=0x0000 之前，T1CC0[15:0]更新的写入值一直被延迟

表 9-37　T1CC0L 定时器 1 通道 0 捕获/比较值低位

位	名称	复位	读/写	描　　述
\multicolumn{5}{c}{T1CC0L(0xDA——定时器 1 通道 0 捕获/比较值低位)}
7:0	T1CC0[7:0]	0x00	R/W	定时器 1 通道 0 捕获/比较值低字节。写入该寄存器的数据储存在缓冲区，但不写入 T1CC0[7:0]，直到在稍后写入 T1CC0H 时才生效

表 9-38　定时器 1 的通道 0 捕获/比较控制寄存器

位	名称	复位	读/写	描述
7	RFIRQ	0	R/W	如果设置，使用 RF 捕获中断来代替普通捕获输入
6	IM	1	R/W	通道 0 中断标志。置位后允许中断请求
5:3	CMP[2:0]	000	R/W	通道 0 比较模式选择。当计数器值等于 T1CC0 中的数值时，选择通道输出的方式为 000：置 1； 001：清 0； 010：跳变； 011：up-down 模式下，计数器数值上升到 T1CC0 值时置 1，下降到 0 时清 0； 100：up-down 模式下，计数器数值上升到 T1CC0 值时清 0，下降到 0 时置 1； 101、110、111：保留
2	MODE	0	R/W	定时器 1 通道 0 模式选择。模式为 0：输入捕获模式； 1：输出比较模式
1：0	CAP[1:0]	00	R/W	通道 0 输入捕获模式选择。模式为 00：不捕获； 01：上升沿捕获； 10：下降沿捕获； 11：上升沿和下降沿捕获

T1CCTL0(0xE5——定时器 1 通道 0 捕获/比较控制寄存器)

表 9-39　T1CC1H 定时器 1 通道 1 捕获/比较值高位

T1CC1H(0xDD——定时器 1 通道 1 捕获/比较值高位)

位	名称	复位	读/写	描述
7:0	T1CC1[15:8]	0x00	R/W	计时器 1 通道 1 捕获/比较值高位组。当 T1CCTL1.MODE = 1(比较模式)时写入该暂存器，导致在 T1CNT = 0x0000 之前，T1CC1[15:0]更新的写入值一直被延迟

表 9-40　T1CC1L 定时器 1 通道 1 捕获/比较值低位

T1CC1L(0xDC——定时器 1 通道 1 捕获/比较值低位)

位	名称	复位	读/写	描述
7:0	T1CC1[7:0]	0x00	R/W	定时器 1 通道 1 捕获/比较值低字节。写入该寄存器的数据储存在缓冲区，但不写入 T1CC1[7:0]，直到在稍后写入 T1CC1H 时才生效

表 9-41　定时器 1 通道 1 捕获/比较控制寄存器

位	名称	复位	读/写	描　　述
				T1CCTL1(0xE6——定时器 1 通道 1 捕获/比较控制)
7	RFIRQ	0	R/W	当该位为 1 时，使用 RF 中断来捕获，而不是常规捕获输入
6	IM	1	R/W	通道 1 中断使能。置位时使能中断请求
5:3	CPM[2:0]	000	R/W	通道 1 比较模式选择。当定时器值等于 T1CC1 中的比较值时，选择输出的动作为 000：计数值与比较值相等时置 1。 001：计数值与比较值相等时清 0。 010：计数值与比较值相等时切换。 011：在正计数/倒计数模式下，当在正计数阶段计数值与比较值相等时置 1，当在倒计数阶段计数值有比较值相等时清 0；否则，当计数值与比较值相等时置 1，计数值为 0 时清 0。 100：在正计数/倒计数模式下，当在正计数阶段计数值与比较值相等时清 0，当在倒计数阶段计数值有比较值相等时置 1；否则，当计数值与比较值相等时归 0，计数值为 0 时置 1。 101：计数值等于 T1CC0 时清 0，计数值等于 T1CC1 时置 1。 110：计数值等于 T1CC0 时置 1，计数值等于 T1CC1 时清 0。 111：初始化输出接脚。CMP[2:0]不变
2	MODE	0	R/W	模式。选择定时器 1 通道 1 捕获或比较模式为 0：捕获模式； 1：比较模式
1:0	CAP[1:0]	00	R/W	通道 1 捕获模式选择为 00：不捕获 01：在上升沿捕获

表 9-42　T1CC2H 定时器 1 通道 2 捕获/比较值高位

位	名称	复位	读/写	描　　述
				T1CC2H (0xDF——定时器 1 通道 2 捕获/比较值高位)
7:0	T1CC2[15:8]	0x00	R/W	定时器 1 通道 2 捕获/比较值高位组。当 T1CCTL2.MODE = 1(比较模式)时写该暂存器，导致在 T1CNT=0x0000 之前，T1CC2[15:0]更新的写入值一直被延迟

表 9-43 T1CC2L 定时器 1 通道 2 捕获/比较值低位

位	名称	复位	读/写	描述
	T1CC2L(0xDE——定时器 1 通道 2 捕获/比较值低位)			
7:0	T1CC2[7:0]	0x00	R/W	定时器 1 通道 2 捕获/比较值低字节。写入该寄存器的数据储存在缓冲区，但不写入 T1CC2[7:0]，直到在稍后写入 T1CC2H 时才生效

表 9-44 定时器 1 通道 2 捕获/比较控制寄存器

位	名称	复位	读/写	描述
	T1CCTL2(0xE7——定时器 1 通道 2 捕获/比较控制)			
7	RFIRQ	0	R/W	当该位为 1 时，使用 RF 中断来捕获，而不是常规捕获输入
6	IM	1	R/W	通道 2 中断使能。置位时将使能中断请求
5:3	CPM[2:0]	000	R/W	通道 2 比较模式选择。当定时器值等于 T1CC2 中的比较值，选择输出的动作为 000：计数值与比较值相等时置 1。 001：计数值与比较值相等时清 0。 010：计数值与比较值相等时切换。 011：在正计数/倒计数模式下，当在正计数阶段计数值与比较值相等时置 1，当在倒计数阶段计数值有比较值相等时清 0；否则，当计数值与比较值相等时置 1，计数值为 0 时清 0。 100：在正计数/倒计数模式下，当在正计数阶段计数值与比较值相等时清 0，当在倒计数阶段计数值有比较值相等时置 1；否则，当计数值与比较值相等时归零，计数值为 0 时置 1。 101：计数值等于 T1CC0 时清 0，计数值等于 T1CC2 时置 1。 110：计数值等于 T1CC0 时置 1，计数值等于 T1CC2 时清 0。 111：初始化输出接口。CMP[2:0]不变
2	MODE	0	R/W	模式。选择定时器 1 通道 2 为捕获或比较模式 0：捕获模式； 1：比较模式
1:0	CAP[1:0]	00	R/W	通道 2 捕获模式选择。模式为 00：不捕获； 01：在上升沿捕获； 10：在下降沿捕获； 11：在所有边沿上捕获

注意：定时器 1 通道 3 和通道 4 的捕获/比较控制寄存器的使用在此处不再赘述，与通道 2 类似，请使用者自行查阅 CC2530 数据手册。

9.8.5　实验步骤

(1) 建立一个新工程。
(2) 添加或新建程序文件。
(3) 配置工程设置。
(4) 下载程序到 CC2530 芯片中。
(以上四步请参考 9.2 节内容，这里不再赘述。)

9.8.6　实验结果

在输入捕获模式实验中，使用定时器 1 的输入捕获功能获取延时参数，用于控制 LED1(绿色)和 LED2(红色)和 LED3(黄色)的闪烁频率。在输出比较模式实验中，我们使用定时器 1 的输出比较功能产生 PWM 信号。

9.9　实验八　外部中断

9.9.1　实验目的

通过本实验的学习，熟悉 CC2530 芯片外部中断引脚的设置和使用方法。

9.9.2　实验内容

使用 P2 口的外部中断功能，利用 CC2530 芯片上的任意键产生中断，在中断服务函数中切换一次 LED1(绿色)、LED2(红色)和 LED3(黄色)的亮灭状态。

9.9.3　实验条件

同实验五。

9.9.4　实验原理

当按动 CC2530 芯片上的 UP、RIGHT、DOWN、LEFT 和 CENTER 按键时，通过 74HC32 连接到 CC2530 芯片的 P2.0 脚，设置相关寄存器如 P21FG 和 PICTL，即可配置外部中断引脚。

本实验的程序设计思路如下：

首先，引脚设置初始化 LED1(绿色)、LED2(红色)和 LED3(黄色)，输出低电平使 3 个 LED 熄灭。

```
/* 设置 P1.0、P1.1 和 P1.4 的方向为输出 */
P1DIR |=0x13;   //0x13=0B00010011
```

```
        P1_0 = 1;      // P1.0 输出高电平点亮其所控制的 LED1(绿色)
        P1_1 = 1;      // P1.1 输出高电平点亮其所控制的 LED2(红色)
        P1_4 = 1;      // P1.4 输出高电平点亮其所控制的 LED3(黄色)
```

其次，设置外部中断寄存器配置，并且开启中断，设置 P2.0 口为上升沿产生中断，总中断开启后，随机进入死循环，直到外部中断的产生。代码如下：

```
        /* 设置 P2.0 为下拉 */
        P2INP |= 0x80;

        /* 设置 P2 口的中断边沿为上升沿产生中断 */
        PICTL &= ~ 0x08;

        /* 使能 P2.0 中断 */
        P2IEN |= 0x01;

        /* 使能 P2 口中断 */
        IEN2 |= 0x02;

        /* 使能全局中断 */
        EA = 1;

        while(1);
```

若有按键按下，即产生了上升沿中断，然后进入中断服务程序 _interrupt void EINT_ISR(void)。进入该服务程序后，首先关闭全局中断，然后判断是否是 P2.0 引脚产生的中断，若是该引脚上升沿产生的中断，那么切换 LED1(绿色)、LED2(红色)和 LED3(黄色)亮灭状态。代码如下：

```
        #pragma vector=P2INT_VECTOR
        __interrupt void EINT_ISR(void)
        {
        EA = 0;                    // 关闭全局中断
        /* 若是 P2.0 产生的中断 */
        if(P2IFG & 0x01)
        {
            /* 切换 LED1(绿色)的亮灭状态 */
            if(P1_0 == 1)          // 若之前是控制 LED1(绿色)点亮，则现在熄灭 LED1
            {
                P1_0 = 0;
            }
            else                   // 若之前是控制 LED1(绿色)熄灭，则现在点亮 LED1
```

```
{
    P1_0 = 1;
}


/*  切换 LED2(红色)的亮灭状态  */
if(P1_1 == 1)              // 若之前是控制 LED2(红色)点亮，则现在熄灭 LED2
{
    P1_1 = 0;
}
else                      // 若之前是控制 LED2(红色)熄灭，则现在点亮 LED2
{
    P1_1 = 1;
}


/*  切换 LED3(黄色)的亮灭状态  */
if(P1_4 == 1)              // 若之前是控制 LED3(黄色)点亮，则现在熄灭 LED3
{
    P1_4 = 0;
}
else                      // 若之前是控制 LED3(黄色)熄灭，则现在点亮 LED3
{
    P1_4 = 1;
}


/*  等待用户释放按键，并消抖  */
while(P2_0 & 0x01);
delay(10);
while(P2_0 & 0x01);


/*  清除中断标志  */
P2IFG &= ~0x01;           // 清除 P2.0 中断标志
IRCON2 &= ~0x01;          // 清除 P2 口中断标志
}
```

9.9.5　实验步骤

(1) 建立一个新工程。

(2) 添加或新建程序文件。

(3) 配置工程配置。

(4) 下载程序到 CC2530 芯片中。

(以上四步请参考 9.2 节内容，这里不再赘述。)

9.9.6　实验结果

通过以上几个步骤，最终下载正确的程序到 CC2530 芯片后，用户若按下按键(除复位键外)，可以观察到 LED1(绿色)、LED2(红色)和 LED3(黄色)三个 LED 灯亮灭状态的切换。

9.10　实验九　看门狗实验(看门狗模式和定时器模式)

9.10.1　实验目的

通过本实验的学习，熟悉 CC2530 芯片的看门狗相关寄存器的配置及其使用方法，通过两个实验分别来熟悉看门狗的看门狗模式和定时器模式。

9.10.2　实验内容

1. 看门狗模式

让看门狗定时器工作在看门狗模式，超时时间为 0.25 s (即到达 0.25 s 之前还没喂狗就产生复位)。程序首先闪烁 LED1(绿色)、LED2(红色)和 LED3(黄色) 8 次，然后就进入喂狗循环，用户按下任一按键(除复位键和 S2 键外)来模拟出现意外而终止喂狗的情况，当超时时间到了之后，看门狗将复位系统。

2. 看门狗定时器模式

看门狗定时器模式实验，我们采用查询和中断两种方式。就实验内容来看，两者相同，即让看门狗定时器工作在定时器模式，定时时间为 0.25 s。采用查询方式，每次到达定时时间后就切换一次 LED1(绿色)、LED2(红色)和 LED3(黄色)的亮灭状态。

9.10.3　实验条件

同实验五。

9.10.4　实验原理

在 CPU 可能会遭受到被软件扰乱的情况下，看门狗定时器(WDT)可被用作一种恢复方法。当在一个选定的时间间隔内软件未能清除 WDT 时，WDT 将复位系统。WDT 可被用在受到电气噪声、电力故障、静电放电等干扰的环境中，或需要高可靠性的应用中。如果应用中不需要看门狗，那么看门狗定时器可被配置为间隔定时器，用以在选定的间隔时间产生中断。看门狗定时器具有以下特性：

- 4 个可选择的定时间隔；
- 看门狗模式；
- 定时器模式；
- 在定时器模式下产生中断请求。

　　WDT 可被配置作为看门狗定时器或一般定时器。WDT 模块的执行由 WDCTL 寄存器控制。看门狗定时器由 1 个 15 位的计数器构成，时钟源为 32 kHz。注意：用户不能访问该 15 位计数器的内容。在所有功耗模式下，15 位原计数器的内容将被保留，在重新进入到工作模式后计数器将继续计数。

1. 看门狗模式

　　在系统复位后，看门狗定时器是被禁用的。要设置看门狗定时器为看门狗模式，WDCTL.MODE[1:0]位域必须被设置为 10，那么看门狗定时器的计数器从 0 开始递增。看门狗一旦开始工作，就不能被禁止。因此，如果看门狗已经执行，再往 WDCTL.MODE[1:0]位域写入 00 或 10 是不起作用的。

　　看门狗定时器的计数器有 4 个可选的最终计数值：64、512、8192 和 32768。当看门狗定时器使用的 32 kHz 时钟源是由 32.768 kHz 晶体振荡器产生时，看门狗定时器具有 4 个可选的超时时间：1.9 ms、15.625 ms、0.25 s 和 1 s。

　　当看门狗定时器的计数器达到选定的最终计数值时，看门狗定时器就会为系统产生一个复位信号。如果在计数器达到选定的最终计数值之前，执行了一个看门狗清除序列(进行喂狗)，计数器就清 0，并继续递增。看门狗清除序列要在一个看门狗时钟周期内完成，即在一个看门狗时钟周期内将 0xA0 写入 WDCTL.CLR[3:0]，然后将 0x50 写入相同的暂存器位域。喂狗的代码如下：

```
void FeedWD(void)
{
    WDCTL |=0xA0;
    WDCTL |=0x50;
}
```

　　在看门狗模式下，看门狗一旦被使能，就不能通过改变 WDCTL.MODE[1:0]位域的值来改变该模式，且选定的计数器最终计数值也不能被改变。

　　在看门狗模式下，看门狗不会产生中断请求。但在喂狗超时时将向系统产生一个复位信号。

2. 定时器模式

　　在非看门狗模式下，设置 WDCTL.MODE[1:0]位域为 11，看门狗定时器就工作在定时器模式下，且计数器从 0 开始递增。当计数器达到选定的最终计数值时，CPU 将 IRCON2.WDTIF 置 1，如果 IEN2.WDTIE=1 且 IEN0.EA=1，则产生一个中断请求。

　　在定时器模式下，可以通过向 WDCTL.CLR[0]位写入 1 来清除计数器的值。写入 00 或 01 到 WDCTL.MODE[1:0]位域将停止定时器工作，并清除计数器的值。

　　4 个可选的最终计数值由 WDCTL.INT[1:0]位域来选择。在定时器执行期间，选定的最终计数值不能被改变，因此最终计数值应该在定时器启动前就选定好。

　　在定时器模式下，当计数器值达到选定的最终计数值时只可能产生中断，不会产生重置。如果在看门狗模式下，在芯片复位之前是不可能再进入定时器模式的。

　　看门狗相关寄存器说明如表 9-45 所示。

表 9-45　WDCTL 看门狗定时器控制

位	名称	复位	读/写	描　　述
WDCTL(0xC9——看门狗定时器控制)				
7:4	CLR[3:0]	0000	R0/W	清除定时器。在看门狗模式下，在 0xA0 之后再写入 0x50，定时器将被清除。注意：定时器只能在写入 0xA0 后的一个看门狗时钟周期内写入 0x50 才能被清除。当看门狗在空闲状态时，写入这些位视为无效；当工作于定时器模式时，通过在 CLR[0](其他 3 位可不理睬)写入 1 可以将定时器清 0(但是不能被停止)
3:2	MODE[1:0]	00	R/W	模式选择。该两位被用来启动看门狗，即使用看门狗模式或者定时器模式。在定时器模式下设置该两位来停止定时器。注意：在定时器操作模式下如果要切换到看门狗模式，首先需停止 WDT，然后再开启看门狗模式。在看门狗模式下写该两位无效。 00：空闲； 01：空闲(未使用，同上 00 设置)； 10：看门狗模式； 11：定时器模式
1:0	INT[1:0]	00	R/W	时间间隔选择。该两位选择在 32 k 振荡器周期下定时器时间间隔。注意：时间间隔只能在 WDT 空闲时被改变，所以时间间隔必须在定时器开始时设置。 00：时钟周期 x32768(1 s)(32 kHz 外部振荡器)； 01：时钟周期 x8192(0.25 s)； 10：时钟周期 x512(15.625 ms)； 11：时钟周期 x64(1.9 ms)

9.10.5　实验步骤

(1) 建立一个新工程。

(2) 添加或新建程序文件。

(3) 配置工程设置。

(4) 下载程序到 CC2530 芯片中。

(以上四步请参考 9.2 节内容，这里不再赘述。)

9.10.6　实验结果

1. 看门狗模式

通过以上几个步骤，最终下载正确的程序到 CC2530 芯片中后，程序开始执行，LED1(绿色)、LED2(红色)和 LED3(黄色)闪烁 8 次，然后就进入喂狗循环，用户按下任一按键(除复位键外)来模拟出现意外而终止喂狗的情况，当超时时间到后看门狗将复位系统。

2. 定时器模式

看门狗定时器工作在定时器模式，定时时间为 0.25 s。采用查询方式，每次到达定时时间后就切换一次 LED1(绿色)、LED2(红色)和 LED3(黄色)的亮灭状态。

9.11　实验十　随机数产生器实验

9.11.1　实验目的

通过本实验的学习，熟悉 CC2530 芯片的随机数的产生和使用方法。

9.11.2　实验内容

本实验使用 CC2530 芯片内随机数产生器，分别采用来自射频的随机种子值和人为设定不同的种子值以产生不同的伪随机序列，并在串口终端上显示，最后通过使用 CC2530 芯片系统内的随机数产生器，对字节序列进行 CRC16 校验。

9.11.3　实验条件

同实验五。

9.11.4　实验原理

1. 随机数产生器简介

随机数产生器(RNG)在计算机学和密码学中有着广泛的应用。根据其产生方式的不同，可以分为伪随机数产生器和真随机数产生器两类。

(1) 伪随机数产生器：由数学公式计算产生随机系列。它所产生的随机系列具有一定的周期性，即必然会重复出现，而且使用相同"种子"将产生相同的序列。虽然它所产生的随机系列并非真实随机的，但是由于其设计简单、灵活及基本不需要额外开销等特点，伪随机数产生器的应用依然非常广泛。

(2) 真随机数产生器：真随机数产生器产生的随机数来源于真实的物理过程，因而可以彻底消除伪随机数的周期性问题，获得更高质量的随机系列，这样的系列是不可预测的。其发生源可以是电路热噪音、宇宙噪音、反射衰变等。

2. CC2530 系列芯片随机数产生器概述

CC253× 系列芯片具有一个随机数产生器。随机数产生器在展频通信、信息加密和系统测试等领域中有着广泛的应用。

CC253× 系列片上系统具有的乱数产生器是基于一个 16 位线性反馈移位寄存器 (LFSR)，可以产生多项式 $X16 + X15 + X2 + 1$(即 CRC16)，如图 9-49 所示。

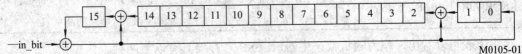

图 9-49　16 位线性反馈移位寄存器

线性反馈移位寄存器(LFSR)是一个反馈移位寄存器。其反馈函数是寄存器中某些位元的简单异或，这些位也被称为抽头序列。

一个 n 位的 LFSR 能够在重复之前产生 $2n-1$ 个(若初始状态为 n 位 0，则 LFSR 将一直保持全 0 状态)n 位长的伪随机序列。只有具有一定抽头序列的 LFSR，才能通过所有 $2n-1$ 个内部状态产生 $2n-1$ 个 n 位长的伪随机序列。

为了使 LFSR 成为最大周期的 LFSR，由抽头序列加上常数 1 形成的多项式必须是本原多项式模 2，多项式的阶就是移位寄存器的长度。有关本原多项式模 2 的概念此处不多做介绍，请参考相关书籍。

3. 随机数产生器使用

1) 随机数产生器播种

知道了伪随机序列的产生原理后，我们就可以利用 LFSR 来产生伪随机序列了。为了获得不同的伪随机序列，需要给 LFSR 进行"播种"，即给 LFSR 赋值(上电复位后，LFSR 的预设状态为全 1)。

对 LFSR 的赋值需要通过对 RNDL 寄存器进行 2 次写入来完成。每次写入 RNDL 寄存器时，LFSR 的 8 个 LSB 被复制到 8 个 MSB 中，8 个 LSB 被替换为写入 RNDL 的值(1 个字节)。

可以人为指定种子，也可以采用来自 RF 接收路径(IF_ADC)上的真正的随机值。要使用真正的随机值作为种子，射频部分必须首先上电并处于无限 RX 状态，以避免在 RX 状态下可能的同步检测。从 IF_ADC 得到的随机值可以从 RF 寄存器的 RFRND 中读取。注意，当射频用于正常任务时不能使用这种方法。

另外，种子值 0x0000 或 0x8003 会导致移位操作后的 LFSR 里的值不变(由于没有值从输入位输入)，因此这两个值不能作为种子值。

表 9-46 为 LFSR 寄存器工作模式。

表 9-46　LFSR 寄存器

名称	复位	读/写	描　　　述
RCTRL[1:0]	00	R/W	控制 16 位随机数产生器。 当写入 01 时，在写入操作完成后将自动返回 00 状态。 00: 正常操作，(LFSR 多项式以 13x 展开)； 01: 每写入一次就为 LFSR 提供一个位移时钟脉冲(多项式未展开)； 10: 保留； 11: 关闭 RNG
RNDL[7:0]	0xFF	R/W	在随机数产生器应用中，将 16 位的"种子"分两次写入该寄存器，高字节将自动移入 RNDH。作为随机数产生器时，读该寄存器将返回 LFSR 的低 8 位(LSB)，即随机数的低 8 位；用作 CRC 计算时，读该寄存器将返回 CRC 结果的低 8 位
RNDH[7:0]	0xFF	R/W	写该寄存器将触发计算 CRC16，写入过程从 MSB 开始，读该寄存器时，返回值是随机数的高 8 位，或者是 CRC 结果的高字节

由上表可以看出，作为随机数产生器，LFSR 寄存器具有以下两种工作模式。

模式 1: ADCCON1.RCTRL=[00]，CSP(Command Strobe Processor)使用 RNDXY 读取

随机数时，将自动产生新的伪随机数。

模式 2: ADCCON1.RCTRL=[01]，每一次向 ADCCON1.RCTRL 写入"01"都会给 LFSR 提供一个位移脉冲，并导致一个新的随机数产生。

2) CRC16

LFSR 也可被用于计算 系列字节的 CRC 值。写 RNDH 寄存器将触发一次 CRC 计算。这个被写入的字节将从 MSB 末端处理，进行 8 次移位的等效操作。

注意，在 CRC 开始计算前，LFSR 必须被正确初始化。通常用于 CRC 计算的初始化值为 0x0000 或 0xFFFF。

有关 CRC 的概念，请参看相关书籍，此处不再赘述。

9.11.5　实验步骤

(1) 建立一个新工程。

(2) 添加或新建程序文件。

(3) 配置工程设置。

(4) 下载程序到 CC2530 芯片中。

(以上四步请参考 9.2 节内容，这里不再赘述。)

9.11.6　实验结果

(1) 来自射频的随机种子值，如图 9-50 所示。

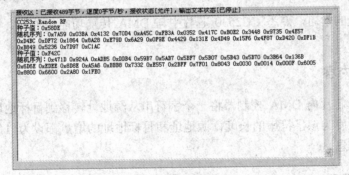

图 9-50　来自射频的随机种子值

(2) 人为设定的不同的种子值，如图 9-51 所示。

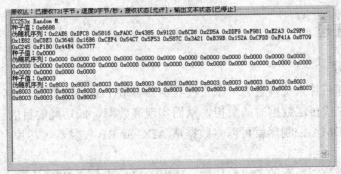

图 9-51　人为设定的不同的种子值

(3) 使用随机数产生器进行 CRC 校验。图 9-52 中分别显示了类比远端接收端在收到字节序列后，根据它所带的 CRC16 校验码来校验字节序列在传输过程中产生误码和没有产生误码的情况。

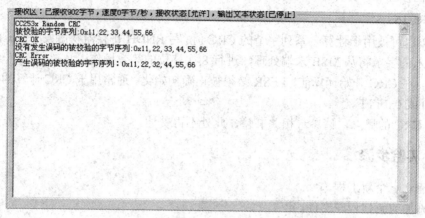

图 9-52 使用随机数产生器进行 CRC 校验

9.12 实验十一 DMA 传输实验

9.12.1 实验目的

通过本实验的学习，熟悉 CC2530 芯片中与 DMA 传输功能相关的寄存器的配置及其使用方法。

9.12.2 实验内容

用 CC2530 芯片内 DMA 控制器将一个字符串从源地址转移到目标地址，采用区块传输模式，传输长度为该字符串的长度，源地址和目标地址的增量都设为 1，并在串口终端上显示相应的信息。

9.12.3 实验条件

同实验五。

9.12.4 实验原理

1. DMA 简介

CC2530 系列芯片系统内置有一个直接存储器存取(DMA)控制器。该控制器可以被用来减轻 8051CPU 内核传送数据时的负担，从而实现高效率、低功耗的目的。只需要 CPU 极少的处理资源，DMA 控制器就可以将数据从 ADC 或 RF 收发器等芯片内外部设备传送到存储器。

DMA 控制器协调所有的 DMA 传输，确保 DMA 请求和 CPU 存取之间按照优先等级协调、合理地进行。DMA 控制器含有若干个可编程通道，用于实现存储器–存储器的数据传输。DMA 控制器控制了整个 XDATA 存储器空间里全部地址范围的数据传输。因为大多数 SFR 寄存器(包括所有外部设备的寄存器)被映射到 DMA 存储器空间，因此 DMA 控制器可以协调芯片内外部设备和存储器之间的数据传输，这样就减轻了 CPU 的负担。例如，从存储器传送数据到 USART；在 ADC 和存储器之间周期性地传输数据等。

使用 DMA 可以保持 CPU 在不需要唤醒的低功耗模式下，进行芯片内外部设备与存储器之间的数据传输，这样就降低了整个系统的功耗。

DMA 控制器的主要特性如下：
- 5 个独立的 DMA 通道；
- 3 个可配置的 DMA 通道优先级；
- 32 个可以配置的传输触发事件；
- 源地址和目标地址的独立控制；
- 可配置传输长度；
- 4 种传输模式，即单次传输、区块传输、重复的单次传输、重复的区块传输；
- 可工作在字(word)模式，也可工作在字节(byte)模式。

2. DMA 参数配置

DMA 控制器的配置需要由用户软件来完成。在一个 DMA 通道可被使用之前必须要配置一些参数。DMA 控制器的 5 个通道的行为都与下列配置参数有关：

1) 源地址

DMA 通道从该地址开始读取数据。该地址是 XDATA 存储器空间中的地址，可以具体映射到下面几种存储器或寄存器。

① SRAM 存储器(映射地址：0x0000～SRAM_SIZE–1)，容量为 8 KB。
② 可选的 Flash 存储器 BANK(映射地址：XBANK(0x8000～0xFFFF))，容量为 32 KB。
③ XREG(映射地址：0x6000～0x63FF)，容量为 1 KB。
④ 可被映射到 XDATA 存储器空间的 SFR(映射地址：0x7080～0x70FF)，容量为 128 B。

2) 目标地址

DMA 通道从该地址开始写入数据。该地址是 XDATA 存储器空间中的地址，可以具体映射到下面几种存储器或寄存器。

① SRAM 存储器(映射地址：0x0000～SRAM_SIZE–1)，容量为 8 KB。
② 可选的 Flash 存储器 BANK(映射地址：XBANK(0x8000～0xFFFF))，容量为 32 KB。
③ XREG(映射地址：0x6000～0x63FF)，容量为 1 KB。
④ 可被映射到 XDATA 存储器空间的 SFR(映射地址：0x7080～0x70FF)，容量为 128 B。

3) 字节传输或字传输

用于配置 DMA 通道所完成的数据传输位数是 8 位(即字节)还是 16 位(即字)。

4) M8

该参数用于配置采用 7 位长还是 8 位长的字节来传输数据。此参数只适用于字节传输。

5) 源地址和目标地址增量

当 DMA 通道进入工作状态或重新进入工作状态时，源地址和目标地址被转送到内部地址指针。该内部地址指针可以有下列 4 种增量。

增量为 0：每次传输之后该内部地址指针将保持不变。

增量为 1：每次传输之后该内部地址指针将加 1。

增量为 2：每次传输之后该内部地址指针将加 2。

减量为 1：每次传输之后该内部地址指针将减 1。

在字节模式下，1 个计数等于 1 个字节；在字模式下，1 个计数等于 2 个字节。

6) 传输长度

传输长度即 DMA 传输的字节数或字数。当到达该值时，DMA 控制器重新使 DMA 通道进入工作状态或解除 DMA 通道的工作状态，并且可以产生中断请求。

可以看出，使用该参数后，每次 DMA 传输的字节数或字数就由该值决定，这是一个固定长度。如果要求每次 DMA 传输的字节数或字数是可变的，需要用到下面介绍的配置参数。

7) 可变长度(VLEN)

DMA 通道可以利用源数据中的第一个字节或字(对于字，使用[12:0]位)作为传输长度，这样就允许了可变长度传输。有 4 种可选的可变长度传输模式(为了便于描述，我们假设传输长度参数的值为 LEN，源数据中的第一个字节/字所指示的传输长度为 S)：

VLEN = 001，传输字节/字的数量 = S + 1

VLEN = 010，传输字节/字的数量 = S

VLEN = 011，传输字节/字的数量 = S + 2

VLEN = 100，传输字节/字的数量 = S + 3

8) 传输模式

传输模式用于选择 DMA 通道传输数据的模式。共有 4 种传送模式，如表 9-47 所示。

表 9-47　4 种传输模式

单次传输	每当触发时，发生一次 DMA 传输，此后，DMA 通道等待下一个触发。完成指定的传送长度后，传输结束，通报 CPU 解除 DMA 通道的工作状态
重复的单次传输	每当触发时，发生一次 DMA 传输，此后，DMA 通道等待下一个触发。完成指定的传送长度后，传输结束，通报 CPU DMA 通道重新进入工作状态
区块传输	每当触发时，按照指定的传送长度、尽快地进行多次 DMA 传输，此后，通报 CPU 解除 DMA 通道的工作状态
重复的区块传输	每当触发时，按照指定的传送长度、尽快地进行多次 DMA 传输，此后，通报 CPU DMA 通道重新进入工作状态

9) 触发事件

可以设置每个 DMA 通道接收单个事件的触发。该参数设置 DMA 通道接收哪一个事件的触发。触发事件如表 9-48 所示。

表 9-48　触　发　事　件

序号	名称	功能	描述
0	NONE	DMA	无触发。设置 DMAREQ.DMAREQx 位启动传输
1	PREV	DMA	DMA 通道由于上一个通道的完成而触发
2	T1_CH0	定时器 1	定时器 1，比较，通道 0
3	T1_CH1	定时器 1	定时器 1，比较，通道 1
4	T1_CH2	定时器 1	定时器 1，比较，通道 2
5	T2_EVENT1	定时器 2	定时器 2，事件脉冲 1
6	T2_EVENT2	定时器 1	定时器 2，事件脉冲 2
7	T3_CH0	定时器 3	定时器 3，比较，通道 0
8	T3_CH1	定时器 3	定时器 3，比较，通道 1
9	T4_CH0	定时器 4	定时器 4，比较，通道 0
10	T4_CH1	定时器 4	定时器 4，比较，通道 1
11	ST	睡眠定时器	睡眠定时器比较
12	IOC_0	I/O 控制器	I/O 接口，输入传输
13	IOC_1	I/O 控制器	I/O 接口，输入传输
14	URX0	USART0	USART0 RX 完成
15	UTX0	USART0	USART 0 TX 完成
16	URX1	USART1	USART1 RX 完成
17	UTX1	USART1	USART1 TX 完成
18	FLASH	Flash 控制器	Flash 资料写完成
19	RADIO	射频	接收到 RF 封包字节
20	ADC_CHALL	ADC	ADC 转换序列模式下，任意通道采样就绪
21	ADC_CH11	ADC	ADC 转换序列模式下，通道 0 采样就绪
22	ADC_CH21	ADC	ADC 转换序列模式下，通道 1 采样就绪
23	ADC_CH32	ADC	ADC 转换序列模式下，通道 2 采样就绪
24	ADC_CH42	ADC	ADC 转换序列模式下，通道 3 采样就绪
25	ADC_CH53	ADC	ADC 转换序列模式下，通道 4 采样就绪
26	ADC_CH63	ADC	ADC 转换序列模式下，通道 5 采样就绪
27	ADC_CH74	ADC	ADC 转换序列模式下，通道 6 采样就绪
28	ADC_CH84	ADC	ADC 转换序列模式下，通道 7 采样就绪
29	ENC_DW	AES	AES 加密处理器请求下载输入数据
30	ENC_UP	AES	AES 加密处理器请求上传输出数据
31	DBG_BW	调试接口	调试接口突发写

10) 优先级别

可以对每个 DMA 通道配置 DMA 优先级别。DMA 优先级别用于决定同时发生多个 DMA 请求时，谁的优先级最高，以及 DMA 存储器存取的优先级别是否超越同时发生的 CPU 存储器存取的优先级别。DMA 优先级别有如下 3 级。

高级：最高内部优先级。DMA 存取总是高于 CPU 存取。

一般级：中等内部优先级。保证 DMA 存取至少在每秒一次的尝试中优于 CPU 存取。

低级：最低内部优先级。DMA 存取总是低于 CPU 存取。

若为相同优先级的多个 DMA 请求，将采用轮转调度以确保每个 DMA 请求都被处理。

11) 中断使能

在完成 DMA 传输后，DMA 通道能够向 CPU 产生一个中断，该参数就是用于使能/禁止中断的产生。

3. DMA 控制器配置参数的数据结构

前面所介绍的配置参数(诸如传输模式、优先级别等)必须在 DMA 通道进入工作状态之前被配置。这些配置参数不能直接通过 SFR 寄存器被配置，而是应该被写入存储器中的 DMA 专用的配置数据结构。对于每个 DMA 通道，需要有它自己的 DMA 配置数据结构。DMA 配置数据结构由 8 字节构成，可存放在由用户软件设定的任何位置，其地址通过 DMAxCFGH:DMAxCFGL 送到 DMA 控制器。一旦 DMA 通道进入工作状态，DMA 控制器就会读取 DMAxCFGH:DMAxCFGL 地址里给定的该通道的配置数据结构。需要注意的是，指定 DMA 配置数据结构开始地址的方法十分重要，这些地址对于 DMA 通道 0 和通道 1~4 是不同的。

DMA0CFGH:DMA0CFGL 给出 DMA 通道 0 配置数据结构的开始地址。

DMA1CFGH:DMA1CFGL 给出 DMA 通道 1 配置数据结构的开始地址,其后跟通道 2~4 的配置数据结构。

因此，DMA 控制器要求 DMA 通道 1~4 的 DMA 配置数据结构存在于存储器里的一个连续区域内，这个区域的开始地址储存在 DMA1CFGH:DMA1CFGL 里，由 32 个字节组成。DMA 配置参数结构如表 9-49 所示。

表 9-49　DMA 配置参数结构

字节偏移量	位	名称	描　　述
0	7:0	SRCADDR[15:8]	DMA 通道源地址，高 8 位
1	7:0	SRCADDR[7:0]	DMA 通道源地址，低 8 位
2	7:0	DESTADDR[15:8]	DMA 通道目标地址，高 8 位
3	7:0	DESTADDR[7:0]	DMA 通道目标地址，低 8 位
4	7:5	VLEN[2:0]	可变长度传输模式选择。在字模式时，第一个字的[12:0]位被认为是传输长度。为了描述方便，我们假设第一个字节/字表示的传输长度为 S。 000：传输字节/字的数量 = LEN； 001：传输字节/字的数量 = S + 1； 010：传输字节/字的数量 = S； 011：传输字节/字的数量 = S + 2； 100：传输字节/字的数量 = S + 3； 101：保留； 110：保留； 111：使用 LEN 作为传输长度的备用

续表

字节偏移量	位	名称	描述
4	4:0	LEN[12:8]	传输长度。 当 VLEN=000/111 时,采用最大允许长度。当处于 WORDSIZE 模式时, 长度以字计量, 否则以字节计量
5	7:0	LEN[7:0]	传输长度。 当 VLEN=000/111 时,采用最大允许长度。当处于 WORDSIZE 模式时, 长度以字计量, 否则以字节计量
6	7	WORDSIZE	0: 字节传输; 1: 字传输
6	6:5	TM ODE[1:0]	传输模式。 00: 单次传输; 01: 区块传输; 10: 重复的单次传输; 11: 重复的区块传输
6	4:0	TRIG[4:0]	触发源选择。 00000~11111: 选择 32 个触发事件中的某一个作为触发源,按照序号选择
7	7:6	SRCINC[1:0]	源地址增量模式(每次传输之后)。 00: 0 字节/字; 01: 1 字节/字; 10: 2 字节/字; 11: −1 字节/字
7	5:4	DESTIN[1:0]	源地址增量模式(每次传输之后)。 00: 0 字节/字; 01: 1 字节/字; 10: 2 字节/字; 11: −1 字节/字
7	3	IRQMASK	该通道的中断使能。 0: 禁止中断; 1: 使能 DMA 通道完成时的中断产生
7	2	M8	采用第 8 位模式作为 VLEN 传输长度, 仅应用在 WORDSIZE=0, 且 VLEN=000/111 时。 0: 使用全部 8 位作为传输长度; 1: 使用低 7 位(LSB)作为传输长度
7	1:0	PRIORITY[1:0]	DMA 通道优先级别。 00: 低级, CPU 优先; 01: 一般级, DMA 至少在每秒一次的尝试中优先; 10: 高级, DMA 优先; 11: 保留

4. 停止 DMA 传输

正在进行的 DMA 数据传输,若已经进入了工作状态下的 DMA 通道,可以使用 DMAARM 寄存器来中止或解除 DMA 通道。

将 1 写入寄存器位 DMAARM.ABORT 可以中止一个或多个 DMA 通道,同时将相应的 DMAARM.DMAARMx 位写 1,选择中止某一个具体的 DMA 通道。当 DMAARM.ABORT 置为 1 时,未中止通道的 DMAARM.DMAARMx 位必须写为 0。

表 9-50 是 DMA 通道进入工作状态的设置。表 9-51 是 DMA 通道开始请求及状态。

表 9-50　DMA 通道进入工作状态

DMAARM(0xD6——DMA 通道进入工作状态)				
位	名称	复位	读/写	描　述
7	ABOUT	0	R0/W	DMA 中止。该位用于停止执行中的 DMA 传输。将该位写 1 将中止所有通过设置对应的 DMAARM 位为 1 而选择的通道。 0:正常操作; 1:中止所有选择的通道
6:5	—	00	R/W	未使用
4	DMAARM4	0	R/W1	DMA 通道 4 进入工作状态。为了 DMA 通道 4 能够传输,该位必须置 1。对于非重复传输模式,一旦完成传输,该位就自动清 0
3	DMAARM3	0	R/W1	DMA 通道 3 进入工作状态。为了 DMA 通道 3 能够传输,该位必须置 1。对于非重复传输模式,一旦完成传输,该位就自动清 0
2	DMAARM2	0	R/W1	DMA 通道 2 进入工作状态。为了 DMA 通道 2 能够传输,该位必须置 1。对于非重复传输模式,一旦完成传送,该位就自动清 0
1	DMAARM1	0	R/W1	DMA 通道 1 进入工作状态。为了 DMA 通道 1 能够传输,该位必须置 1。对于非重复传输模式,一旦完成传送,该位就自动清 0
0	DMAARM0	0	R/W1	DMA 通道 0 进入工作状态。为了 DMA 通道 0 能够传输,该位必须置 1。对于非重复传输模式,一旦完成传送,该位就自动清 0

表 9-51　DMA 通道开始请求及其状态

位	名称	复位	读/写	描述
DMAREQ(0xD7——DMA 通道开始请求及其状态)				
7:5	—	000	R0	未使用
4	DMAREQ4	0	R/W1 H0	DMA 传送请求，通道 4。该位置 1，DMA 通道 4 有效(与单一触发事件有同样效果)。当 DMA 传送开始，该位清 0
3	DMAREQ3	0	R/W1 H0	DMA 传送请求，通道 3。该位置 1，DMA 通道 3 有效(与单一触发事件有同样效果)。当 DMA 传送开始，该位清 0
2	DMAREQ2	0	R/W1 H0	DMA 传送请求，通道 2。该位置 1，DMA 通道 2 有效(与单一触发事件有同样效果)。当 DMA 传送开始，该位清 0
1	DMAREQ1	0	R/W1 H0	DMA 传送请求，通道 1。该位置 1，DMA 通道 1 有效(与单一触发事件有同样效果)。当 DMA 传送开始，该位清 0
0	DMAREQ0	0	R/W1	DMA 传送请求，通道 0。该位置 1，DMA 通道 0 有效(与单一触发事件有同样效果)。当 DMA 传送开始，该位清 0

5. DMA 中断

每个 DMA 通道可以被配置为一旦完成 DMA 传输就向 CPU 产生中断的功能。该功能由 IRQMASK 位在通道配置时设置。当中断产生时，特殊功能寄存器 DMAIRQ 中相应的中断标志置 1。

一旦 DMA 通道完成传输，不管在通道配置中 IRQMASK 位是何值，中断标志都会置 1。因此，当让 DMA 通道重新进入工作状态并改变 IRQMASK 位时，软件应检查(并清除)中断标志。

6. DMA 存储器访问格式

DMA 控制器配置参数的数据结构采用大端格式，即字数据的高字节存储在低地址中，而字数据的低字节存储在高地址中。

DMA 控制器的其他寄存器采用小端格式，即字数据的高字节存储在高地址中，而字数据的低字节存储在低地址中。

表 9-52、表 9-53 分别为 DMA 通道口配置地址高、低字节。

表 9-52　DMA 通道 0 配置地址高字节

位	名称	复位	读/写	描述
DMA0CFGH(0xD5——DMA 通道开始请求及其状态)				
7:0	DMA0CFG[15:8]	0x00	R/W	DMA 通道 0 配置地址，高字节

表 9-53　DMA 通道 0 配置地址低字节

位	名称	复位	读/写	描述
7:0	DMA0CFG[7:0]	0x00	R/W	DMA 通道 0 配置地址，低字节

DMA0CFGL(0xD4——DMA 通道开始请求及其状态)

通道 1～通道 4 配置地址高位/低字节同上，不再赘述。

7. DMA 执行流程

DMA 执行流程如图 9-53 所示。

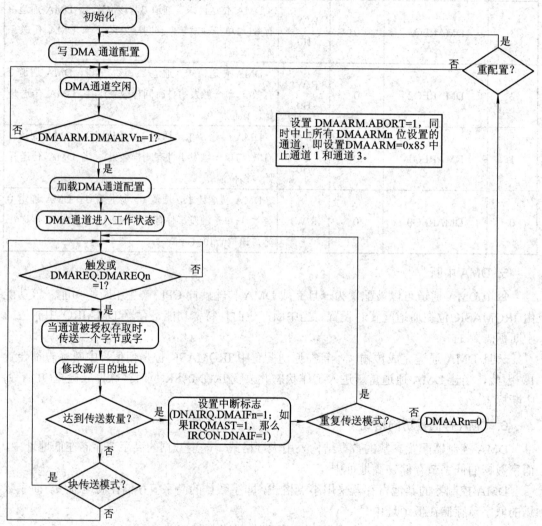

图 9-53　DMA 执行流程

9.12.5　实验步骤

(1) 建立一个新工程。

(2) 添加或新建程序文件。

(3) 配置工程设置。

(4) 下载程序到 CC2530 芯片中。

(以上四步请参考 9.2 节内容，这里不再赘述。)

9.12.6　实验结果

通过以上几个步骤，最终将正确的程序下载到 CC2530 芯片之后，开始执行程序，串口终端上提示"Any Key to Start"后，按 WSN500-CC2530BB 评估板上的任意键(复位键除外)触发 DMA 开始传输。传输完成后，CPU 将 srcStr[ ]和 destStr[ ]阵列进行对比，如果正确，则显示"Transfer OK"；否则显示"Transfer Error"。

实验结果如图 9-54 所示。

图 9-54　实验十一的实验结果

9.13　实验十二　Flash 读写实验

9.13.1　实验目的

通过本实验的学习，熟悉 CC2530 芯片内部 Flash 的读写操作。

9.13.2　实验内容

向 CC253×芯片内 FLASH BANK7 的前 8 个字节写入 8 字节数据。写入之前，先进行相应的 Flash 页擦除(可参考 9.13.4 节内容)，然后通过 DMA Flash 写操作进行数据的写入。

9.13.3　实验条件

同实验五。

9.13.4　实验原理

1. Flash 控制器概述

CC253×系列芯片系统具有内建的 Flash 存储器，用于储存代码。Flash 存储器可通过用户软件或调试接口编程。

Flash 控制器处理对 Flash 存储器的读/写操作。Flash 存储器最多由 128 个页组成，每个页具有 2048 个字节。

Flash 控制器具有以下特性：

- 32 位字可编程；
- 页擦除；
- 写保护和代码安全锁定位；
- 写 4 字节时间 20 μs；
- 页擦除时间 20 ms；
- 全片擦除时间 20 ms。

2. Flash 存储器组织

Flash 存储器以"页"为组织单位，每个 Flash 页具有 2048 个字节。最小可擦除单元为 1 个 Flash 页，最小可写入单元为 1 个 32 位的字。

当执行写操作时，Flash 记忆体是字寻址的，使用被写入到位址暂存器 FADDRH:FADDRL 中的 16 位地址进行寻址。

当执行页擦除操作时，通过 FADDRH[7:1]位域确定要被擦除的 Flash 页地址。

注意：当 CPU 从 Flash 存储器中读取代码和数据时，采用字节寻址；当 Flash 控制器访问 Flash 存储器时，采用字寻址，此处的字是 32 位。

3. Flash 写

Flash 可被 1 个或多个 32 位字(4 字节)的序列按序从起始地址(由 FADDRH:FADDRL 设置)开始连续编程。

一般来说，在开始写入 Flash 之前必须先对页进行擦除。页擦除操作将页的所有位都置为 1。全片擦除命令(通过调试接口)擦除 Flash 的所有页，这是将 Flash 中的位设置为 1 的唯一方法。当写一个字(4 字节)到 Flash 中时，bit0 可以编程为 0，而 bit1 被忽略(Flash 中的这个位不变)。因此，Flash 中的所有位被擦除时为 1，被写入(写入 0 时为 0，写入 1 时被忽略)时为 0。

1) Flash 写步骤

(1) 设置 FADDRH:FADDRL 为起始地址(18 个字节地址中的 16 个最高有效位)。

(2) 设置 FCTL.WRITE 为 1，启动写序列状态机。

(3) 在 20 μs 内对 FWDATA 进行 4 次写操作(如果不是第一次操作，应该等待 FCTL.FULL 为 0 后才开始)。最低有效位应首先被写入(在最后一个字节被写入后，FCTL.FULL 变高)。

(4) 等待，直到 FCTL.FULL 变低。(Flash 控制器在第 3 步就已经对写入到 Flash 存储器的 4 个字节开始编程并准备缓冲下一个 4 字节。)

(5) 可选的状态检查步骤：

- 如果在步骤 3 中，写入 4 字节的速度不够快使得操作超时，那么 FCTL.BUSY 和 FCTL.WRITE 为 0。

- 如果由于 Flash 页被锁定而不能被写入 4 字节，FCTL.BUSY 和 FCTL.WRITE 为 0，并且 FCTL.ABORT 为 1。

(6) 如果这是被写入数据的最后 4 字节则退出，否则转到步骤 3。

写操作可以通过下面两种方法中的任一种来实现：

- 使用 DMA 传输(首选方法)；
- 使用 CPU，代码从 SRAM 中执行。

在一个 Flash 写操作正在进行的过程中，CPU 不能访问 Flash (例如读取代码)。因此，如果要 CPU 执行对 Flash 的写操作，代码必须在 RAM 中执行。这需要用到存储器映射的方法，将 SRAM 映射到 CODE 存储器空间。当从 RAM 执行 Flash 写操作时，CPU 继续执行在 Flash 操作启动(FCTL.WRITE = 1)后的下一条指令代码。写 Flash 的过程中不能进入功耗模式 PM1、PM2 和 PM3，并且不能改变系统时钟源(晶体振荡器/RC 振荡器)。

注意，为了确保写操作所需要的 20 μs 写时序(在 20 μs 内对 FWDATA 进行 4 次写操作)，CLKCONCMD.CLKSPD 的设置要特别注意，若 CLKCONCMD.CLKSPD=111，则时钟周期是 4 μs，这很可能无法满足，所以建议设置 CLKCONCMD.CLKSPD=000/001 以满足 Flash 写操作的时序要求。

2) 对一个 32 位的字(4 字节)进行多次写

在对一个 32 位的字(4 字节)所在的 Flash 页进行两次页擦除之间，我们可以对该 32 位的字进行多次写，但要注意以下规则：

- 对该 32 位字中的某一位进行两次写 0 操作，并不影响该位的状态。即，第一次写 0 操作时，该位由 1 变为 0，第一次写 0 操作时，不影响该位状态。
- 可以对该 32 位字进行 8 次写操作(每次 4 位)。
- 对该 32 位字中的某一位进行写 1 操作，不改变该位状态。

遵循上述的规则，我们可以对 1 个 32 位的字进行多达 8 次的写入 4 个新的位的操作，如表 9-54 所示。

表 9-54　对 1 个 32 位的字进行 8 次的写入操作

步骤	写入值	写入后的 Flash 内容
1	页擦除	0xFFFFFFFF
2	0xFFFFFFFFb0	0xFFFFFFFFb0
3	0xFFFFFFb1F	0xFFFFFFb1b0
4	0xFFFFFb2FF	0xFFFFFb2b1b0
5	0xFFFFb3FFF	0xFFFFb3b2b1b0
6	0xFFFb4FFFF	0xFFFb4b3b2b1b0
7	0xFFb5FFFFF	0xFFb5b4b3b2b1b0
8	0xFb6FFFFFF	0xFb6b5b4b3b2b1b0
9	0xb7FFFFFFF	0xb7b6b5b4b3b2b1b0

4. DMA Flash 写

当使用 DMA 进行 Flash 写操作时，要写入到 Flash 的数据被储存在 XDATA 存储器空间(RAM 或 Flash)。

一个 DMA 通道的源地址被配置为准备写入 Flash 数据的 XDATA 存储器空间的具体地

址，目的地址被配置为 Flash 写数据寄存器 FWDATA 的地址，并且使能 Flash 触发 DMA(TRIG[4:0]=10010)。因此，当 Flash 写数据寄存器 FWDATA 准备接收新的数据时，Flash 控制器将触发一个 DMA 传输。DMA 通道应当被配置为单次模式、字节传输模式。

需要注意的是 DMA 传输的数据区块的大小，即 DMA 配置参数中的 LEN 一定要能被 4 整除，否则数据区块中最后剩余的部分(不足 32 位)不能被写入 Flash。此外还应当确保 DMA 通道的高优先级，以保证在写操作过程中不被中断，否则如果中断超过 20 μs，写操作可能超时，FCTL.WRITE 位将被清 0。

当 DMA 通道进入工作状态后，通过设置 FCTL.WRITE 位为 1 来触发首次 DMA 传输(之后的 DMA 传输由 DMA 控制器和 Flash 控制器来处理)，从而启动 Flash 写操作。

图 9-55 为 DMA Flash 写过程。

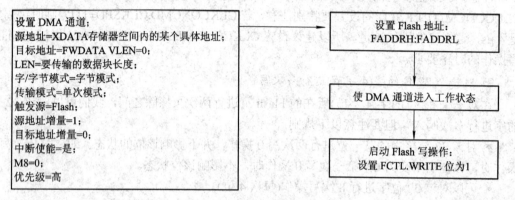

图 9-55　DMA Flash 写过程

5. CPU Flash 写

使用 CPU 进行 Flash 写操作，程序必须从 SRAM 执行，还必须遵守前面所述的"Flash 写步骤"。另外，禁止中断以保证写操作不会超时。

6. Flash 页擦除

执行 Flash 页擦除后，Flash 页中的所有位变为 1。

通过设置 FCTL.ERASE 位为 1 来启动 Flash 页擦除，Flash 页地址由 FADDRH[7:1]位域给定。

注意，如果 Flash 页擦除启动的同时，有个 Flash 写入操作，即 FCTL.WRITE 被设置为 1，则在进行 Flash 写入操作之前先执行 Flash 页擦除。可以通过查询 FCTL.BUSY 位来确定页擦除是否完成。

在 Flash 页擦除过程中，不能进入功耗模式 PM1、PM2 和 PM3，并且系统时钟源(晶体振荡器/RC 振荡器)不能被改变。

注意，如果从 Flash 存储器中执行 Flash 页擦除操作，且使看门狗处于使能状态，必须设置看门狗定时器间隔超过 20 ms(即 Flash 页擦除操作所需的时间)，以便 CPU 可以及时喂狗。

从 Flash 存储器执行代码时，当一个 Flash 擦除或写操作被启动时，CPU 将停止程序的执行，当 Flash 控制器完成操作后，CPU 将从下一条指令开始执行。

表 9-55～表 9-58 列出了如何设置寄存器擦除一个 Flash 页的代码例子，使用 IAR 编译器实现。

表 9-55　FCTL Flash 控制寄存器

位	名称	复位	读/写	描述
7	BUSY	0	R	指示写或擦除正在执行。当 WRITE 或 ERASE 位置 1 时，该标志置位。 0：没有写或擦除操作启动； 1：写或擦除操作启动
6	FULL	0	R/H0	写缓冲区满状态。在 Flash 写期间，如果已经有 4 个字节被写入到 FWDATA，该标志置 1。写缓冲区满，不再接收数据；即当 FULL 标志为 1 时，写入 FWDATA 将被忽略。当写缓冲区再次准备好接收 4 个字节时，FULL 标志将被清除。只有当 CPU 用来写 Flash 时才需要该标志。 0：写缓冲区可以接收数据； 1：写缓冲区已满
5	ABORT	0	R/H0	中止状态。当写操作或页擦除中止时该位置 1。当页访问被锁定是操作中止。开始写操作或页擦除时该位清 0
4	—	0	R	预留
3:2	CM[1:0]	01	R/W	缓存模式。 00：缓存禁用； 01：缓存使能； 10：缓存使能，预取模式； 11：缓存使能，实时模式。 缓存模式。禁用高速缓存会增加功耗和降低性能。对于大多数应用程序，预取模式最高可提高 33% 的性能，代价是增加了功耗。实时模式提供了可预见的 Flash 读取访问时间；执行时间和缓存禁用模式的时间一样，但是功耗较低。 注意：读出的值总是代表当前缓存模式。写入一个新的缓存模式就发出一个缓存模式改变请求，这可能需要几个时钟周期来完成。如果已经有一个缓存改变请求存在，写该寄存器被忽略
1	WRITE	0	R/W1 /H0	写操作。开始对由 FADDRH:FADDRL 给定的地址写 32 位的字(4 字节)。在写完成之前，WRITE 位保持为 1。清除该位表示擦除已经完成，即已经超时或中止。 如果 ERASE 也置为 1，则在写操作之前对由 FADDRH[7:1]寻址的整页进行页擦除。当 ERASE 位为 1 时，设置 WRITE 位为 1 不起作用
0	ERASE	0	R/W1 /H0	页擦除。对由 FADDRH[7:1]给定的页进行擦除。在擦除完成之前，ERASE 位保持为 1。清除该位表示擦除已经成功完成或中止。 当 WRITE 位为 1 时，设置 ERASE 位为 1 不起作用

表头说明：FCTL(0x6270——Flash 控制器)

表 9-56　FWDATA Flash 写数据寄存器

位	名称	复位	读/写	描　述
FWDATA(0x6273——FLASH 写数据寄存器)				
7:0	FWDATA[7:0]	0x00	R/W	Flash 写数据。只有当 FCTL.WRITE 为 1 时才能写寄存器

表 9-57　FADDRH Flash 地址高位寄存器

位	名称	复位	读/写	描　述
FADDRH(0x6272——Flash 地址高位寄存器)				
7:0	FADDRH[7:0]	0x00	R/W	页地址/Flash32 位字(4 字节)地址的高字节，位[7:1]选择存取哪一页

表 9-58　FADDRL Flash 地址低位寄存器

位	名称	复位	读/写	描　述
FADDRL(0x6271——Flash 地址低位寄存器)				
7:0	FADDRL[7:0]	0x00	R/W	页地址/Flash32 位字(4 字节)地址的低字节

9.13.5　实验步骤

(1) 建立一个新工程。

(2) 添加或新建程序文件。

(3) 配置工程设置。

(4) 下载程序到 CC2530 芯片中。

(以上四步请参考 9.2 节内容，这里不再赘述。)

9.13.6　实验结果

系统上电后显示如图 9-56 所示的内容。

图 9-56　系统上电后显示的 Flash 存储内容

　　图 9-56 中 1122334455667788 表示将要被写入的 8 个十六进制数据。按动 WSN500-CC2530BB 上的任意键(复位键除外)，则擦除了 Flash BANK7 中的第一个页，显示如图 9-57 所示。

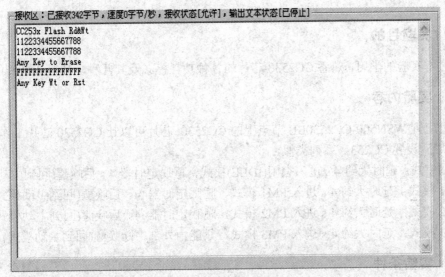

图 9-57　擦除 Flash BANK7 中的第一个页

　　注意：这里用 FFFFFFFFFFFFFFFF 来代替 0xFF、0xFF、0xFF、0xFF、0xFF、0xFF、0xFF、0xFF 这几个数(下同)；以 1122334455667788 代替 0x11、0x22、0x33、0x44、0x55、0x66、0x77、0x88 这几个数(下同)。

　　根据提示继续按任意键，即向 Flash BANK7 中的第一个页写入 1122334455667788 数据。

　　图 9-58 所示的是提示写入 1122334455667788 成功。

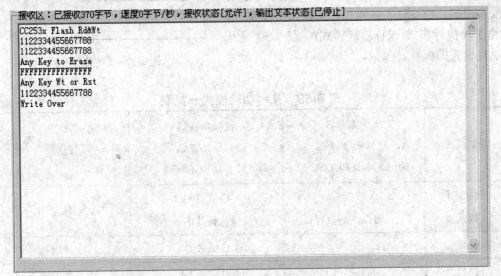

图 9-58　向 Flash BANK7 中的第一个页写入数据

9.14　实验十三　功耗模式选择实验

9.14.1　实验目的

通过本实验的学习，熟悉 CC2530 芯片的各种功耗模式及其几种功耗模式之间的切换。

9.14.2　实验内容

通过配置 WSN500-CC2530BB 节点上的 CC2530 芯片可以让 CC2530 芯片工作在各种功耗模式下(设置 CC253×系列类似)：

主动模式：延时大约 4 s 进入空闲(IDLE)模式，睡眠定时器 4 s 后唤醒(回到主动模式)；

PM1 模式：延时大约 4 s 进入 PM1 模式，睡眠定时器 4 s 后唤醒(回到主动模式)；

PM2 模式：延时大约 4 s 进入 PM2 模式，睡眠定时器 4 s 后唤醒(回到主动模式)；

PM3 模式：延时大约 4 s 进入 PM3 模式，只能由外部中断唤醒(回到主动模式)。

9.14.3　实验条件

同实验五。

9.14.4　实验原理

CC253×系列芯片具有多种执行模式(或功耗模式)，可被用来满足低功耗应用。超低功耗的执行是通过关闭芯片内模块的电源以避免静态(泄漏)功耗和使用时钟门控和关闭振荡器来降低动态功耗而实现的。CC253×系列芯片具有如图 9-59 所示的 5 种执行模式(或称功耗模式)。表 9-59 是几种功耗模式的配置。

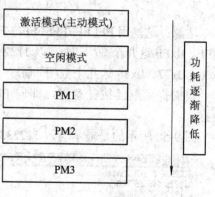

图 9-59　5 种执行模式

表 9-59　几种功耗模式一览表

功耗模式	高频振荡器 A：32 MHz XOSC B：16 MHz RCOSC	低频振荡器 C：32 kHz XOSC D：32 kHz RCOSC	稳压器
主动/空闲 模式	A 或者 B (也可以同时执行)	C 或者 D (只能执行其中一个)	开启
PM1	无	C 或者 D	开启
PM2	无	C 或者 D	关闭
PM3	无	无	关闭

1. 主动模式和空闲模式

主动模式是完全功能的执行模式，CC253×系列芯片上的 CPU、芯片内外部设备和 RF 收发器都工作，数位稳压器是打开的。

主动模式用于正常执行。在主动模式下(SLEEPCMD.MODE = 0x00)通过使能 PCON.IDLE 位使 CPU 内核停止执行，进入空闲模式。所有其他芯片内外部设备将正常工作，且 CPU 内核将被任何使能的中断唤醒(从空闲模式回到主动模式)。

2. PM1 模式

在 PM1 模式下，高频振荡器(32 MHz 晶体振荡器和 16 MHz RC 振荡器)是断电的；数位稳压器和用户使能的 32 kHz 振荡器是开启的。进入 PM1 模式后，执行一个断电序列。由于 PM1 模式使用较快的上电/断电序列，当等待唤醒事件的预期时间相对较短(小于 3 ms)时，可以使用 PM1 模式。

3. PM2 模式

在 PM2 模式下，高频振荡器(32 MHz 晶体振荡器和 16 MHz RC 振荡器)和数位稳压器是断电的；用户使能的 32 kHz 振荡器是开启的。PM2 比 PM1 模式的功耗更低。

在 PM2 模式下，上电复位、外部中断、用户所使能的 32 kHz 振荡器和睡眠定时器这些芯片内外部设备工作；I/O 接口保留了在进入 PM2 模式前的 I/O 模式和输出值；所有其他内部电路是断电的。当进入 PM2 模式，执行一个断电序列。

当使用睡眠定时器作为唤醒事件，并且还可以结合外部中断进行唤醒的情况下，可以使用 PM2 模式。相比 PM1 模式而言，若睡眠时间超过 3 ms，应选用 PM2 模式。

4. PM3 模式

PM3 模式被用于最低功耗执行模式。在 PM3 模式下，稳压器供电的所有内部电路都关闭(基本上是所有的数位模块，除了中断探测和 POR 电位感测)；内部稳压器和所有的振荡器也都关闭。

复位(POR 或外部)和外部 I/O 中断是 PM3 模式下仅有的工作。I/O 接口保留在进入 PM3 模式前被设置的 I/O 模式和输出值。复位条件或使能的外部 I/O 中断事件将唤醒设备，使它进入主动模式(如果是由外部中断唤醒的，则返回到进入 PM3 模式前的代码处；如果是由复位条件唤醒的，则返回到程序执行的开始处)。PM3 采用与 PM2 相同的上电/断电序列。

当等待外部事件时，可以使用 PM3 模式以获取最低功耗执行模式。当睡眠时间超过 3 ms 时，也可以应用 PM3 模式。

5. PM2 和 PM3 模式下数据的保留

在 PM2 或 PM3 模式下，大多数内部电路是断电的。但是，SRAM 和内部寄存器中的内容是被保留的。

除非在数据手册中另有说明(某些寄存器位域)，否则 CPU 寄存器、芯片内外部设备寄存器和 RF 寄存器都将保留它们的内容。切换到 PM2 或 PM3 模式对于软件而言是透明的。

注意：睡眠定时器的值在 PM3 模式下将不被保存。

6. 功耗模式控制

首先设置 SLEEPCMD.MODE[1:0]位域为所期望进入的功耗模式，然后通过设置 PCON.IDLE 位为 1 来进入该模式。

来自端口引脚或睡眠定时器的使能的中断，或上电复位可将设备从其他功耗模式唤醒到主动模式。

当进入 PM1、PM2 或 PM3 模式时，执行一个断电序列。当设备从 PM1、PM2 或 PM3 模式出来时，它将使用 16 MHz 时钟源，如果在进入相应功耗模式前 CLKCONCMD.OSC = 0，则还将自动从 16 MHz 时钟源切换到 32 MHz 时钟源。

与功耗相关的控制器和寄存器如表 9-60～表 9-62 所示。

表 9-60　PCON 电源模式控制器

位	名称	复位	读/写	描　　述
PCON(0x87——电源模式控制器)				
7:1	—	0000000	R/W	未使用，写入总为 000 0000
0	IDLE	0	R0/W H0	功耗模式控制。该位置"1"将强制使 CC2530 芯片进入由 SLEEPCMD.MODE 设定的功耗模式(注意：MODE=0x00 并且 IDLE=1 将关闭 CPU 核)该位读总为 0。 所有使能中断将清除该标志位，并且芯片重新进入工作模式

表 9-61　SLEEPCMD 功耗模式控制器

位	名称	复位	读/写	描　　述
SLEEPCMD(0xBE——功耗模式控制器)				
7	OSC32K_CALDIS	0	R/W	0：允许 32 kHz RC 振荡器校正； 1：不允许 32 kHz RC 振荡器校正。 该设置能在任何时刻都写入，但是晶片在 16 MHz 高速 RC 振荡器工作之前无效
6:3	—	0000	R0	预留
2	—	1	R/W	预留，写入总为 1
1:0	P2[4:0]	00	R/W	功耗模式设置。 00：执行空闲模式； 01：功耗模式 1； 10：功耗模式 2； 11：功耗模式 3

表 9-62　CLKCONCMD 时钟控制寄存器

位	名称	复位	读/写	描　述
				CLKCONCMD(0xC6——时钟控制寄存器)
7	OSC32K	1	R/W	32 kHz 时钟振荡源选择。设置该位仅初始化该时钟源。CLKCONSTA.OSC32K 指示当前设置。当改变本位时，16 MHz RC 振荡器必须被选择为系统时钟。 0：32 kHz 晶体振荡器； 1：32 kHz RC 振荡器
6	OSC	1	R/W	主时钟振荡器选择。设置该位仅初始化该时钟源。CLKCONSTA.OSC 指示当前设置。 0：32 MHz 晶体振荡器； 1：16 MHz 高速 RC 振荡器
5:3	TICKSPD[2:0]	001	R/W	时间片输出设置，不能高于通过 OSC 位设置的系统时钟的设置。 000：32 MHz 振荡器； 001：16 MHz 振荡器； 010：8 MHz 振荡器； 011：4 MHz 振荡器； 100：2 MHz 振荡器； 101：1 MHz 振荡器； 110：500 kHz 振荡器； 111：250 kHz 振荡器。 注意，CLKCONCMD.TICKSPD 能够被设置成任何值，但是最终的结果由 CLKCONCMD.OSC 设置所限制；比如，如果 CLKCONCMD.OSC = 1 并且 CLKCONCMD.TICKSPD = 000，那么 CLKCONCMD.TICKSPD 被读为 001，TICKSPD 的实际值为 16 MHz
2:0	CLKSPD	001	R/W	时钟速率。不能比通过设置 OSC 位设定的系统时钟高。指示当前系统时钟频率。 000：32 MHz； 001：16 MHz； 010：8 MHz； 011：4 MHz； 100：2 MHz； 101：1 MHz； 110：500 kHz； 111：250 kHz。 注意，CLKCONCMD.CLKSPD 能够被设置成任何值，但是最终的结果由 CLKCONCMD.OSC 设置所限制；比如，如果 CLKCONCMD.OSC = 1 并且 CLKCONCMD.CLKSPD = 000，那么 CLKCONCMD.CLKSPD 被读为 001，TICKSPD 的实际值为 16 MHz

功耗模式的设置分为 2 步：设置 SLEEPCMD.MODE 和设置 PCON.IDLE = 1。
设置代码如下所示：

```
void SetPowerMode(enum POWERMODE pm)
{
    /* 选择功耗模式 */
    /* 空闲模式 */
    if(pm == PM_IDLE)
    {
        SLEEPCMD &= ~0x03;

    }
    /* 功耗模式 PM3 */
    else if(pm == PM_3)
    {
        SLEEPCMD &= ~0x03；

    }
    /* 其他功耗模式，即功耗模式 PM1 或 PM2 */
    else
    {
        SLEEPCMD &= ~0x03；
        SLEEPCMD |= pm；

    /* 进入所选择的功耗模式 */
    PCON |= 0x01；

    asm("NOP")；
    }
```

如上述代码所示，若为空闲模式，则将 SLEEPCMD 最低两位清 0；若为模式 3，则直接置 1；若为 PM1 或者 PM2，则先返回模式 0，再设置功耗模式。

如果要从 PM1 或 PM2 模式退出，可以复位、外部中断或者等到睡眠时间结束，复位 SLEEPCMD.MODE 位进入主动模式。如果要从 PM3 模式中退出，则只能通过复位或外部中断实现(本实验采用了后者，即使用 P2.0 上的外部中断按键，使 CPU 从 PM3 返回到主动模式)。

9.14.5　实验步骤

(1) 建立一个新工程。
(2) 添加或新建程序文件。
(3) 配置工程设置。

(4) 下载程序到 CC2530 芯片中。

(以上四步请参考 9.2 节内容，这里不再赘述。)

9.14.6 实验结果

通过以上几个步骤，最终在 CC2530 芯片中下载正确的程序后，用户可以观察串口终端上显示的信息依次为：

(1) 主动模式，4 s 之后将进入空闲模式，如图 9-60 所示。

图 9-60 显示信息 1

(2) 空闲模式，4 s 后，由定时器唤醒退出空闲模式，如图 9-61 所示。

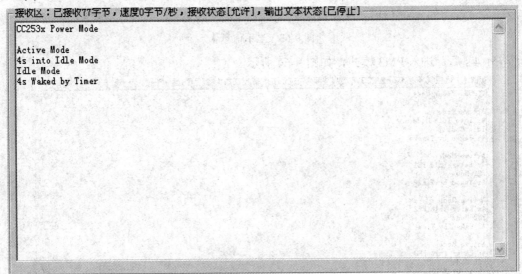

图 9-61 显示信息 2

(3) 4 s 后，进入 PM1 模式，4 s 后，PM1 模式被定时器唤醒，如图 9-62 所示。

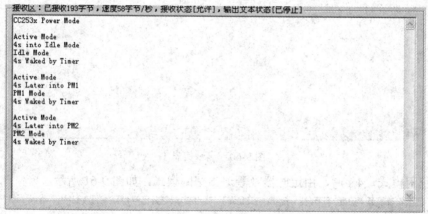

图 9-62　显示信息 3

(4) 4 s 后，进入 PM2 模式，4 s 后，PM2 模式被定时器唤醒，如图 9-63 所示。

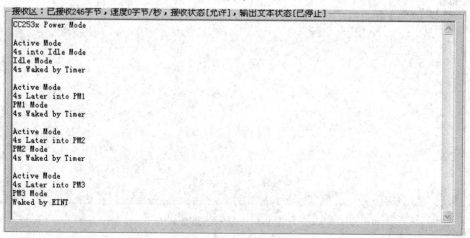

图 9-63　显示信息 4

(5) 4 s 后，进入 PM3 模式，如图 9-64 所示。

图 9-64　显示信息 5

最后，进入 PM3 后，则由外部中断来唤醒，用户通过按动 WSN500-CC2530BB 上的任意键(复位键除外)来唤醒 CPU，跳出 PM3 功耗模式。之后又重新回至(1)处开始执行程序，周而复始。

9.15　实验十四　供电电压监测实验

9.15.1　实验目的

通过本实验的学习，熟悉 CC2530 芯片的供电电压监测。

9.15.2　实验内容

本实验使用 CC253× 系列片上系统的片内 ADC，对供电电压进行监测，将监测结果在串口终端上显示。

9.15.3　实验条件

同实验五。

9.15.4　实验原理

使用 CC253× 系列片上系统的片内 ADC，关于 ADC 转换原理请用户参考上述实验原理说明，这里不再赘述。

需要注意的是，当使用电池给 CC2530 供电时，若电池的输出电压低于 2.6 V，那么此时可通过设置寄存器 PICTL.PADSC=1 以提高 I/O 的驱动能力。

9.15.5　实验步骤

(1) 建立一个新工程。

(2) 添加或新建程序文件。

程序码如下：

```
/* 循环采样片内 ADC 的单端输入通道 15(VDD/3)*/
while(1)
{
  /* 设置基准电压、抽取率和单端输入通道 */
  ADCCON3 = ((0x00 << 6) |      // 采用内部基准电压 1.15V
            (0x03 << 4) |      // 抽取率为 512，相应的有效位为 12 位(最高位为符号位)
            (0x0F << 0));      // 选择单端输入通道 15(VDD/3)

  /* 等待转换完成 */
  while ((ADCCON1 & 0x80) != 0x80);
```

```
/* 从 ADCL，ADCH 读取转换值，此操作还清零 ADCCON1.EOC */
adcvalue = (signed short)ADCL;
adcvalue |= (signed short)(ADCH << 8);

/* 若 adcvalue 小于 0，就认为它为 0 */
if(adcvalue < 0) adcvalue = 0;

adcvalue >>= 4;      // 取出 12 位有效位

/* 将转换值换算为实际电压值 */
voltagevalue = ((adcvalue * 1.15) / 2047);        // 2047 是模拟输入达到 VREF 时的满量程值
                                                  // 由于有效位是 12 位(最高位为符号位)，
                                                  // 所以正的满量程值为 2047
                                                  // 此处，VREF = 1.15V(内部基准电压)

/* 转换为实际供电电压 */
voltagevalue *= 3;

/* 根据监测到的实际供电电压，在串口终端上显示相应信息 */
sprintf(s,(char *)"%.4fV",voltagevalue);

if((voltagevalue > 2.6) || (voltagevalue == 2.6))
{
    /* 供电电压大于等于 2.6 V 时，根据 CC253x 数据手册，应设置 PICTL.PADSC = 0 */
    PICTL &=  ~0x80;

    //供电电压大于 2 .6V，可以正常工作。建议设置 PICTL.PADSC=0
    UART0SendString("\n");
    UART0SendString((unsigned char *)s);
    UART0SendString("\nPICTL.PADSC=0  供电电压大于 2.6V\n");
}
else
{
    /* 供电电压小于 2.6 V 时，根据 CC253x 数据手册，应设置 PICTL.PADSC = 1 */
    PICTL |= 0x80;

    // 供电电压小于 2.6 V，应当设置 PICTL.PADSC=1 以提高驱动能力
    UART0SendString("\n");
    UART0SendString((unsigned char *)s);
```

```
        UART0SendString("\nPICTL.PADSC=1 供电电压小于 2.6V\n");
    }
    delayMS(6000);
}
```

(3) 配置工程设置。

(4) 下载程序到 CC2530 芯片中。

(以上四步请参考 9.2 节内容，这里不再赘述。)

9.15.6　实验结果

程序执行后，串口终端显示界面如图 9-65 所示。

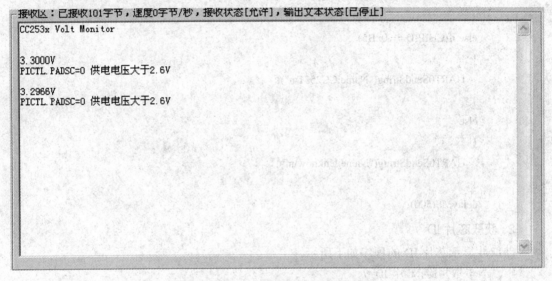

图 9-65　实验十四的结果

9.16　实验十五　获取芯片信息实验

9.16.1　实验目的

通过本实验的学习，熟悉如何获取 CC2530 芯片信息的方法。

9.16.2　实验内容

本实验将通过直接操作寄存器方式来获取 CC2530 芯片的相关信息，包括芯片型号名称、芯片 ID 号、芯片版本、芯片内 Flash 大小、芯片 SRAM 大小、是否带有 USB 控制器(相对于 CC2531)以及 IEEE 地址信息等，最后将上述信息通过串口输出到串口终端。

9.16.3　实验条件

同实验五。

9.16.4　实验原理

CC253×系列芯片在出厂时，就已经固化了关于芯片的一些信息。本实验通过直接操作 CC253×系列芯片内的相关寄存器来获取信息，原理较为简单，不再详细叙述。

1. 获取芯片型号

获取并显示芯片型号的程序如下所示。

```
/* 获取并显示芯片型号 */
if(CHIPID == 0xA5)
  {
    UART0SendString("Name:CC2530\n");
  }
  else if(CHIPID == 0xB5)
  {
    UART0SendString("Name:CC2531\n");
  }
  else
  {
    UART0SendString("Name:Unknow\n");
  }
  delayMS(500);
```

2. 获取芯片 ID

获取并显示芯片 ID 的程序如下所示。

```
/* 获取并显示芯片 ID */
sprintf(s,"ID:0x%02X",CHIPID);
UART0SendString((unsigned char *)s);
UART0SendString("\n");
delayMS(500);
```

3. 获取芯片版本

获取并显示芯片版本的程序如下所示。

```
/* 获取并显示芯片版本 */
sprintf(s,"Version:0x%02X",CHVER);
UART0SendString((unsigned char *)s);
UART0SendString("\n");
delayMS(500);
```

4. 获取芯片 Flash 容量大小

获取并显示片内 Flash 容量的程序如下所示。

```
/* 获取并显示片内 Flash 容量 */
```

```
if((((CHIPINFO0 & 0x70) >> 4) == 1)
    {
        UART0SendString("FLASH:32 KB\n");
    }
    else if((((CHIPINFO0 & 0x70) >> 4) == 2)
    {
        UART0SendString("FLASH:64 KB\n");
    }
    else if((((CHIPINFO0 & 0x70) >> 4) == 3)
    {
        UART0SendString("FLASH:128 KB\n");
    }
    else if((((CHIPINFO0 & 0x70) >> 4) == 4)
    {
        UART0SendString("FLASH:256 KB\n");
    }
    else
    {
        UART0SendString("FLASH:Unknow\n");
    }
    delayMS(500);
```

5. 获取芯片 SRAM 大小

获取并显示片内 SRAM 容量的程序如下所示。

```
/* 获取并显示片内 SRAM 容量 */
sprintf(s,"SRAM:%2d KB",(CHIPINFO1 & 0x07)+1);
UART0SendString((unsigned char *)s);
UART0SendString("\n");
delayMS(3000);
```

6. 判断是否有 USB 控制器

获取并显示片内是否有 USB 控制器的程序如下所示。

```
/* 获取并显示片内是否有 USB 控制器 */
if(CHIPINFO0 & 0x08)
    {
        UART0SendString("Have USB Ctrl\n");
    }
    else
    {
        UART0SendString("Non USB Ctrl\n");
```

```
        }
        delayMS(500);
```

7. 获取芯片 IEEE 地址

获取并显示芯片 IEEE 地址的程序如下所示。

```
    /*  获取并显示芯片出厂时具有的来自 TI 所具有的 IEEE 地址范围的 IEEE 地址  */
    UART0SendString("IEEE:");
    for(i=0; i<8; i++)
    {
        xdat[i] = *(unsigned char volatile __xdata *)(0x780C + i);
    }
    sprintf(s,"%02X%02X%02X%02X%02X%02X%02X%02X",xdat[0],xdat[1],xdat[2],xdat[3],
                                    xdat[4],xdat[5],xdat[6],xdat[7]);
    UART0SendString((unsigned char *)s);
    delayMS(500);
```

9.16.5　实验步骤

(1) 建立一个新工程。

(2) 添加或新建程序文件。

(3) 配置工程设置。

(4) 下载程序到 CC2530 芯片中。

(以上四步请参考 9.2 节内容，这里不再赘述。)

9.16.6　实验结果

程序执行后，串口终端显示界面如图 9-66 所示。

图 9-66　实验十五的结果

9.17　实验十六　外部扩展实验

9.17.1　实验目的

通过灵活地使用 CC2530 芯片的 ADC 功能，从而达到温度检测、亮度检测或者三轴加速度检测等目的。

9.17.2　实验内容

我们将通过例举芯片内温度传感器实验、光敏电阻实验和三轴加速度传感器实验，使用 CC2530 的 ADC 模/数转换功能，将温度传感器检测到的温度值、光敏电阻检测到的光照强度值和三轴加速度传感器检测到的三轴加速度值显示在串口终端上。

9.17.3　实验条件

(1) 在用户 PC 上(带有 Microsoft Windows XP 以上系统平台)正确安装 IAR Embedded Workbench for MCS-51 V7.51A 集成开发环境；

(2) WSN500-CC2530BB 节点 1 个(插有 WSN500-CC2530EM 模块)；

(3) WSN500-Sensor-luminance 光敏传感器扩充板 1 个(光敏电阻实验用)；

(4) WSN500-Sensor-Accelerometer-II 三轴加速度传感器扩展板 1 个(三轴加速度实验中用)；

(5) WSN500-CC Debugger 多功能仿真器/调试器 1 个；

(6) USB 电缆两条。

9.17.4　实验原理

上述例举实验原理均采用 ADC 原理，请用户查看有关 ADC 模/数转换实验，这里不再赘述。

9.17.5　实验步骤

(1) 建立一个新工程。

(2) 添加或新建程序文件。

(3) 配置工程设置。

(4) 下载程序到 CC2530 芯片中。

注意：需要将程序下载到 WSN500-CC2530 节点上的 CC2530 芯片中。

(以上四步请参考 9.2 节内容，这里不再赘述。)

9.17.6　实验结果

1. 片内温度传感器实验

程序运行后，串口终端显示如图 9-67 所示的信息。

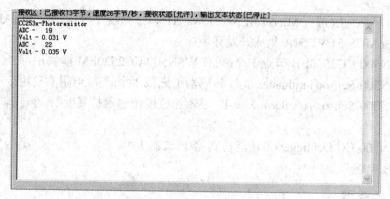

图 9-67　片内温度传感器实验结果

2．光敏电阻实验

实验过程中，需要将 WSN500-Sensor-Luminance 传感器板插到 WSN500-CC2530 的 P4(CC2530 IO)上(请一定注意：方向不能插反)。程序执行后，串口终端显示如图 9-68 所示的信息。

图 9-68　光敏电阻实验结果

3．三轴加速度传感器实验

将 WSN500-Sensor-Accelerometer-Ⅱ 传感器板插到 WSN500-CC2530 的 P4(CC2530 IO)上(请一定注意：方向不能插反)。程序执行后，串口终端显示如图 9-69 所示的信息。

图 9-69　三轴加速度传感器实验结果

9.18　实验十七　温湿度传感器实验

9.18.1　实验目的

通过本实验的学习，熟悉通过 CC2530 芯片来驱动 SHT10 温湿度传感器扩展板，从而达到检测芯片周围温度和湿度以及露点等值的目的。

9.18.2　实验内容

使用 CC2530 芯片驱动 SHT10 温湿度传感器扩展板，然后将检测到的温度和湿度以及露点值显示在串口终端上。

9.18.3　实验条件

(1) 在用户 PC 上(带有 Microsoft Windows XP 以上系统平台)正确安装 IAR Embedded Workbench for MCS-51 V7.51A 集成开发环境；

(2) WSN500-CC2530BB 节点 1 个(插有 WSN500-CC2530EM 模块)；

(3) WSN500-Sensor-Temperature And Humidity 温湿度传感器扩充板 1 个；

(4) WSN500-CC Debugger 多功能仿真器/调试器 1 个；

(5) USB 电缆两条。

9.18.4　实验原理

1．SHT10 简介

SHT10 是瑞士 Scnsirion 公司推出的一款数字温湿度传感器芯片。该芯片广泛应用于暖通空调、汽车、消费电子、自动控制等领域，其主要特点如下：

* 高度集成，将温度感测、湿度感测、信号变换、A/D 转换和加热器等功能整合到一个芯片上；

* 提供二线数字串行接口 SCK 和 DATA，接口简单，支持 CRC 传输校验，传输可靠性高；

* 测量精度可编程调节，内置 A/D 转换器(分辨率为 8 位～12 位，可以通过对芯片内部寄存器编程来选择)；

* 测量精确度高，由于同时整合温、湿度传感器，可以提供具有温度补偿的湿度测量值和高质量的露点计算功能；

* 封装尺寸超小(7.62 mm × 5.08 mm × 2.5 mm)，并且在测量和通信结束后，自动转入低功耗模式；

* 高可靠性，采用 CMOSens 工艺，测量时可将感测头完全浸于水中。

2．SHT10 引脚功能

SHT10 温湿度传感器采用 SMD(LCC)表面贴片封装形式，接口非常简单，引脚名称及排列顺序如图 9-70 所示(SHT10 与 SHT11 仅测量精度不同，封装和内部结构原理均相同)。

引脚	名称	描　　述
1	GND	信号地
2	DATA	数据线，双向的
3	SCK	时钟线，仅用于输入
4	VDD	电源
5~8	NC	未连接

图 9-70　芯片引脚

各引脚的功能如下：

- 脚 1 和脚 4 分别是信号地和电源，其工作电压范围是 2.4 V～5.5 V；
- 脚 2 和脚 3 是二线串行数字接口，其中 DATA 为数据线，SCK 为时钟线；
- 脚 5～脚 8 未连接。

3. SHT10 的内部结构和工作原理

温湿度传感器 SHT10 将温度感测、湿度感测、信号变换、A/D 转换和加热器等功能集成到一个芯片上，其内部结构如图 9-71 所示。该芯片包括一个电容性聚合体湿度敏感元件和一个用能隙材料制成的温度敏感元件。这两个敏感元件首先分别将湿度和温度转换成电信号，进入信号放大器进行放大；然后进入一个 14 位的 A/D 转换器进行转换；最后经过二线串行数字接口输出数字信号。SHT10 在出厂前，都会在恒湿或恒温环境中进行校准，校准系数储存在校准寄存器中，在测量过程中，校准系数会自动校准来自传感器的信号。此外，SHT10 内部还整合了一个加热元件，该加热元件接通后可以将 SHT10 的温度升高 5℃左右，同时功耗也会有所增加。此功能主要是为了比较加热前后的温度和湿度值，可以综合验证两个传感器元件的性能。在高湿(>95%RH)环境中，加热传感器可以预防传感器结露，同时缩短响应时间，提高精度。加热后 SHT10 温度升高、相对湿度降低，较加热前，测量值会略有差异。

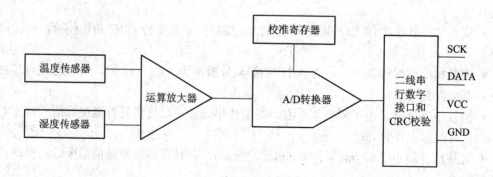

图 9-71　SHT10 内部结构

微处理器是通过二线串行数字接口与 SHT10 进行通信的。通信协议与通用的 I^2C 总线协议是不兼容的，因此需要用通用微处理器 I/O 接口仿真该通信时序。微处理器对 SHT10 的控制是通过 5 个 5 位命令代码来实现的，命令代码的含义如表 9-63 所示。

表 9-63　SHT10 控制命令程序代码

命　　　令	代　码
预留	0000x
温度测量	00011
湿度测量	00101
读状态寄存器	00111
写状态寄存器	00110
预留	0101x～1110x
复位命令，使内部状态寄存器恢复默认值，下一次命令前至少等待 11 ms	11110

4. SHT10 应用设计

微处理器采用二线串行数字接口和温湿度传感器芯片 SHT10 进行通信，所以硬件接线设计非常简单；然而，通信协议是芯片厂家自己定义的，所以在软件设计中，需要用微处理器的通用 I/O 接口仿真通信协议。

5. 硬件设计

SHT10 通过二线数字串行接口来访问，所以硬件接口电路非常简单。需要注意的是，DATA 数据线需要外接上拉电阻，时钟线 SCK 用于微处理器和 SHT10 之间通信同步，由于接口包含了完全静态逻辑，所以对 SCK 最低频率没有要求；当工作电压高于 4.5 V 时，SCK 频率最高为 10 MHz，而当工作电压低于 4.5 V 时，SCK 最高频率则为 1 MHz。微处理器与 SHT10 的硬件连线如图 9-72 所示。

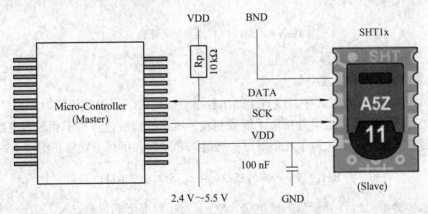

图 9-72　微处理器与 SHT10 的硬件连线

6. 软件设计

由于微处理器和温湿度传感器通信采用串行二线接口 SCK 和 DATA，该二线串行通信协议和 I^2C 协议又是不兼容的，因此在程序开始时，微处理器需要用一组"启动传输"时序表示数据传输的激活，如图 9-73 所示。当 SCK 时钟为高电平时，DATA 翻转为低电平，紧接着 SCK 变为低电平，随后又变为高电平；在 SCK 时钟为高电平时，DATA 再次翻转为高电平。

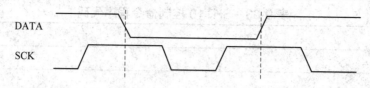

图 9-73　数据传输启动时序

SHT10 湿度测试时序如图 9-74 所示。主机发出激活命令，随后发出一个连续 8 位命令码，该命令码包含 3 个地址位(芯片设定地址为 000)和 5 个命令位；发送完该命令码，将 DATA 总线设为输入状态等待 SHT10 的响应；SHT10 接收到上述地址和命令码后，在第 8 个时钟下降沿，将 DATA 下拉为低电平作为从机的 ACK；在第 9 个时钟下降沿之后，从机释放 DATA(恢复高电平)总线；释放总线后，从机开始测量当前湿度，测量结束后，再次将 DATA 总线拉为低电平；主机检测到 DATA 总线被拉低后，得知湿度测量已经结束，给出 SCK 时钟信号；从机在第 8 个时钟下降沿，先输出高字节数据；在第 9 个时钟下降沿，主机将 DATA 总线拉低作为 ACK 信号。然后释放总线 DATA；在随后 8 个 SCK 周期下降沿，从机发出低字节数据；接下来的 SCK 下降沿，主机再次将 DATA 总线拉低作为接收数据的 ACK 信号；最后 8 个 SCK 下降沿从机发出 CRC 校验数据，主机不予应答(NACK)则表示测量结束。

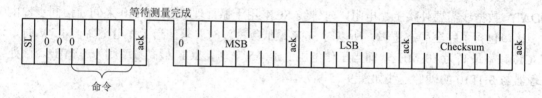

图 9-74　SHT10 湿度测量时序图

7. 湿度和温湿度的计算

1) 湿度线性补偿和温度补偿

SHT10 可通过 DATA 数据总线直接输出数字量湿度值，该湿度值称为"相对湿度"，但还需要进行线性补偿和温度补偿后才能得到较为准确的湿度值。由于相对湿度数字输出特性呈一定的非线性，因此为了补偿湿度传感器的非线性，可按下式修正湿度值：

$$RH_{linear} = c_1 + c_2 \cdot SO_{RH} + c_3 \cdot SO_{RH}^2 (\% RH)$$

式中，RH_{linear} 为经过线性补偿后的湿度值，SO_{RH} 为相对湿度测量值，c_1、c_2、c_3 为线性补偿系数，取值如表 9-64 所示。

表 9-64　湿度线性补偿系数

SO_{RH}	c_1	c_2	c_3
12 位	−2.0468	0.0367	−1.5955E-6
8 位	−2.0468	0.5872	−4.0845E-4

由于温度对湿度的影响十分明显，而实际温度和测试参考温度 25℃有所不同，所以对线性补偿后的湿度值进行温度补偿很有必要。补偿公式如下：

$$RH_{true} = (T - 25) \cdot (t_1 + t_2 \cdot SO_{RH}) + RH_{linear}$$

式中，RH_{true} 为经过线性补偿和温度补偿后的湿度值，T 为测试湿度值时的温度(℃)，t_1 和 t_2 为温度补偿系数，取值如表 9-65 所示。

表 9-65　湿度值的温度补偿系数

SO_{RH}	t_1	t_2
12 位	0.01	0.00008
8 位	0.01	0.00128

2) 温度值输出

由于 SHT10 是采用 PTAT 能隙材料制成的温度敏感组件，因而具有很好的线性输出。实际温度值可由下式算得：

$$T = d_1 + d_2 \times SO_T$$

式中，d_1 和 d_2 为特定系数，d_1 的取值与 SHT10 工作电压有关，d_2 的取值则与 SHT10 内部 A/D 转换器采用的分辨率有关，其对应关系分别如表 9-66 和表 9-67 所示。

表 9-66　d_1 与工作电压的关系

VDD	d_1/℃	d_1/℉
5 V	−40.1	−40.2
4 V	−39.8	−39.6
3.5 V	−39.7	−39.5
3 V	−39.6	−39.3
2.5 V	−39.4	−39.9

表 9-67　d_2 与分辨率的对应关系

SO_T	d_2/℃	d_2/℉
14 位	0.01	0.018
12 位	0.04	0.072

8. 露点计算

露点是一个特殊的温度值，是空气保持某一定湿度必须达到的最低温度。当空气的温度低于露点时，空气容纳不了过多的水分，这些水分会变成雾、露水或霜。

露点可以根据当前相对湿度值和温度值计算得出，具体的计算公式如下：

$$\ln EW = 0.66077 + \frac{7.5 \times T}{237.3 + T} + \ln(SO_{RH}) - 2$$

$$D_p = \frac{(0.66077 - \ln EW) \times 237.3}{\ln EW - 8.16077}$$

式中，T 为当前温度值，SO_{RH} 为相对湿度值，D_p 为露点。

9.18.5　实验步骤

(1) 建立一个新项目。

(2) 添加或新建程序文件。

(3) 配置项目设置。

(4) 下载程序到 CC2530 芯片中。

注意：需要将程序下载到 WSN500-CC2530 节点上的 CC2530 芯片中。

(以上四步请参考 9.2 节内容，这里不再赘述。)

9.18.6　实验结果

程序正常执行后，串口终端将显示当前检测到的温度、湿度以及露点值，显示结果如图 9-75 所示。

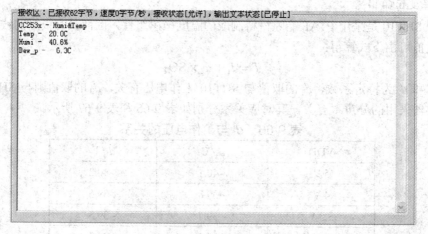

图 9-75　实验十七的结果

9.19　实验十八　传感器数据读取实验

9.19.1　实验目的

(1) 了解 CC2530 节点通过 ZigBee 无线通信协议传输传感器数据的方式；

(2) 了解 PC 及协调器如何通过串口收发数据；

(3) 了解如何通过 WSN500 网关模块和 PC 上位机软件，使网页接收、显示传感器数据。

9.19.2　实验内容

将各传感器的 CC2530 的程序烧写入相应的终端节点，将协调器的程序烧写入协调器节点。关于烧写方法参考 9.2 节内容。

打开各 CC2530 节点电源后，协调器节点建立 ZigBee 网络并运行至 Gateway 模式，开启允许绑定模式；终端节点设备发现协调器建立的网络并加入到该网络中。协调器设备可以通过按动 WSN500-CC2530BB 上的 Right 键来切换它发起的 Gateway 工作模式或 Collector 工作模式。在本实验中，我们使用 Gateway 模式。一段时间后，可以看到协调器节点上的红灯闪烁，终端节点上的绿灯和红灯同时闪烁，说明终端节点已经加入协调器建立的网络并发送数据。通过 WSN500- GATEWAY 网关 QT 软件查看终端节点发送的数据。

9.19.3　实验条件

(1) PC 机(Windows XP 系统，正确安装 IAR Embedded Workbench for MCS-51 V7.51 集成开发环境)；

(2) WSN500-CC2530BB 节点板 7 个(插有 WSN500-CC2530EM 模块及终端天线)；

(3) WSN500-CC Debugger 仿真器 1 个；

(4) USB 电缆线 1 根；

(5) WSN500- GATEWAY 网关模块 1 个；

(6) WSN500-Sensor-PIR 热释电红外线传感器扩展板 1 个；

(7) WSN500-Sensor-Luminance 亮度传感器扩展板 1 个；

(8) WSN500-Sensor-Temperature/Humidity 温湿度传感器扩展板 1 个；

(9) WSN500-Sensor-Accelerometer 三轴加速度传感器扩展板 1 个；

(10) WSN500-Sensor-Gases 广谱气体传感器扩展板 1 个；

(11) WSN500-Sensor-Pressure 大气压力传感器扩展板。

9.19.4　实验原理

1. 组网及发送原理

1) 协调器节点

网关节点电源打开后，执行下述代码：

```
    if ( appState == APP_INIT && logicalType  )
  {
    /* 设置设备为协调器 */
    logicalType = ZG_DEVICETYPE_COORDINATOR;
    zb_WriteConfiguration(ZCD_NV_LOGICAL_TYPE, sizeof(uint8), &logicalType);

    /* 复位-使用新的配置重新启动 */
    zb_SystemReset();
  }
```

此段代码将某一设备设定为协调器并重启，之后建立网络。

网络建立之后，默认允许其他设备加入网络中，用户可以通过按动 LEFT 键改变入网允许状态：

```
    /* KEY4 被用来控制网关是否能够接收绑定请求 */
    allowJoin ^= 1;

    if(allowJoin)
    {
      /* 点亮 LED4 来指示允许节点加入网关节点 */
      HalLedSet( HAL_LED_4, HAL_LED_MODE_ON );
```

```
        NLME_PermitJoiningRequest(0xFF);
    }
    else
    {
        /* 熄灭 LED4 来指示不允许节点加入网关节点 */
        HalLedSet( HAL_LED_4, HAL_LED_MODE_OFF );
        NLME_PermitJoiningRequest(0);
    }
```

2) 传感器节点

当传感器节点启动后，会调用 zb_StartConfirm 函数，将发起 MY_FIND_COLLECTOR_EVT 寻找父节点事件，代码如下：

```
    void zb_StartConfirm( uint8 status )
    {
        /* 如果设备成功启动，改变应用状态 */
        if ( status == ZB_SUCCESS )
        {
            appState = APP_START;
            /* 点亮 LED1 来指示节点已在网络中运行 */
            HalLedSet( HAL_LED_1, HAL_LED_MODE_ON );
            HalLedBlink ( HAL_LED_2, 0, 50, 100 );
            /* 存储父节点短地址 */
            zb_GetDeviceInfo(ZB_INFO_PARENT_SHORT_ADDR, &parentShortAddr);

            /* 设置事件绑定到采集节点 */
            osal_set_event( sapi_TaskID, MY_FIND_COLLECTOR_EVT );
        }
    }
```

当协调器建立网络、传感器节点加入网络后，两者必须建立绑定关系才能互相发送数据，所以传感器节点再加入网络后便会调用 zb_BindConfirm 函数，代码如下：

```
    void zb_BindConfirm( uint16 commandId, uint8 status )
    {
        if( status == ZB_SUCCESS )
        {
            appState = APP_REPORT;    // 绑定成功

            if ( reportState )
            {
                /* 开始报告事件 */
                osal_set_event( sapi_TaskID, MY_REPORT_EVT );
```

```
        }
    }
    else   // 如果绑定不成功，则继续寻找采集节点
    {
        osal_start_timerEx( sapi_TaskID, MY_FIND_COLLECTOR_EVT, myBindRetryDelay );
    }
}
```

若绑定成功则向操作系统发起 MY_REPORT_EVT 事件，代码如下：

```
if ( event & MY_REPORT_EVT )
    {

        if ( appState == APP_REPORT )
        {
          //开看门狗
          WatchDogEnable(0);
           sendReport_v2();
              iii=1;
          osal_start_timerEx( sapi_TaskID, MY_REPORT_EVT, myReportPeriod );
        }
    }
```

其中 sendReport_v2()为发送帧函数，其代码由于要处理传感器数据的相关内容，故在此处就不列举了，其中最主要的函数为 zb_SendDataRequest(0xFFFE, SENSOR_REPORT_CMD_ID, SENSOR_REPORT_LENGTH, pData, 0, txOptions, 0)，此函数为无线发送数据帧的调用函数，0xFFFE 设置发送的地址，此处的设置意义为组播，即发送给所有已绑定的节点，pData 是发送数据帧的地址。

当协调器接收到帧时，会启用接收任务，调用 zb_ReceiveDataIndication()函数，由于对于不同帧的处理方式不同，此处不做深入分析。

2．网关控制原理

实现网关对节点的控制，首先由 WSN500 网关系统给协调器节点发送命令，协调器节点最后把命令发送给各终端节点。

协调器节点接收网关命令的接收函数如下：

```
if(pBuf[0]==0xfd)
{
cmdx=pBuf[1]; //命令字符
cmdy=BUILD_UINT16(pBuf[3], pBuf[2]);
switch ((int)cmdx)
{
    case 1://气敏传感器报警
```

```
        ppData[NODE_REPORT_TYPE] = 0XAE/*REPORT_TYPE_SENSOR*/;
                                    //本报告是传感器数据报告××
        ppData[1]=LO_UINT16(ID_GAS);
        ppData[2]=HI_UINT16(ID_GAS);        //传感器编号
        ppData[3]=0x00;                      //命令
        ppData[4]= calcFCS(ppData, 4);       //CRC 校验
        zb_SendDataRequest(0xffff, SENSOR_REPORT_CMD_ID, 5, ppData, 0, 0, 0 );
        //HalLedSet ( HAL_LED_3, HAL_LED_MODE_FLASH );
        break;
    case 0x11:   //解除报警
    case 0x21:   //关闭 D4
    case 2:      //人体红外传感器报警
    case 0x12:   //解除报警
    case 0x22:   //关闭 D4
    case 3:      //添加节点
    case 4:      //删除节点
    case 0x15:   //D3 亮
    case 0x25:   //D3 闪
    case 0x35:   //D3 灭
    case 0x16:   //D4 亮
    case 0x26:   //D4 闪
    case 0x36:   //D4 灭
    default:
        break;
    }
}
```

传感器节点接收协调器的响应控制命令的处理函数如下：

```
void zb_ReceiveDataIndication( uint16 source, uint16 command, uint16 len, uint8 *ppData )
//终端节点接收帧处理函数
{
    if(ppData[0]==0xAE)                 //判断是否为协调器报警命令帧
    {
    switch (ppData[1]|(ppData[2]<<8))   //判断传感器号
    {
      case ID_GAS:                      //若为烟雾传感器
#if defined (GAS_SENSOR)
            if (ppData[3]==0x00)
            {
                HalLedSet (HAL_LED_3, HAL_LED_MODE_ON);   //LED3 亮
```

```
                    P0_5=0;              //蜂鸣器响
                }
            else if(ppData[3]==0x01)
            {
                HalLedSet (HAL_LED_3, HAL_LED_MODE_OFF);
                P0_5=1;
            }
#endif
        break;
    case ID_PIR:                 //若为人体红外传感器
#if defined (PIR_SENSOR)
        if(ppData[3]==0x00)
            HalLedSet (HAL_LED_3, HAL_LED_MODE_ON);
        else if(ppData[3]==0x01)
            HalLedSet (HAL_LED_3, HAL_LED_MODE_OFF);
#endif
        break;
    default:
        break;
    }
}
else if(ppData[0]==0xBE)          //判断是否为协调器控制 LED 命令帧
{
    switch ((int)ppData[3])
    {
        case 0x00:                //LED3 亮
            HalLedSet (HAL_LED_3, HAL_LED_MODE_ON);
            break;
        case 0x01:                //LED3 闪
            HalLedBlink ( HAL_LED_3, 0, 50, 500 );
            break;
        case 0x02:                //LED3 灭
            HalLedSet (HAL_LED_3, HAL_LED_MODE_OFF);
            break;
        case 0x10:                //LED4 亮
            HalLedSet (HAL_LED_4, HAL_LED_MODE_ON);
            break;
        case 0x11:                //LED4 闪
            HalLedBlink ( HAL_LED_4, 0, 50, 500 );
```

```
            break；
        case 0x12:                        //LED4 灭
            HalLedSet (HAL_LED_4, HAL_LED_MODE_OFF)；
            break；
        default:
            break；
        }
    }
}
```

9.19.5　实验步骤

1. 打开工程

本实验的 IAR 工程文件为 SensorNet.eww。该文件位于 "WSN-500 光盘\Texas Instruments\ZStack-CC2530-2.2.0-1.3.0\Projects\zstack\Samples\SensorNetd\CC2530DB\" 文件夹中。找到 "SensorNet.eww" 后，打开此工程。

2. 烧写程序

(1) 在如图 9-76 所示的位置配置工程，烧写协调器程序时选择 CollectorEB-PRO，烧写终端节点程序时选择 Node1-EB-PRO。

(2) 烧写终端节点程序前需要先设置参数，点击菜单栏的 Project 选项，在子菜单中选择 Option 项，在如图 9-77 的位置设置烧写参数。

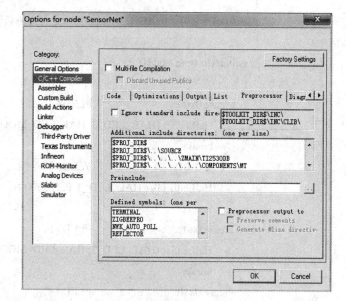

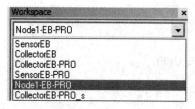

图 9-76　配置工程　　　　　　　　　　　　图 9-77　设置烧写参数

根据烧写的传感器种类不同，在上图的 Defined symbols 框中添加相应的预定义项。详细的修改方法另见《用户指南》一书。各传感器需要添加的预定义项如表 9-68 所示。

表 9-68　各传感器需要添加的预定义项

传感器种类	预定义项
温湿度传感器	TEMP_HUMI_SENSOR
人体红外传感器	PIR_SENSOR
压力传感器	PRE_SENSOR
三轴加速度传感器	ACCEL_SENSOR
光敏传感器	LUMIN_SENSOR
气敏传感器	GAS_SENSOR

设置完成后按 OK 键确认。

(3) 打开 Workspace 列表下 Tools 文件夹下的 f8wConfig.cfg 文件,按照实验箱上标签所标示的 PANID 号和信道标号 CHAID,更改-DZDAPP_CONFIG_PAN_ID 及-DDEFAULT_CHANLIST 两个参数值。具体修改的内容如下:

● 将-DZDAPP_CONFIG_PAN_ID 修改为 PANID 标签上所标示的以 0x 开头的 4 位十六进制数值。

● 修改-DDEFAULT_CHANLIST 时,首先按照 CHAID 标签上所印 ID 号码(11 位～26 位)选择工作信道,找到和 CHAID 相对应、在行末添加的注释内容为"// CHAID"的一行,将其行首的双斜杠注释号"//"删除。

例如,贴有标签号码为"PANID-0x0001"和"CHAID-11-0x0B"的实验箱,需要修改文件 f8wConfig.cfg 中的两行:

```
-DDEFAULT_CHANLIST=0x00000800    // 11 - 0x0B
    ⋮
-DZDAPP_CONFIG_PAN_ID=0x0001
```

将程序分别烧写到协调器和各个节点中,有关程序烧写的相关操作参考实验一内容。

3. 观察实验现象

1) 启动协调器

将协调器的串口与 WSN500 的串口连接起来,打开 WSN500 后,协调器将通过串口供电。上电一段时间后,协调器将建立网络,并工作于 Gateway 模式,此时协调器上 4 个 LED 灯均处于亮的状态。

2) 启动终端节点

当为气敏或红外传感器时,需要将底板上 P5 的 3、4 跳线拔除。

当为三轴加速度传感器时,需要将底板上 P5 的 11、12 跳线拔除。

将两节电池安装在节点背面,拨动开关至"B-ON"状态。上电后,节点会自动搜索同一网络序号的协调器所建立的网络,并试图加入网络与协调器绑定;此时终端节点上的绿灯亮,红灯闪烁。当完成入网络工作后,终端节点会自动发送数据帧给协调器,此时节点上的绿灯和红灯将快速闪烁。协调器上的红灯将会闪烁以示接收到数据帧。

用户可以每次打开一个传感器节点,也可以依次打开多个传感器节点,协调器接收到数据帧后会将经过处理的数据打包并通过串口发送给网关模块，最后通过 WSN500 显示出来。

3) WSN-500 的数据显示

在第一步中已经将 WSN-500 网关上电，用户可以看到欢迎界面，点击进去之后选择"查看拓扑图"选项，进入后按下播放键，即可看到相应的拓扑结构图，红色球代表协调器，黄色球代表传感器节点，在黄色球内会显示传感器的相应数据，分别是节点温度电压、节点编号、传感器类型、传感器数值、时间。用户可以通过改变传感器环境参量来更改传感器数值，查看 WSN500 是否产生变化。

返回主控制界面后，用户可以选择"数据查询"选项。进入后可设置节点的编号、传感器的类型；按下"查询历史数据"键，可以查看所选节点的历史数据。

在主目录中选择"节点控制"选项，可以看到以下内容：

(1) 点击"小灯控制"，首先在"传感器选择"下拉菜单中选择所要控制的传感器，然后选择"控制 D3、D4"，选择"亮、闪、灭"，点击"确定"即可发送控制命令，此时查看灯的闪烁情况。

(2) 点击"传感器控制"，进入传感器控制页面，可以进行红外传感器控制和气敏控制，可以分别实现有无人体检测和气体是否超标检测。

对红外传感器进行控制时，首先在 WSN500 网关中选择"开始监测"，然后移除红外传感器上的遮挡罩，在一定距离内感应到人体后，传感器上的红色 LED 灯会亮起，选择"关闭 D1 灯"可以使 LED 灯熄灭，再点击"解除警报"后警报解除，要结束监测需再点击"解除监测"。

使用气敏传感器进行控制时，在 WSN500 网关中选择"开始监测"，当气体浓度达到 1500PPM 时，节点上的红色 LED 灯亮起，蜂鸣器响起，节点开始报警，这时选择"关闭 D1 灯和关闭蜂鸣器"可以使其停止报警，再点击"解除警报"后警报解除，要结束监测需再点击"解除监测"。

(3) 点击"节点增删"，可以对当前在线节点进行删除、对已删除节点进行增加，相应的变化可在拓扑图中确认。

9.20　实验十九　上位机通信实验

9.20.1　实验目的

通过对本实验的学习，熟悉上位机软件对 WSN500 网关系统的数据采集及向下对节点控制的相关内容。

9.20.2　实验内容

通过 PC 上位机软件接收传感器节点采集的数据，可以得到拓扑图、传感器动态曲线等数据；同时可以对节点进行控制，可以控制 LED 灯的亮灭、节点增删、气敏及红外传感器报警等。

9.20.3　实验条件

(1) PC 机(Windows XP 系统，正确安装 IAR Embedded Workbench for MCS-51 V7.51 集成开发环境)；

(2) WSN500-CC2530BB 节点系统 7 个(插有 WSN500-CC2530EM 模块及终端天线)；

(3) WSN500-CC Debugger 仿真器 1 个；

(4) USB 电缆线 1 根；

(5) WSN500- GATEWAY 网关模块 1 个；

(6) WSN500-Sensor-PIR 热释电红外线传感器扩展板 1 个；

(7) WSN500-Sensor-Luminance 亮度传感器扩展板 1 个；

(8) WSN500-Sensor-Temperature/Humidity 温湿度传感器扩展板 1 个；

(9) WSN500-Sensor-Accelerometer 三轴加速度传感器扩展板 1 个；

(10) WSN500-Sensor-Gases 广谱气体传感器扩展板 1 个；

(11) WSN500-Sensor-Pressure 大气压力传感器扩展板。

9.20.4　实验原理

1. 组网原理

组网原理同实验十八的组网原理，此处不再赘述。

2. 上位机控制原理

PC 上位机通过串口对 WSN500 网关系统进行控制。根据自定义的通信协议，上位机会根据用户的操作，对串口进行读写操作，读操作将接收下位机上传的包含全部在线传感器数值及相关数据的数据包，并对它进行处理，如绘制拓扑图、动态曲线等；写操作将向下位机发送控制命令帧，WSN500 系统接收到后会进行分析，并将得到的命令通过 ZigBee 网络转发至传感器节点，传感器节点分析后再进行相关操作。以上一系列的流程已经在实验十八中详细说明。

9.20.5　实验步骤

(1) 根据实验十八的说明，烧写传感器节点及协调器节点的相关程序。

(2) 打开 WSN500 网关系统，在主菜单中选择"拓扑图"，进入拓扑显示界面，并点击"运行"按钮。

(3) 打开"WSN-500 光盘\开发工具\Wireless Sensor Network Monitor\Wireless Sensor Network Monitor.exe"这一上位机软件后，在左侧选项中点击"拓扑图"按钮，可以查看当前 ZigBee 网络的动态拓扑图。

(4) 关闭拓扑图界面后，先在左侧选项栏中选择"串口"项，填写相应参数：波特率为 38400、无校验位、8 位数据位、1 位停止位，再点击"打开串口"。在左侧可以看到"动态曲线图"、"数据查询"和"控制"三个选项，用户可分别进入，选择相应的选项并查看数据。动态曲线图界面下可以查看选定传感器节点的最新数据绘制的数据曲线；数据查询界面下可以通过查看数据库中的内容，查看选定节点的历史数据；在控制界面下可以分别控制节点的 LED 灯(D3 和 D4)灯的亮、闪、灭及传感器节点的增删和气敏、红外传感器的监测。

9.21　实验二十　ZigBee 网络监控实验

9.21.1　实验目的

本实验是从基于 TI 公司的 SAPI 设计的传感器监控实验修改过来的，通过传感器节点采集温度、电压等数据并通过无线 RF 方式传输给采集节点。在本实验中我们另外增加了温湿度、三轴加速度等多种传感器，使用户能够直观地看到网络拓扑结构及网络控制效果。

9.21.2　实验内容

由协调器建立 ZigBee 网络，终端传感器节点发现协调器建立的网络并加入到网络中；在网关系统中能够看到网络的控制界面及网络拓扑图。

9.21.3　实验条件

(1) PC 机(Windows XP 系统，正确安装 IAR Embedded Workbench for MCS-51 V7.51集成开发环境)；

(2) WSN500-CC2530BB 节点系统 7 个(插有 WSN500-CC2530EM 模块及终端天线)；

(3) WSN500-CC Debugger 仿真器 1 个；

(4) USB 电缆线 1 根；

(5) WSN500- GATEWAY 网关模块 1 个；

(6) WSN500-Sensor-PIR 热释电红外线传感器扩展板 1 个；

(7) WSN500-Sensor-Luminance 亮度传感器扩展板 1 个；

(8) WSN500-Sensor-Temperature/Humidity 温湿度传感器扩展板 1 个；

(9) WSN500-Sensor-Accelerometer 三轴加速度传感器扩展板 1 个；

(10) WSN500-Sensor-Gases 广谱气体传感器扩展板 1 个；

(11) WSN500-Sensor-Pressure 大气压力传感器扩展板。

9.21.4　实验原理

1. 组网及发送原理

1) 协调器节点

网关节点的电源打开后，执行下述代码：

```
if ( appState == APP_INIT && logicalType   )
{
/* 设置设备为协调器 */
logicalType = ZG_DEVICETYPE_COORDINATOR;
zb_WriteConfiguration(ZCD_NV_LOGICAL_TYPE, sizeof(uint8), &logicalType);
```

```
        /* 复位：使用新的配置重新启动 */
        zb_SystemReset();
    }
```

此段代码将某一设备设定为协调器并重启，之后建立网络。

网络建立之后，默认允许其他设备加入网络中，用户可以通过按动 LEFT 键改变入网允许状态，代码如下：

```
    /* KEY4 被用来控制网关是否能够接收绑定请求 */
    allowJoin ^= 1;

    if(allowJoin)
    {
        /* 点亮 LED4 来指示允许节点加入网关节点 */
        HalLedSet( HAL_LED_4, HAL_LED_MODE_ON );
        NLME_PermitJoiningRequest(0xFF);
    }
    else
    {
        /* 熄灭 LED4 来指示不允许节点加入网关节点 */
        HalLedSet( HAL_LED_4, HAL_LED_MODE_OFF );
        NLME_PermitJoiningRequest(0);
    }
```

2) 传感器节点

当传感器节点启动后，会调用 zb_StartConfirm()函数，将发起 MY_FIND_COLLECTOR_EVT 寻找父节点事件，代码如下：

```
    void zb_StartConfirm( uint8 status )
    {
    /* 如果设备成功启动，改变应用状态 */
    if ( status == ZB_SUCCESS )
    {
    appState = APP_START;
    /* 点亮 LED1 来指示节点已在网络中运行 */
    HalLedSet( HAL_LED_1, HAL_LED_MODE_ON );
    HalLedBlink ( HAL_LED_2, 0, 50, 100 );
    /* 存储父节点短地址 */
    zb_GetDeviceInfo(ZB_INFO_PARENT_SHORT_ADDR, &parentShortAddr);

    /* 设置事件绑定到采集节点 */
    osal_set_event( sapi_TaskID, MY_FIND_COLLECTOR_EVT );
    }
    }
```

当协调器建立网络、传感器节点加入后，两者必须建立绑定关系才能互相发送数据，所以传感器节点在加入网络后便会调用 zb_BindConfirm()函数，代码如下：

```
void zb_BindConfirm( uint16 commandId, uint8 status )
{
  if( status == ZB_SUCCESS )
  {
    appState = APP_REPORT;           // 绑定成功

    if ( reportState )
    {
      /* 开始报告事件 */
      osal_set_event( sapi_TaskID, MY_REPORT_EVT );
    }
  }
  else                               // 如果绑定不成功，则继续寻找采集节点
  {
    osal_start_timerEx( sapi_TaskID, MY_FIND_COLLECTOR_EVT, myBindRetryDelay );
  }
}
```

若绑定成功则向操作系统发起 MY_REPORT_EVT 事件，代码如下：

```
if ( event & MY_REPORT_EVT )
{

  if ( appState == APP_REPORT )
  {
    //开看门狗
    WatchDogEnable(0);
    sendReport_v2();
      iii=1;
    osal_start_timerEx( sapi_TaskID, MY_REPORT_EVT, myReportPeriod );
  }

}
```

其中 sendReport_v2()为发送帧函数，其代码由于要处理传感器数据的相关内容，故在此处就不再列举了，其中最主要的函数为 zb_SendDataRequest(0xFFFE，SENSOR_REPORT_CMD_ID，SENSOR_REPORT_LENGTH，pData，0，txOptions，0)，该函数为无线发送数据帧的调用函数，0xFFFE 设置为发送的地址，此处的设置意义为组播，即发送给所有已绑定的节点；pData 是发送数据帧的地址。

当协调器接收到帧时，会启用接收任务，调用 zb_ReceiveDataIndication()函数，由于对于不同帧的处理方式不同，此处不做深入分析。

2．节点增删操作

Z-Stack 中的 ZDO 管理实现了对 ZDO_ProcessMgmtLeaveReq()函数的调用。该函数提供了对"NLME-LEAVE.request"原语的访问。NLME-LEAVE.request 原语允许一个设备移除它自己或一个子设备。ZDO_ProcessMgmtLeaveReq()函数依据设备的 IEEE 地址来移除设备。如果一个设备移除它的子设备，它将从本地的"关联表"中移除该子设备。网络地址将只能在以下情况被再次使用，即子设备是一个 ZigBee 终端设备。若子设备是一个 ZigBee 路由器，网络地址将不能被再次使用。

如果一个子设备的父设备离开了网络，则该子设备仍将留在网络中。

虽然 NLME-LEAVE.request 原语提供了很多可选参数，但 ZigBee2007 限制这些参数的使用。目前在 ZDO_ProcessMgmtLeaveReq()函数中使用的可选参数("RemoveChildren"、"Rejion"和"Silent")应当被设置为默认值，如果改变这些值，将产生非预期的结果。

9.21.5　实验步骤

(1) 建立一个新工程。

(2) 添加或新建程序文件。

(3) 配置工程设置。

(4) 下载程序到 CC2530 芯片中。(以上四步请参考 9.2 节内容，这里不再赘述。)

(5) 打开网关及各传感器电源，组建网络。

(6) 进入网关的拓扑图界面，查看当前的拓扑图。

(7) 进入网关的控制界面，在节点增删分页面中选择要删除的节点，并点击"删除"按钮；返回拓扑图界面查看当前拓扑图。

9.21.6　实验结果

通过以上几个步骤，可以观察到网络中节点的信息和相应传感器的数据，同时也可以观察到 ZigBee 网络拓扑图的变化。ZigBee 网络拓扑图表示了当前网络连接的情况，红色为协调器节点，黄色为传感器节点。当我们增删节点的时候，网络拓扑图中的黄色节点就会发生相应的增删。

9.22　实验二十一　远程监控实验

9.22.1　实验目的

本实验通过互联网远程监测嵌入式 WEB 服务器中传感器的数据，并可以添加和删除节点。要求掌握设置嵌入式 WEB 服务器的 IP 地址，并通过浏览器来访问；掌握远程监控的原理；掌握如何增删节点，如何增删账户的操作。

9.22.2　实验内容

设置 WEB 服务器的 IP 地址；通过浏览器来访问 WEB 服务器中的 html 页面；在页面

中查看传感器数据、网络拓扑，进行节点的增删、账户管理等操作。

9.22.3　实验条件

(1) PC 机(安装 IE 浏览器或使用 IE 内核的浏览器)；

(2) WSN500-CC2530BB 节点系统 7 个(插有 WSN500-CC2530EM 模块及终端天线)；

(3) WSN500-CC Debugger 仿真器 1 个；

(4) USB 电缆线 1 根；

(5) WSN500- GATEWAY 网关模块 1 个；

(6) WSN500-Sensor-PIR 热释电红外线传感器扩展板 1 个；

(7) WSN500-Sensor-Luminance 亮度传感器扩展板 1 个；

(8) WSN500-Sensor-Temperature/Humidity 温湿度传感器扩展板 1 个；

(9) WSN500-Sensor-Accelerometer 三轴加速度传感器扩展板 1 个；

(10) WSN500-Sensor-Gases 广谱气体传感器扩展板 1 个；

(11) WSN500-Sensor-Pressure 大气压力传感器扩展板。

9.22.4　实验原理

传感器采集的数据通过协调器节点发送给网关模块，网关模块将其保存至内部的 sqlite3 数据库。网关模块内部安装有 BOA 嵌入式 WEB 服务器，只要在 WEB 服务器中放置网页就可以通过浏览器进行远程浏览。放置在 WEB 服务器中的网页是动态页面，可以实现前台页面与后台服务器的交互，操作页面时，会调用服务器中的 CGI 程序访问 sqlite3 数据库，并将访问结果返回给页面，从而实现远程浏览、监控的目的。

9.22.5　实验步骤

1. 设置系统的 IP 地址

打开网关模块，进入系统界面后，点击"系统设置"按钮，进入系统设置界面；点击"IP"设置按钮，进入 IP 设置界面；点击"查看当前 IP"按钮，可以查看到当前系统的 IP 地址。如果想更改 IP 地址，可以点击"打开/关闭键盘"按钮打开软键盘，输入新的 IP 地址后点击"更改 IP"即可修改服务器的 IP 地址。

2. 设置浏览器

打开浏览器，默认使用 IE6 浏览器。在工具栏中选择"Internet 选项"，在"Internet 临时文件"栏点击"设置"按钮，进入设置界面后，在"检查所存网页的较新版本"项选择"每次访问此页时检查"。

3. 设置计算机 IP 地址并登录网关服务器

首先将计算机的 IP 地址和网关的 IP 地址设置在同一个网段，并将计算机与网关模块通过配套的网线连接，根据步骤 1 设置的 IP 地址，在浏览器地址栏输入服务器的 IP 地址，即可打开服务器中的主页。

在用户名处输入管理员账户名或普通用户名。管理员账户默认为 admin，密码为 123456，普通用户名可以在管理员权限登录系统后设置。登陆后页面有如下 4 个选项。

第一个选项为"查询控制"，点击之后进入对应页面。点击"刷新"按钮，如果此时有节点挂载，在按钮左边的下拉菜单会有节点号列表，选中想要查询的节点。在第二行的下拉列表中有对应的传感器列表，点击"查询"按钮，在页面下方会有传感器的数据显示。

第二个选项为"网络拓扑"，点击之后进入相应页面。点击"显示拓扑图"按钮，在页面下方会有简易网络拓扑图显示。将鼠标放置在图形的上方，会显示节点的 ID 号码。

第三个选项为"设备增删"，点击之后进入相应界面。点击"查看在线节点"按钮，会有列表将在线节点列出，在列表中可以删除某一个节点。点击"查看删除节点"按钮，可以查看到将被删除的节点列表，在列表中可以再将节点增加。增加、删除操做之后可以看到被操作的节点会处于在线或离线状态。(注：设备增删功能的使用需要首先在网关模块的界面中进行设置，具体操作为"节点控制"\"网页控制"\"开始网页控制"。)

第四个选项为"账户管理"，点击之后进入对应页面。在此页面可以进行权限的控制，例如增删账户、修改密码。在页面的左面有"账号增删"和"修改密码"两个选项。点击"账号增删"，进入对应界面，在输入管理员密码之后进入账号增删页面，该页面中有用户账号列表，可以在此页面增加或删除账户。如果点击"修改密码"按钮，则进入修改密码页面，在此页面可以修改账户的密码。

9.22.6　实验结果

通过上述的实验步骤可以实现预期的实验结果，例如查看传感器数据、查看网络拓扑、增删节点、增删账户、修改账户密码等；通过网页可以实现数据的远程浏览、节点的远程监控。

附录 USB转串口模块驱动安装

系统控制主板上的 USB 接口是为了方便主板与用户 PC 之间的串口通信而设计的。由于目前大多数 PC 主板及笔记本电脑都已取消了串口，为了方便使用笔记本电脑的用户，我们在主板上采用了 CP2102 芯片，进行 UART 到 USB 的信号转换。

运行"WSN-500 光盘：\驱动程序\cp210x_Drivers\cp210x_Drivers.exe"安装文件进行安装。

安装步骤如附图 1 所示。

单击 Next> 按钮，出现如附图 2 所示界面。

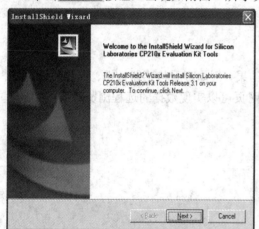

附图 1　安装界面 1

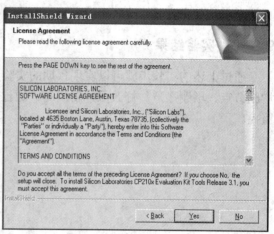

附图 2　安装界面 2

单击 Yes 按钮，出现如附图 3 所示界面。

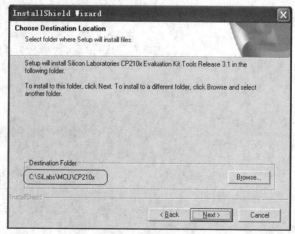

附图 3　安装界面 3

可以指定安装路径，也可以使用默认安装路径，建议使用默认路径安装。

单击 Next> 按钮，出现如附图 4 所示界面。

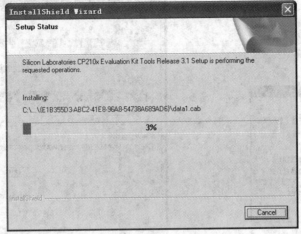

附图 4 安装界面 4

安装完成后，会出现如附图 5 所示界面。

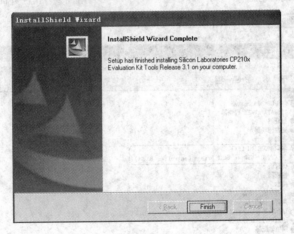

附图 5 安装界面 5

单击 Finish 按钮完成安装。

将 Power Switch 开关拨到 USB 一侧，用 USB 电缆将 PC 和系统控制主板相连，系统提示发现新硬件"CP2102 USB to UART Bridge Controller"(如附图 6 所示)并自动安装驱动，驱动安装完成后会提示"新硬件已安装并可以使用了"，如附图 7 所示。

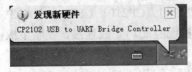

附图 6 发现新硬件

附图 7 已安装新硬件

至此，CP2102 的驱动就完全安装好了。

可以通过下面的方法来查看系统控制主板所占用的计算机虚拟串口端口号。

(1) 右键单击"我的电脑"，菜单如附图 8 所示。

(2) 左键单击"属性"选项，界面如附图 9 所示。

附图 8　打开"我的电脑"　　　　　　　　　　附图 9　属性界面

单击  ，弹出设备管理器窗口，如附图 10 所示。

附图 10　设备管理器窗口

在"端口(COM 和 LPT)"一栏中，发现有新增加的"CP2101 USB to UART Bridge Controller(COM4)"这一项，则表示控制主板和计算机已经成功完成连接，控制主板占用此计算机串口 4。

注意：新增的 COM 口端口号会因计算机配置的不同而不同。

参 考 文 献

[1] Liu J, Cheung P, Zhao F, et al. A dual-space approach to tracking and sensor Management in wireless sensor networks[A]. Proc 1st ACM Int'l Workshop on Wireless Sensor Network and Applications[C]. Atlanta:Association for Computing Machinery, 2003:131-139

[2] 林瑞仲. 面向目标跟踪的无线传感器网络研究. 浙江大学博士论文, 2005

[3] Sam Phu Manh Tran, T An drew Yang. Evaluations of Target Tracking in Wireless Sensor Networks[J]. Proeeedings of the 37th SIGCSE technical symposium on Computer science education. 2006, 38(5): 97-101

[4] Chao Gui, Prasamt Mohapatra, Power Conservation and Quality of Surveillance in Target Tracking Sensor Networks[J]. Proceeding of 10th annal International Conference on Mobile Computing and Network, 2004, 16(10):129-143

[5] 潘旭武. 面向目标跟踪的无线传感器网络研究. 浙江大学博士论文, 2005.

[6] 李志刚, 屈玉贵, 刘桂英. 用无线传感器网络探测跟踪目标. 信息安全与通信保密, 2006, (12): 72-74

[7] 季莹. 基于粒子滤波的无线传感器网络目标跟踪. 北京交通大学硕士论文, 2007

[8] 李雄. 基于蒙特卡罗方法的高分辨方位估计新方法研究. 西北工业大学, 2005

[9] 季莹. 基于粒子滤波的无线传感器网络目标跟踪. 北京交通大学硕士论文, 2007

[10] 孙利民. 无线传感器网络. 北京: 清华大学出版社, 2005

[11] Ganeriwal S, Kumar R, Srivastav MB. Timing-Syne Protoeol for Sensor Networks. ACM Press, 2003:138-149

[12] Kopetz H, Shchwab W. Global time in distributed real-time systems.Technical Report 15/89, Technische University at Wien. October 1989

[13] B Sundar and B Sundar U B, A D Kshemkalyani. Cloek Synehronization in Wireless Sensor Networks: ASurvey.Ad-Hoc Networks, 2005, 3(3): 281-323

[14] Ganeriwal S, Capkun S, Han C, et al. Secure time synchronization service for sensor networks. In: Proeeedings of the 4th ACM workshop on Wireless seeurity (WISe'05), Cologne, Germany, September 2, 2005: 97-106

[15] 李翔. 无线传感器网络中时间同步技术的研究. 华中科技大学硕士论文, 2007

[16] Elson J, Girod L, Estrin D. Fine –Grained Network Time Synchronization using Reference Broadcasts. In: Proceeding of the fifth Symposium on Operating System Design and Implementation, 2002

[17] Jeremy Elson, Kay Romer. Wireless Sensor Networks: A New Regime for Time Synchronization. In: Proc1st Workshop on Hot Topics in Networks, 2002

[18] Palchaudhuri S, Saha AK, Johnson DB. Adaptive Clock synchronization in Sensor networks. In: Proceedings of the third intemational symposium on Information Processing in sensor networks, 2002: 147-163

[19]　崔林. 无线传感器网络时间同步技术研究. 哈尔滨工业大学硕士论文，2009.

[20]　Ganeriwal S，Kumar，Srivastava MB. Timing-Sync protocol for Sensor Network.In: Proeeeding of the 1st international conference on Embedded networked Sensor system，2003: 138-149

[21]　Ping S. Delay measurement time synchronization for wireless sensor networks. Intel Research Center: IR-TR-2003-64，2003

[22]　Jana van Greunen，Jan Rabaey. LightweightTime Synchronization for Sensor Networks. In: Proc 2nd ACM Int'l Conf Wireless Sensor Networks and Applications，2003: 11-19.

[23]　Maroti M，Kusy B，Simon G. The Flooding Time Synchronization protocol.WCNC2004，Atlanta，GA，2004

[24]　封红霞，无线传感器网络中时间同步的分析研究. 北京邮电大学博士论文，2007

[25]　张坤，无线传感器网络时钟同步技术的研究. 西南大学硕士学位论文，2007

[26]　Ten emerging technologies that will change the world. Technology Review.Feb2003，vol.106，no.l，pp22-49.http://www.teehreview.com/artieles/emerging0203.asp.

[27]　于海斌，曾鹏，等. 智能无线传感器网络系统. 北京：科学出版社，2006

[28]　J Elson and D Estrin，Time synchronization for Wireless Sensor Networks. Int'1.Parallel and Distrib，Processing Symp. San Francisco，CA，Apr. 2001